Excel 2013 公式·函数·图表与数据分析

文杰书院 编著

清华大学出版社
北 京

内 容 简 介

本书是"新起点电脑教程"系列丛书的一个分册,以通俗易懂的语言、精挑细选的实用技巧和翔实生动的操作案例,全面介绍了 Excel 2013 公式、函数、图表与数据分析的基础知识及应用案例,主要内容包括 Excel 快速入门与应用、Excel 公式与函数基础知识、公式审核与错误处理、文本与逻辑函数、日期与时间函数、数学与三角函数、财务函数、统计函数、查找与引用函数、数据库函数、图表入门与应用、数据处理与分析,以及使用数据透视表和数据透视图等方面的知识、技巧及应用案例。

本书配套一张多媒体全景教学光盘,收录了书中全部知识点的视频教学课程,同时还赠送了 4 套相关视频教学课程,可以帮助读者循序渐进地学习、掌握和提高。

本书可作为有一定 Excel 基础操作知识的读者学习公式、函数、图表与数据分析的参考用书,也可以作为函数速查工具手册,又可以作为丰富的函数应用案例宝典,适合广大电脑爱好者及各行各业人员作为学习 Excel 的自学手册使用,同时还可以作为初、中级电脑培训班的电脑课堂教材。

图书在版编目(CIP)数据

Excel 2013 公式·函数·图表与数据分析/文杰书院编著. —北京:清华大学出版社,2016(2017.6 重印)
(新起点电脑教程)
ISBN 978-7-302-43700-0

Ⅰ. ①E… Ⅱ. ①文… Ⅲ. ①表处理软件—教材 Ⅳ. ①TP391.13

中国版本图书馆 CIP 数据核字(2016)第 084794 号

责任编辑:魏 莹 郑期彤
封面设计:杨玉兰
责任校对:吴春华
责任印制:沈 露
出版发行:清华大学出版社
    网 址:http://www.tup.com.cn, http://www.wqbook.com
    地 址:北京清华大学学研大厦 A 座   邮 编:100084
    社 总 机:010-62770175   邮 购:010-62786544
    投稿与读者服务:010-62776969, c-service@tup.tsinghua.edu.cn
    质量反馈:010-62772015, zhiliang@tup.tsinghua.edu.cn
印 装 者:北京密云胶印厂
经 销:全国新华书店
开 本:185mm×260mm   印 张:22.75   字 数:550 千字
    (附 DVD 1 张)
版 次:2016 年 8 月第 1 版   印 次:2017 年 6 月第 2 次印刷
印 数:3001~4000
定 价:54.00 元

产品编号:068501-01

致 读 者

"全新的阅读与学习模式 + 多媒体全景拓展教学光盘 + 全程学习与工作指导"三位一体的互动教学模式，是我们为您量身定做的一套完美的学习方案，为您奉上的丰盛的学习盛宴！

创造一个多媒体全景学习模式，是我们一直以来的心愿，也是我们不懈追求的动力，愿我们奉献的图书和光盘可以成为您步入神奇电脑世界的钥匙，并祝您在最短时间内能够学有所成、学以致用。

全新改版与升级行动

"新起点电脑教程"系列图书自 2011 年年初出版以来，其中的每个分册多次加印，创造了培训与自学类图书销售高峰，赢得来自国内各高校和培训机构，以及各行各业读者的一致好评，读者技术与交流 QQ 群已经累计达到几千人。

本次图书再度改版与升级，汲取了之前产品的成功经验，针对读者反馈信息中常见的需求，我们精心改版并升级了主要产品，以此弥补不足，希望通过我们的努力能不断满足读者的需求，不断提高我们的服务水平，进而达到与读者共同学习和共同提高的目的。

全新的阅读与学习模式

如果您是一位初学者，当您从书架上取下并翻开本书时，将获得一个从一名初学者快速晋级为电脑高手的学习机会，并将体验到前所未有的互动学习的感受。

我们秉承"打造最优秀的图书、制作最优秀的电脑学习软件、提供最完善的学习与工作指导"的原则，在本系列图书编写过程中，聘请电脑操作与教学经验丰富的老师和来自工作一线的技术骨干倾力合作编著，为您系统化地学习和掌握相关知识与技术奠定扎实的基础。

轻松快乐的学习模式

在图书的内容与知识点设计方面，我们更加注重学习习惯和实际学习感受，设计了更加贴近读者学习的教学模式，采用"基础知识讲解+实际工作应用+上机指导练习+课后小结与练习"的教学模式，帮助读者从初步了解与掌握到实际应用，循序渐进地成为电脑应用的高手与行业精英。"为您构建和谐、愉快、宽松、快乐的学习环境，是我们的目标！"

赏心悦目的视觉享受

为了更加便于读者学习和阅读本书，我们聘请专业的图书排版与设计师，根据读者的阅读习惯，精心设计了赏心悦目的版式。全书图案精美、布局美观，读者可以轻松完成整个学习过程。"使阅读和学习成为一种乐趣，是我们的追求！"

更加人文化、职业化的知识结构

作为一套专门为初、中级读者策划编著的系列丛书，在图书内容安排方面，我们尽量摒弃枯燥无味的基础理论，精选了更适合实际生活与工作的知识点，帮助读者快速学习、快速提高，从而达到学以致用的目的。

- ◎ 内容起点低，操作上手快，讲解言简意赅，读者不需要复杂的思考，即可快速掌握所学的知识与内容。
- ◎ 图书内容结构清晰，知识点分布由浅入深，符合读者循序渐进与逐步提高的学习习惯，从而使学习达到事半功倍的效果。
- ◎ 对于需要实践操作的内容，全部采用分步骤、分要点的讲解方式，图文并茂，使读者不但可以动手操作，还可以在大量的实践案例练习中，不断提高操作技能和经验。

精心设计的教学体例

在全书知识点逐步深入的基础上，根据知识点及各个知识板块的衔接，我们科学地划分章节，在每个章节中，采用了更加合理的教学体例，帮助读者充分了解和掌握所学知识。

- ◎ **本章要点：** 在每章的章首页，我们以言简意赅的语言，清晰地表述了本章即将介绍的知识点，读者可以有目的地学习与掌握相关知识。
- ◎ **知识精讲：** 对于软件功能和实际操作应用比较复杂的知识，或者难以理解的内容，进行更为详尽的讲解，帮助您拓展、提高与掌握更多的技巧。
- ◎ **实践案例与上机指导：** 读者通过阅读和学习此部分内容，可以边动手操作，边阅读书中所介绍的实例，一步一步地快速掌握和巩固所学知识。
- ◎ **思考与练习：** 通过此栏目内容，不但可以温习所学知识，还可以通过练习，达到巩固基础、提高操作能力的目的。

■ 多媒体全景拓展教学光盘

本套丛书配套的多媒体全景拓展教学光盘，旨在帮助读者完成"从入门到提高，从实践操作到职业化应用"的一站式学习与辅导过程。

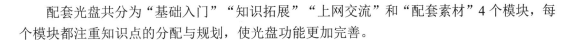
配套光盘共分为"基础入门""知识拓展""上网交流"和"配套素材"4个模块，每个模块都注重知识点的分配与规划，使光盘功能更加完善。

基础入门

在基础入门模块中，为读者提供了本书重要知识点的多媒体视频教学全程录像。

知识拓展

在知识拓展模块中，为读者免费赠送了与本书相关的4套多媒体视频教学录像。读者在学习本书视频教学内容的同时，还可以学到更多的相关知识，读者相当于买了一本书，即可获得5本书的知识与信息量！

上网交流

在上网交流模块中，为读者提供了"清华大学出版社"和"文杰书院"的网址链接，读者可以快速地打开相关网站，为学习提供便利。

配套素材

在配套素材模块中，为读者免费提供了与本书相关的配套学习资料与素材文件，帮助读者有效地提高学习效率。

图书产品与读者对象

"新起点电脑教程"系列丛书涵盖电脑应用各个领域，为各类初、中级读者提供了全面的学习与交流平台，帮助读者轻松实现对电脑技能的了解、掌握和提高。本系列图书具体书目如下。

分　类	图　书	读者对象
电脑操作基础入门	电脑入门基础教程(Windows 7+Office 2013 版)	适合刚刚接触电脑的初级读者，以及对电脑有一定的认识、需要进一步掌握电脑常用技能的电脑爱好者和工作人员，也可作为大中专院校、各类电脑培训班的教材
	五笔打字与排版基础教程(第 2 版)	
	Office 2013 电脑办公基础教程	
	Excel 2013 电子表格处理基础教程	
	计算机组装·维护与故障排除基础教程(第 2 版)	
	电脑入门与应用(Windows 8+Office 2013 版)	

分 类	图 书	读者对象
电脑基本操作与应用	电脑维护·优化·安全设置与病毒防范	适合电脑的初、中级读者，以及对电脑有一定基础、需要进一步学习电脑办公技能的电脑爱好者与工作人员，也可作为大中专院校、各类电脑培训班的教材
	电脑系统安装·维护·备份与还原	
	PowerPoint 2010 幻灯片设计与制作	
	Excel 2013 公式·函数·图表与数据分析	
	电脑办公与高效应用	
图形图像与辅助设计	Photoshop CC 中文版图像处理基础教程	适合对电脑基础操作比较熟练，在图形图像及设计类软件方面需要进一步提高的读者，适合图像编辑爱好者、准备从事图形设计类的工作人员，也可作为大中专院校、各类电脑培训班的教材
	会声会影 X8 影片编辑与后期制作基础教程	
	AutoCAD 2016 中文版基础教程	
	CorelDRAW X6 中文版平面创意与设计	
	Flash CC 中文版动画制作基础教程	
	Dreamweaver CC 中文版网页设计与制作基础教程	
	Creo 2.0 中文版辅助设计入门与应用	
	Illustrator CS6 中文版平面设计与制作基础教程	
	UG NX 8.5 中文版基础教程	

全程学习与工作指导

为了帮助您顺利学习、高效就业，如果您在学习与工作中遇到疑难问题，欢迎来信与我们及时交流与沟通，我们将全程免费答疑。希望我们的工作能够让您更加满意，希望我们的指导能够为您带来更大的收获，希望我们可以成为志同道合的朋友！

您可以通过以下方式与我们取得联系。

QQ 号码：18523650

读者服务 QQ 群号：185118229 和 128780298

电子邮箱：itmingjian@163.com

文杰书院网站：www.itbook.net.cn

最后，感谢您对本系列图书的支持，我们将再接再厉，努力为您奉献更加优秀的图书。衷心地祝愿您能早日成为电脑高手！

编 者

前　言

Excel 2013 是 Office 2013 中最重要的家族成员之一，它比以往的老版本功能更强大、更具人性化、设计更专业、使用更方便，被广泛地应用于数据管理、财务统计、金融等领域。为了帮助初学者快速学习与应用 Excel 2013 软件，以便在日常的学习和工作中学以致用，我们编写了本书。

本书根据初学者的学习习惯，采用由浅入深的方式讲解，通过大量的实际案例，全面介绍了 Excel 2013 的公式、函数、图表和数据分析的功能、应用，以及一些实用的操作技巧，读者还可通过随书赠送的多媒体教学视频进行学习。全书结构清晰，内容丰富，共分为 13 章，主要包括以下 5 个部分。

1. Excel 2013 快速入门与应用

本书第 1 章，介绍了 Excel 2013 快速入门与应用的相关知识，包括 Excel 的启动与退出、工作簿的基本操作、工作表的基本操作、单元格的基本操作和格式化工作表方面的内容。

2. Excel 公式与函数基础知识

本书第 2 章，介绍了 Excel 公式与函数基础知识，包括认识公式与函数、单元格引用、公式中的运算符及其优先级、输入与编辑公式、函数的结构和种类、输入函数的方法，以及定义和使用名称等方面的相关知识及操作方法。

3. 公式审核与错误处理

本书第 3 章，介绍了公式审核与错误处理的方法，包括审核公式、公式返回错误及解决方法和处理公式中常见错误的操作方法。

4. Excel 函数的应用举例

本书第 4～10 章，介绍了 Excel 各类函数的应用举例，包括文本与逻辑函数、日期与时间函数、数学与三角函数、财务函数、统计函数、查找与引用函数和数据库函数的相关知识及应用举例。

5. 图表与数据分析

本书第 11～13 章，介绍了图表与数据分析的相关知识，包括图表入门与应用、数据处理与分析，以及使用数据透视表和数据透视图等方面的知识、技巧及应用案例。

本书由文杰书院编著，参与本书编写工作的有李军、袁帅、文雪、肖微微、李强、高桂华、蔺丹、张艳玲、李统财、安国英、贾亚军、蔺影、李伟、冯臣、宋艳辉等。

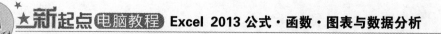

　　我们真切希望读者在阅读本书之后，可以开阔视野、增长实践操作技能，并从中学习和总结操作的经验和规律，灵活运用。鉴于编者水平有限，书中纰漏和考虑不周之处在所难免，热忱欢迎读者予以批评、指正，以便我们日后能为您编写出更好的图书。

　　如果您在使用本书时遇到问题，可以访问网站 http://www.itbook.net.cn 或发邮件至 itmingjian@163.com 与我们交流和沟通。

编　者

目　录

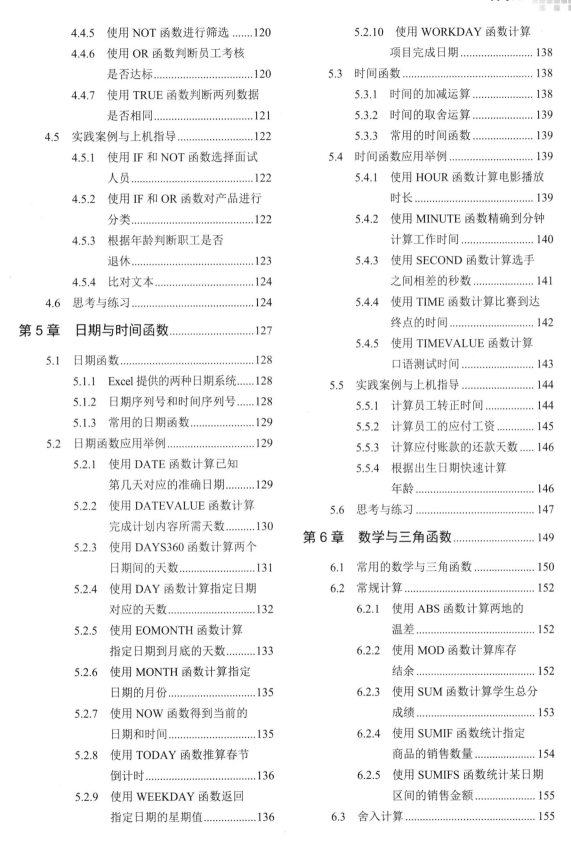

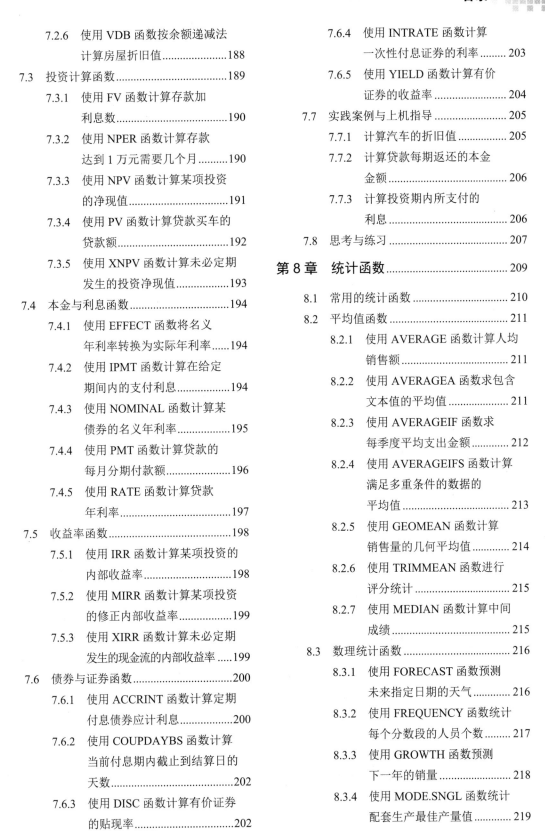

第 1 章

Excel 快速入门与应用

本章要点

- Excel 的启动与退出
- 工作簿的基本操作
- 工作表的基本操作
- 单元格的基本操作
- 格式化工作表

本章主要内容

　　本章主要介绍 Excel 的启动与退出、工作簿的基本操作、工作表的基本操作和单元格的基本操作方面的知识与技巧，同时还讲解格式化工作表的相关操作方法。通过本章的学习，读者可以掌握 Excel 2013 基础操作方面的知识，为深入学习 Excel 2013 公式、函数、图表与数据分析知识奠定基础。

1.1 Excel 的启动与退出

Microsoft Office 2013，简称 Office 2013，是继 Microsoft Office 2010 后的新一代套装软件，而 Excel 2013 就是其中的一个组件。如果准备使用 Excel 2013 进行函数、图表与数据分析等编辑操作，首先需要掌握启动与退出 Excel 2013 的方法，同时用户还需要熟悉 Excel 2013 的工作界面。本节将详细介绍 Excel 2013 的启动与退出，及其工作界面的相关知识及操作方法。

1.1.1 启动 Excel

Excel 2013 安装到电脑中后，用户可以通过操作系统桌面上的快捷方式图标来启动 Excel 2013，也可以通过【开始】菜单中的命令来启动 Excel 2013。下面将详细介绍启动 Excel 的操作方法。

1. 通过快捷方式图标启动

用户可以通过双击快捷方式图标来启动 Excel 2013。下面将详细介绍其操作方法。

第 1 步 Excel 程序安装完成后，用户可以选择将程序的快捷方式图标显示在桌面上，需要启动 Excel 2013 时，双击该图标即可，如图 1-1 所示。

第 2 步 可以看到系统会启动 Excel 2013 应用程序，如图 1-2 所示，这样即可完成通过快捷方式图标启动 Excel 2013 的操作。

图 1-1

图 1-2

2. 通过【开始】菜单启动

用户还可以通过选择【开始】菜单中的命令来启动 Excel 2013。下面将详细介绍其操作方法。

第 1 步 在 Windows 7 桌面左下角，*1.* 单击【开始】按钮，*2.* 在弹出的【开始】

菜单中选择【所有程序】菜单项，如图 1-3 所示。

第 2 步 打开所有程序列表，**1.** 选择 Microsoft Office 2013 菜单项，**2.** 在弹出的子菜单中选择 Excel 2013 菜单项，如图 1-4 所示。

图 1-3　　　　　　　　　　　　　　　　图 1-4

第 3 步 可以看到系统会启动 Excel 2013 应用程序，如图 1-5 所示，这样即可完成通过【开始】菜单启动 Excel 2013 的操作。

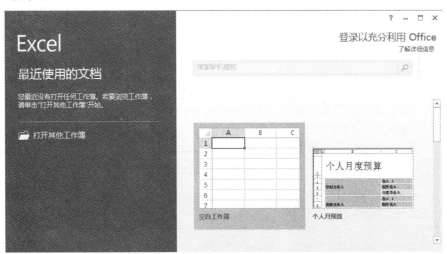

图 1-5

1.1.2　熟悉 Excel 2013 工作界面

启动 Excel 2013 后，用户可以单击界面右侧的【空白工作簿】选项，新建一个工作簿，此时即可看到 Excel 2013 的工作界面。Excel 2013 的工作界面中包含多种工具，用户通过使用这些工具、菜单或按钮可以完成多种运算分析工作。下面将详细介绍 Excel 2013 的工作界面，如图 1-6 所示。

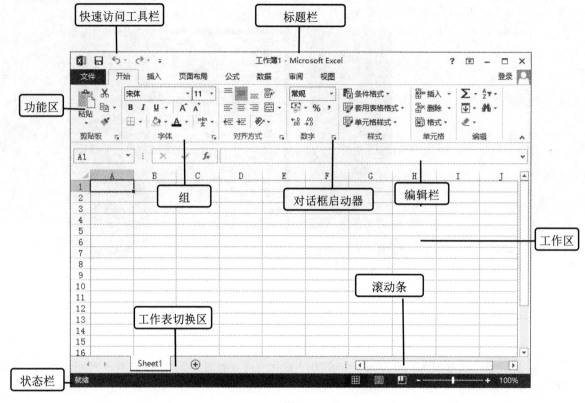

图 1-6

1. 快速访问工具栏

快速访问工具栏位于 Excel 2013 工作界面的左上方，用于快速执行一些操作，如图 1-7 所示。默认情况下，快速访问工具栏中包括 3 个按钮，分别是【保存】按钮📁、【撤销键入】按钮↩ 和【重复键入】按钮↪。在 Excel 2013 的使用过程中，用户可以根据实际工作需要，添加或删除快速访问工具栏中的命令选项。

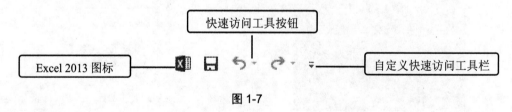

图 1-7

2. 标题栏

标题栏位于 Excel 2013 工作界面的最上方，用于显示当前正在编辑的电子表格和程序名称。拖动标题栏可以改变窗口的位置，双击标题栏可以最大化或还原窗口。标题栏的右侧有【帮助】按钮❓、【功能区最小化显示】按钮🗗、【最小化】按钮➖、【最大化】按钮🗖/【还原】按钮🗗 和【关闭】按钮✕，用于获得 Excel 的相关知识帮助，以及执行窗口的最小化、最大化、还原和关闭操作，如图 1-8 所示。

图 1-8

3. 功能区

功能区位于标题栏的下方，用于显示常用的操作命令。默认情况下功能区由 8 个选项卡组成，分别为【文件】、【开始】、【插入】、【页面布局】、【公式】、【数据】、【审阅】和【视图】。每个选项卡由若干组组成，每个组由若干功能相近的按钮、下拉列表框和对话框启动器按钮□组成，如图 1-9 所示。

图 1-9

4. 工作区

工作区位于 Excel 2013 程序窗口的中间，默认为表格排列状，是 Excel 2013 对数据进行分析对比的主要工作区域，如图 1-10 所示。在此区域中，用户可以向表格中输入内容并对内容进行编辑，还可以插入图片、设置格式及效果等。

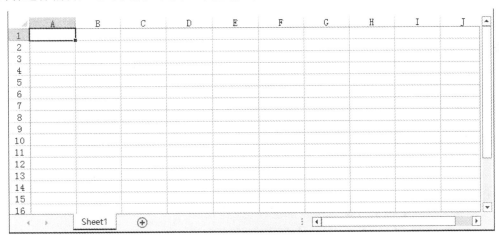

图 1-10

5. 编辑栏

编辑栏位于工作区上方，如图 1-11 所示。其主要功能是显示或编辑所选单元格中的内容，用户也可以在编辑栏中对单元格中的数值进行函数计算等。

图 1-11

6. 状态栏

状态栏位于 Excel 2013 工作界面的最下方，如图 1-12 所示。状态栏主要用于显示工作表中的单元格状态，还可以通过单击视图切换按钮来选择工作表的视图模式。在状态栏的最右侧，用户可以通过拖动显示比例滑块或单击【放大】按钮 ➕ 和【缩小】按钮 ➖，来调整工作表的显示比例。

图 1-12

7. 滚动条

滚动条分为垂直滚动条和水平滚动条，分别位于文档的右侧和右下方，如图 1-13 所示。拖动滚动条可以调整界面中显示的工作表内容，拖动垂直滚动条可以上下调整工作表显示的区域，拖动水平滚动条可以左右调整工作表显示的区域。

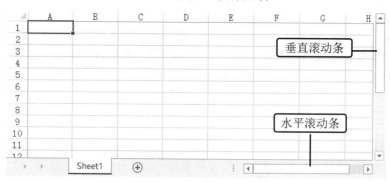

图 1-13

8. 工作表切换区

工作表切换区位于 Excel 2013 工作界面的左下方，其中包括工作表切换按钮和工作表标签两个部分，如图 1-14 所示。单击工作表切换按钮可以调整工作表标签区域的显示幅度，单击【新建工作表】按钮 ⊕ 即可快速新建一个工作表。

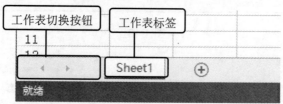

图 1-14

知识精讲

功能区显示在工作区上方，如果想在窗口中显示更多的数据内容，用户可以选择隐藏功能区。隐藏功能区的方法是：在功能区的任意位置右击，在弹出的快捷菜单中选择【功能区最小化】菜单项。

1.1.3　退出 Excel

在 Excel 2013 中完成表格数据的编辑操作后，可以退出 Excel 2013，从而节省电脑内存资源。退出 Excel 的方法有很多种，下面将详细介绍。

1. 通过【关闭】按钮退出

在 Excel 2013 程序窗口中，单击标题栏右侧窗口控制按钮区域中的【关闭】按钮 ×，即可完成退出 Excel 2013 的操作，如图 1-15 所示。

图 1-15

2. 通过程序图标退出

在 Excel 2013 程序窗口中，单击快速访问工具栏左侧的 Excel 2013 程序图标，在弹出的菜单中选择【关闭】菜单项，即可完成退出 Excel 2013 的操作，如图 1-16 所示。

3. 通过右键快捷菜单退出

在系统桌面中右击任务栏中的 Excel 2013 缩略图标，在弹出的快捷菜单中选择【关闭窗口】菜单项，也可以完成退出 Excel 2013 的操作，如图 1-17 所示。

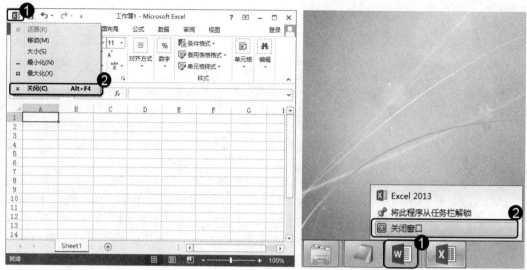

图 1-16   图 1-17

1.2 工作簿的基本操作

工作簿是 Excel 管理数据的文件单位，相当于人们日常工作中的文件夹，它以独立的文件形式存储在磁盘上，所有新建的 Excel 工作表都保存在工作簿中。工作簿的基本操作包括创建新工作簿、输入数据、保存和关闭工作簿、打开保存的工作簿和保护工作簿等，本节将进行详细介绍。

1.2.1 创建新工作簿

要想使用工作簿，首先应创建一个新的空白工作簿。创建新工作簿的方法也有很多，下面将分别予以详细介绍。

1. 通过【新建】菜单项创建

在 Excel 2013 中，工作簿是指用来储存并处理工作数据的文件，一个工作簿中可以包含多个工作表。下面将详细介绍通过【新建】菜单项创建新工作簿的操作方法。

第 1 步 启动 Excel 2013 程序，在功能区中，切换到【文件】选项卡，如图 1-18 所示。

第 2 步 在打开的 Backstage 视图中，*1.* 选择【新建】菜单项，*2.* 在【可用模板】区域中选择【空白工作簿】选项，如图 1-19 所示。

第 3 步 系统会创建一个名为"工作簿 2"的空白工作簿，如图 1-20 所示，这样即可完成通过【新建】菜单项创建新工作簿的操作。

图 1-18　　　　　　　　　　　　　　　　　图 1-19

图 1-20

2. 通过快速访问工具栏创建

如果用户对新创建的工作簿没有特殊要求，那么可以通过快速访问工具栏方便、快捷地创建一个新的空白工作簿。下面将具体介绍此操作方法。

第 1 步 在快速访问工具栏中，**1.** 单击【自定义快速访问工具栏】按钮，**2.** 在弹出的下拉菜单中选择【新建】菜单项，如图 1-21 所示。

第 2 步 在快速访问工具栏中单击新添加的【新建】按钮，如图 1-22 所示。

第 3 步 系统会创建一个名为"工作簿 2"的空白工作簿，如图 1-23 所示，这样即可完成通过快速访问工具栏创建新工作簿的操作。

图 1-21

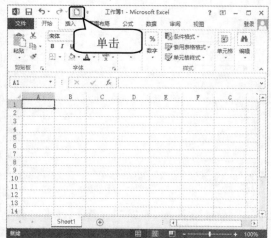

图 1-22

图 1-23

1.2.2 开始输入数据

要使用 Excel 2013 程序在日常办公过程中对数据进行处理，首先应学会在工作表中的单元格内输入各种类型的数据和文本。用户可以根据具体需要在工作表中输入文本、数值、日期与时间及各种专业数据。下面将详细介绍在 Excel 工作表中输入数据的操作方法。

1. 输入文本

在单元格中输入最多的就是文本信息，如输入工作表的标题、图表中的内容等。下面将详细介绍输入文本的操作方法。

第 1 步 在 Excel 2013 工作簿窗口中，*1.* 单击准备输入文本的单元格，如 D2 单元格，*2.* 在编辑栏中输入文本，如"第一季度"，如图 1-24 所示。

第 2 步 按 Enter 键，即可完成在 Excel 2013 工作簿中输入文本的操作，如图 1-25 所示。

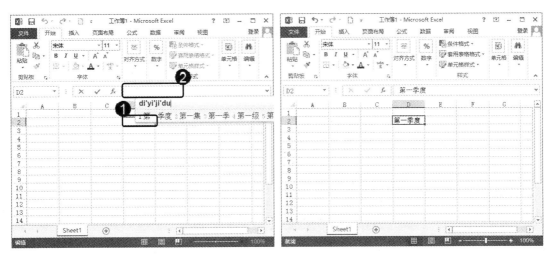

图 1-24　　　　　　　　　　　　　　　　　图 1-25

2. 输入数值

在 Excel 2013 工作表的单元格中，可以输入正数或负数，也可以输入整数、小数、分数以及科学计数法数值等。下面将详细介绍输入数值的操作方法。

1）　输入整数

双击准备输入的单元格，然后在该单元格中输入数字，如"26"，并按 Enter 键，即可完成输入整数的操作，如图 1-26 所示。

图 1-26

2）　输入分数

在单元格中可以输入分数，如果按照普通方式输入分数，那么 Excel 2013 会将其转换为日期格式。例如，在单元格中输入"2/5"，Excel 2013 会将其转换为"2 月 5 日"。在单元格中输入分数时，需要在分子前面加一个空格，如" 2/5"，这样 Excel 2013 会将该数据作为一个分数进行处理，如图 1-27 所示。

3）　输入科学计数法数值

当在单元格中输入很大或很小的数值时，输入的内容和单元格显示的内容可能不一样，因为 Excel 2013 系统会自动用科学计数法显示输入的数值，但是在编辑栏中显示的内容与输入的内容一致，如图 1-28 所示。

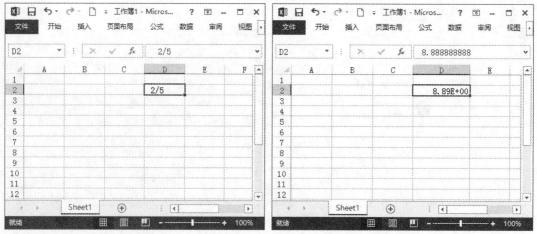

图 1-27   图 1-28

3. 输入日期和时间

在 Excel 2013 工作表的单元格中，用户可以手工输入日期和时间，Excel 2013 会自动识别日期和时间格式。在同一单元格中，用户还可以同时输入日期与时间，但日期与时间之间需要输入一个空格键，否则将会被视为文本。例如，在单元格中输入"2015/5/11 10:46"，即可在 Excel 2013 中显示日期和时间，如图 1-29 所示。

图 1-29

1.2.3 保存和关闭工作簿

对工作簿进行编辑后，应该将其保存以便再次使用、查阅或者修改。为了节约电脑内存资源，工作簿编辑完成并保存后，可以将其关闭。下面将分别介绍保存和关闭工作簿的方法。

1. 保存工作簿

完成一个工作簿文件的建立、编辑后，需要将工作簿保存到磁盘上，以便保存工作结果。保存工作簿的另一个重要意义在于可以避免由于断电等意外事故造成数据丢失的情况发生。下面将详细介绍保存工作簿的操作方法。

1)　首次保存工作簿

对新创建的工作簿完成编辑，第一次对该工作簿进行保存时，需要选择文档在电脑中的保存路径。下面将详细介绍首次保存工作簿的操作方法。

第 1 步　在功能区中，切换到【文件】选项卡，如图 1-30 所示。

第 2 步　打开 Backstage 视图，选择【保存】菜单项，如图 1-31 所示。

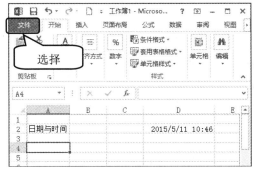
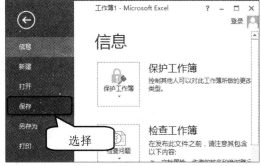

图 1-30　　　　　　　　　　　　　　　　图 1-31

第 3 步　进入【另存为】界面，用户可以选择保存此文档的目标路径，单击【浏览】按钮 ，如图 1-32 所示。

第 4 步　弹出【另存为】对话框，*1.* 选择工作簿保存的位置，*2.* 在【文件名】下拉列表框中输入工作簿的名称，如"日期与时间"，*3.* 单击【保存】按钮，如图 1-33 所示。

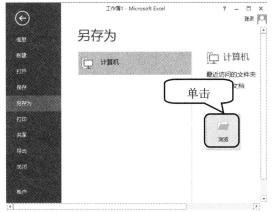

图 1-32　　　　　　　　　　　　　　　　图 1-33

第 5 步　返回到工作簿中，可以看到标题栏中的电子表格名称已变为"日期与时间"，如图 1-34 所示，这样即可完成首次保存工作簿的操作。

2)　普通保存

首次保存工作簿后，工作簿将被存放在电脑的硬盘中，当用户再次保存该工作簿时，将不会弹出【另存为】对话框，工作簿将默认保存在首次保存的位置。在 Excel 2013 程序窗口的快速访问工具栏中单击【保存】按钮 ，即可完成普通保存工作簿的操作，如图 1-35 所示。

图 1-34

图 1-35

2. 关闭工作簿

如果用户不再需要使用某个打开的工作簿,可以在保存后将其关闭,同时并不退出 Excel 2013 程序,以便再使用其他工作簿。下面将详细介绍关闭工作簿的操作方法。

第 1 步 在 Backstage 视图中,选择【关闭】菜单项,如图 1-36 所示。

第 2 步 可以看到工作表已经被关闭,如图 1-37 所示,这样即可完成关闭工作簿的操作。

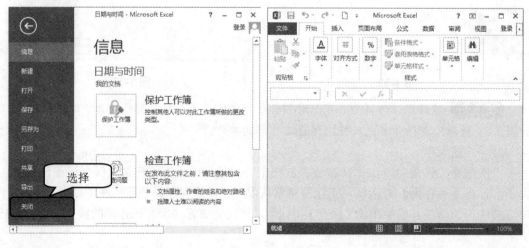

图 1-36   图 1-37

1.2.4　打开保存的工作簿

如果想要再次浏览或编辑已经保存的工作簿，可以在 Excel 中将其再次打开。下面将详细介绍打开保存的工作簿的操作方法。

第 1 步　在 Backstage 视图中，**1.** 选择【打开】菜单项，**2.** 选择【计算机】选项，**3.** 单击【浏览】按钮，如图 1-38 所示。

第 2 步　弹出【打开】对话框，**1.** 选择准备打开工作簿的目标文件夹，**2.** 选择准备打开的工作簿，如"日期与时间"，**3.** 单击【打开】按钮，如图 1-39 所示。

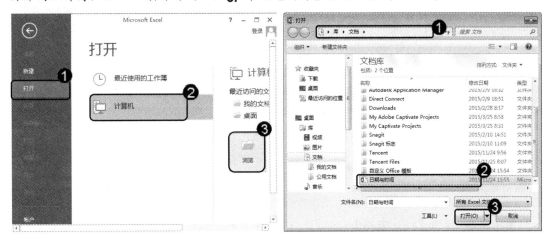

图 1-38　　　　　　　　　　　　　　　　图 1-39

第 3 步　可以看到选择的工作簿已被打开，如图 1-40 所示，这样即可完成打开保存的工作簿的操作。

图 1-40

1.2.5　保护工作簿

保护工作簿是指为工作簿设置密码，以限制对工作簿的访问权限和修改权限等，从而防止工作簿内的信息被修改。下面将详细介绍保护工作簿的操作方法。

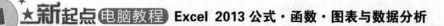

第1步 在功能区中，**1.** 切换到【审阅】选项卡，**2.** 在【更改】组中，单击【保护工作簿】按钮，如图 1-41 所示。

第2步 弹出【保护结构和窗口】对话框，**1.** 在【保护工作簿】选项组中，选中【结构】复选框，**2.** 在【密码】(可选)文本框中，输入准备保护工作簿的密码，**3.** 单击【确定】按钮，如图 1-42 所示。

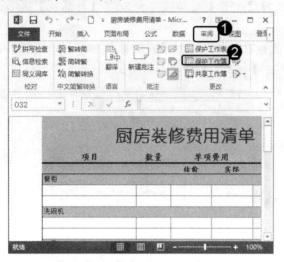

图 1-41

图 1-42

第3步 弹出【确认密码】对话框，**1.** 在【重新输入密码】文本框中，输入刚输入的密码，**2.** 单击【确定】按钮，如图 1-43 所示，这样即可完成保护工作簿的操作。

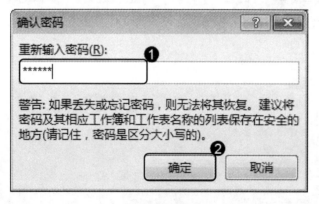

图 1-43

1.3 工作表的基本操作

工作表包含在工作簿中，因此工作表的操作都是在工作簿中进行的。工作表的基本操作主要包括选取工作表、重命名工作表、添加与删除工作表、复制与移动工作表和保护工作表，本节将进行详细介绍。

1.3.1　选取工作表

在 Excel 2013 中，如果准备在工作表中进行数据的分析处理，首先应选取某一张工作表开始工作。选取工作表一般分为选取一张工作表和选取多张工作表。下面将分别予以详细介绍。

1. 选取一张工作表

在 Excel 2013 中，选取一张工作表的操作十分简单，单击准备使用的工作表标签即可选中该工作表，被选中的工作表显示为活动状态，如图 1-44 所示。

图 1-44

2. 选取两张或者多张相邻的工作表

如果准备选取两张或者两张以上相邻的工作表，可以通过按住 Shift 键来完成。下面将详细介绍选取两张或者多张相邻的工作表的操作方法。

第 1 步　单击准备同时选中的多张工作表中的第一张工作表标签，如图 1-45 所示。

第 2 步　按住 Shfit 键，单击准备同时选中的多张工作表中的最后一张工作表标签，这样即可选取两张或者多张相邻的工作表，如图 1-46 所示。

图 1-45

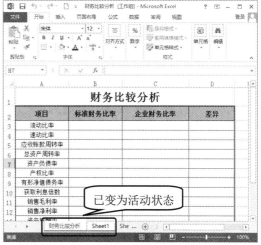

图 1-46

3. 选取两张或者多张不相邻的工作表

如果准备选取两张或者两张以上不相邻的工作表，可以通过按住 Ctrl 键来完成。下面将详细介绍选取两张或者多张不相邻的工作表的操作方法。

第1步 单击准备同时选中的多张工作表中的第一张工作表标签，如图 1-47 所示。

第2步 按住 Ctrl 键，单击准备选取的不相邻的工作表标签，这样即可选取两张或者多张不相邻的工作表，如图 1-48 所示。

图 1-47　　　　　　　　　　　图 1-48

4. 选取所有工作表

如果准备选取所有的工作表，可以通过右击鼠标来完成。下面将详细介绍选取所有工作表的操作方法。

第1步 在 Excel 2013 程序中，*1.* 右击任意一个工作表标签，*2.* 在弹出的快捷菜单中，选择【选定全部工作表】菜单项，如图 1-49 所示。

第2步 可以看到所有的工作表都已变为活动状态，这样即可完成选取所有工作表的操作，如图 1-50 所示。

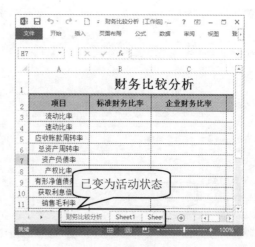

图 1-49　　　　　　　　　　　图 1-50

知识精讲

通过工作簿的视图操作，用户可以更加方便地查看工作簿数据以及在几个文件之间切换和共享数据。切换视图方式的具体方法为：切换到【视图】选项卡，在【工作簿视图】组中选择不同的视图方式查看工作簿。

1.3.2　重命名工作表

在 Excel 2013 工作簿中，工作表的默认名称为"Sheet+数字"，如 Sheet1，用户可以根据实际工作需要对工作表名称进行修改。下面将详细介绍重命名工作表的操作方法。

第 1 步　打开工作簿，**1.** 右击准备重命名的工作表标签，如"财务比较分析"，**2.** 在弹出的快捷菜单中，选择【重命名】菜单项，如图 1-51 所示。

第 2 步　此时该工作表标签变为可编辑状态，如图 1-52 所示。

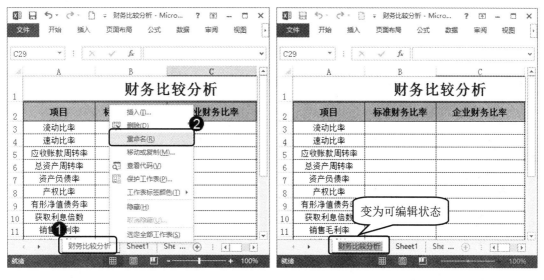

图 1-51　　　　　　　　　　　　　　　图 1-52

第 3 步　输入准备重命名的工作表的新名称，如"财务状况"，如图 1-53 所示，然后按 Enter 键。

第 4 步　可以看到选择的工作表已被重命名，如图 1-54 所示，这样即可完成重命名工作簿的操作。

知识精讲

双击准备重命名的工作表标签，此时的工作表标签变为可编辑状态，输入新的工作表名称，按 Enter 键，即可完成快速重命名工作表的操作。

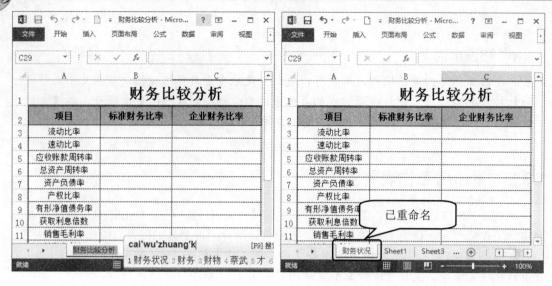

图 1-53 图 1-54

1.3.3 添加与删除工作表

创建一个新的工作簿后，在默认情况下工作簿中的工作表数为 1 个，用户可以根据需要对工作表进行添加与删除的操作。下面将详细介绍添加与删除工作表的操作方法。

1. 添加工作表

Excel 2013 工作簿中默认的工作表数为 1 个，为了工作的需要，用户可以添加新的工作表。下面将详细介绍添加工作表的操作方法。

第 1 步 打开需要添加工作表的工作簿，单击工作表切换区中的【新建工作表】按钮⊕，如图 1-55 所示。

第 2 步 此时即可看到新添加的工作表 Sheet2，如图 1-56 所示，这样即可完成添加工作表的操作。

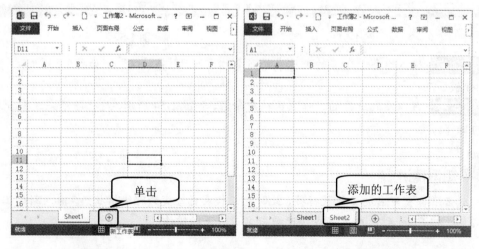

图 1-55 图 1-56

2. 删除工作表

在工作簿中，不需要的工作表应及时删除，否则不但会使工作簿不方便管理，而且会占用较多的计算机资源。下面将详细介绍删除工作表的操作方法。

第 1 步　打开工作簿，**1.** 右击准备删除的工作表，如 Sheet2，**2.** 在弹出的快捷菜单中，选择【删除】菜单项，如图 1-57 所示。

第 2 步　可以看到在 Excel 2013 工作簿中，如图 1-58 所示，选择的工作表已被删除，这样即可完成删除工作表的操作。

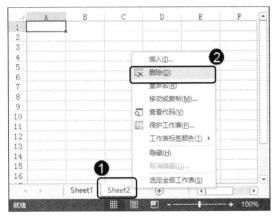

图 1-57

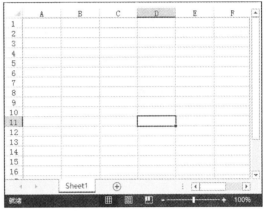

图 1-58

1.3.4　复制与移动工作表

为了工作的需要，有时候要对工作表进行复制和移动的操作。下面将详细介绍复制与移动工作表的操作方法。

1. 复制工作表

复制工作表是指新创建一个与原工作表具有相同内容的工作表。下面将详细介绍复制工作表的操作方法。

第 1 步　在工作表切换区中，**1.** 右击准备复制的工作表标签，**2.** 在弹出的快捷菜单中，选择【移动或复制】菜单项，如图 1-59 所示。

第 2 步　弹出【移动或复制工作表】对话框，**1.** 将复制后的工作表放在"工资表"工作表之前，**2.** 选中【建立副本】复选框，**3.** 单击【确定】按钮，如图 1-60 所示。

第 3 步　返回到工作表中，可以看到已复制了一个工作表"工资表(2)"，如图 1-61 所示，这样即可完成复制工作表的操作。

　智慧锦囊

　　按住 Ctrl 键，选择准备复制的工作表标签，并在水平方向上拖动鼠标，在工作表标签上方会出现黑色小三角标志▼，表示可以复制工作表，拖动至目标位置后释放鼠标左键，也可完成复制工作表的操作。

图 1-59

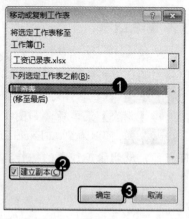

图 1-60

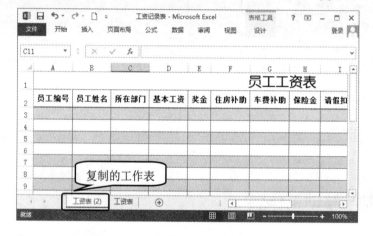

图 1-61

2. 移动工作表

移动工作表是指在不改变工作表数量的情况下，对工作表的位置进行调整。下面将详细介绍移动工作表的操作方法。

第1步 在工作表切换区中，*1.* 右击准备移动的工作表标签，*2.* 在弹出的快捷菜单中，选择【移动或复制】菜单项，如图 1-62 所示。

第2步 弹出【移动或复制工作表】对话框，*1.* 选择【移至最后】列表项，*2.* 单击【确定】按钮，如图 1-63 所示。

第3步 返回到工作表中，可以看到选择的"工资表(2)"工作表已被移动到最后，如图 1-64 所示，这样即可完成移动工作表的操作。

 智慧锦囊

使用鼠标也可以移动工作表。选择准备移动的工作表标签，在水平方向上拖动鼠标，在工作表标签上方会出现黑色小三角标志，表示可以移动工作表，拖动至目标位置后释放鼠标左键，就完成了移动工作表的操作。

图 1-62

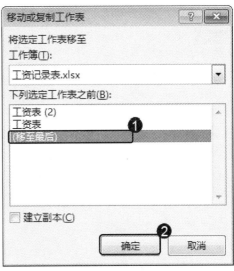

图 1-63

图 1-64

1.3.5　保护工作表

如果需要对当前工作表数据进行保护，可以使用保护工作表功能，保护工作表中的数据不被编辑。下面将详细介绍保护工作表的操作方法。

第 1 步　打开工作簿，*1.* 选择准备保护的工作表，如"工资表(2)"，*2.* 切换到【审阅】选项卡，*3.* 在【更改】组中单击【保护工作表】按钮，如图 1-65 所示。

第 2 步　弹出【保护工作表】对话框，*1.* 选中【保护工作表及锁定的单元格内容】复选框，*2.* 在【取消工作表保护时使用的密码】文本框中输入密码，*3.* 在【允许此工作表的所有用户进行】列表框中选中【选定锁定单元格】和【选定未锁定的单元格】复选框，*4.* 单击【确定】按钮，如图 1-66 所示。

第 3 步　弹出【确认密码】对话框，*1.* 在【重新输入密码】文本框中再次输入密码，*2.* 单击【确定】按钮，如图 1-67 所示。

第 4 步　返回到工作表中，当用户编辑工作表中的内容时，可以发现工作表已被锁定，不能编辑，如图 1-68 所示，这样即可完成保护工作表的操作。

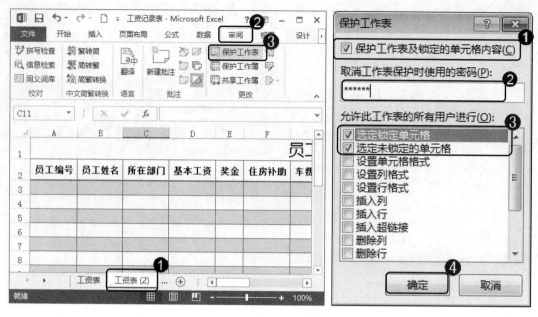

图 1-65   图 1-66

图 1-67   图 1-68

1.4　单元格的基本操作

　　在 Excel 2013 工作表中，单元格是指表格中行与列的交叉部分，它是组成表格的最小单位，单个数据的输入和修改都是在单元格中进行的。单元格的基本操作包括选取单元格、插入单元格、删除单元格以及复制与移动单元格。本节将介绍单元格的基本操作。

1.4.1　选取单元格

在对单元格进行各种设置操作前，首先需要选取单元格。在工作表中可以选取一个、多个和全部单元格，下面分别予以详细介绍。

1. 选取一个单元格

单击准备选取的单元格，即可完成选取一个单元格的操作，如图 1-69 所示。

2. 选取连续的多个单元格

选取一个单元格后，在按住 Shift 键的同时选取目标单元格的最后一个单元格，即可完成选取连续的多个单元格的操作，如图 1-70 所示。

图 1-69

图 1-70

3. 选取不连续的多个单元格

单击准备选取的第一个单元格，然后在按住 Ctrl 键的同时单击其他准备选取的单元格，即可完成选取不连续的多个单元格的操作，如图 1-71 所示。

4. 选取全部单元格

在 Excel 2013 工作表中，单击左上角的【全选】按钮 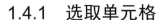，即可完成选取全部单元格的操作，如图 1-72 所示。

1.4.2　插入单元格

在 Excel 2013 工作表中，插入单元格包括插入一个单元格、插入整行单元格和插入整列单元格，下面将分别予以详细介绍。

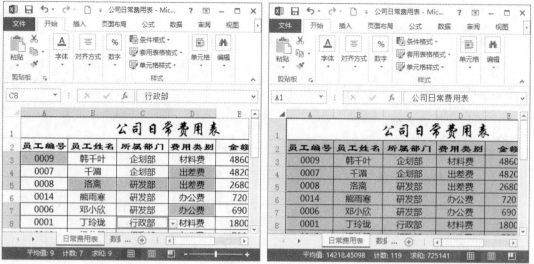

图 1-71　　　　　　　　　　　　　　　　　　　图 1-72

1. 插入一个单元格

在单元格中输入数据后，可以根据自己的需求，在单元格周围插入一个单元格。下面介绍插入一个单元格的操作方法。

第1步 在 Excel 2013 工作表中，**1.** 选择目标单元格(准备在其上方插入一个单元格的单元格)，**2.** 切换到【开始】选项卡，**3.** 在【单元格】组中，单击【插入】下拉按钮 ，**4.** 在弹出的下拉列表中，选择【插入单元格】选项，如图 1-73 所示。

第2步 弹出【插入】对话框，**1.** 在【插入】选项组中，选中【活动单元格下移】单选按钮，**2.** 单击【确定】按钮，如图 1-74 所示。

图 1-73

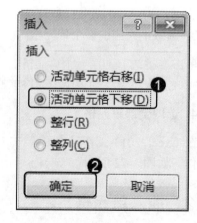

图 1-74

第3步 可以看到选择的单元格已被下移，并在其上方插入了一个单元格，如图 1-75所示，这样即可完成插入一个单元格的操作。

图 1-75

2. 插入整行单元格

插入整行单元格是指在已选单元格的上方插入整行单元格区域。下面将详细介绍在 Excel 2013 工作表中插入整行单元格的操作方法。

第 1 步　在 Excel 2013 工作表中，*1.* 选择目标单元格(准备在其上方插入整行的单元格)，*2.* 右击已选的单元格，在弹出的快捷菜单中，选择【插入】菜单项，如图 1-76 所示。

第 2 步　弹出【插入】对话框，*1.* 在【插入】选项组中，选中【整行】单选按钮，*2.* 单击【确定】按钮，如图 1-77 所示。

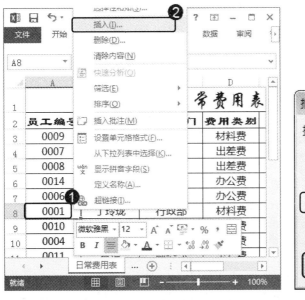

图 1-76

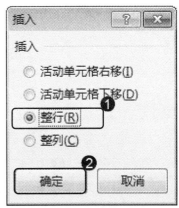

图 1-77

第 3 步　可以看到选择的单元格所在的行已被下移，并在其上方插入了整行单元格，如图 1-78 所示，这样即可完成插入整行单元格的操作。

图 1-78

3. 插入整列单元格

在 Excel 2013 工作表中，用户也可以插入整列单元格，即在已选单元格的左侧插入整列单元格。下面将详细介绍插入整列单元格的操作方法。

第1步 在 Excel 2013 工作表中，**1.** 选择目标单元格(准备在其左侧插入列的单元格)，**2.** 切换到【开始】选项卡，**3.** 在【单元格】组中，单击【插入】下拉按钮 ▼，**4.** 在弹出的下拉列表中，选择【插入工作表列】选项，如图 1-79 所示。

第2步 可以看到选择的单元格左侧已经插入了整列单元格，如图 1-80 所示，这样即可完成插入整列单元格的操作。

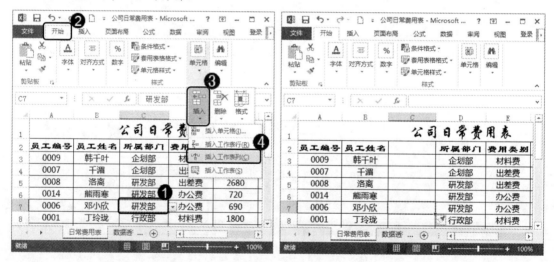

图 1-79   图 1-80

 知识精讲

在工作表的功能区中，单击【帮助】按钮 ?，会弹出【Excel 帮助】窗口，用户可以在搜索栏中输入自己在使用过程中遇到的疑难问题，然后按 Enter 键，系统会自动寻找相关的解答。

1.4.3　删除单元格

在 Excel 2013 工作表中，删除单元格包括删除一个单元格、删除连续的多个单元格、删除不连续的多个单元格、删除整行单元格和删除整列单元格，下面将分别予以详细介绍。

1. 删除一个单元格

在 Excel 2013 工作表中，如果准备不再使用单元格数据，用户可将其删除。下面将详细介绍删除一个单元格的操作方法。

第 1 步　在 Excel 2013 工作表中，**1.** 选择准备删除的单元格，**2.** 在【单元格】组中，单击【删除】下拉按钮　▼　，**3.** 选择【删除单元格】选项，如图 1-81 所示。

第 2 步　弹出【删除】对话框，**1.** 在【删除】选项组中，选中【右侧单元格左移】单选按钮，**2.** 单击【确定】按钮，如图 1-82 所示。

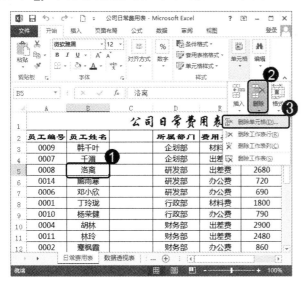

图 1-81

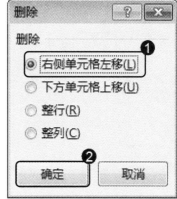

图 1-82

第 3 步　可以看到选中的单元格内容已被删除，被替换成右侧的单元格内容，如图 1-83 所示，这样即可完成删除一个单元格的操作。

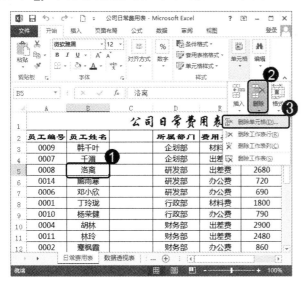

图 1-83

智慧锦囊

在 Excel 2013 工作表中，选择准备清除内容的单元格，按 Delete 键，可以快速完成清除单元格中数据的操作。

2. 删除连续的多个单元格

如果连续多个单元格中的数据有误或无用，那么可以删除连续的多个单元格。下面将详细介绍删除连续的多个单元格的操作方法。

第1步 选择准备删除的连续多个单元格中的起始单元格，待鼠标指针变为"➕"形状时，拖动鼠标选中准备删除的所有单元格，如图 1-84 所示。

第2步 在【单元格】组中，单击【删除】按钮，如图 1-85 所示。

图 1-84

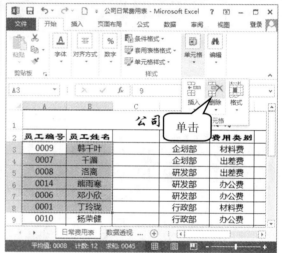
图 1-85

第3步 可以看到选中的连续的多个单元格已被删除，如图 1-86 所示，这样即可完成删除连续的多个单元格的操作。

图 1-86

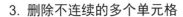

3. 删除不连续的多个单元格

在 Excel 2013 工作表中，如果准备删除不连续的多个单元格，那么首先应该选中这些单元格。下面将详细介绍删除不连续的多个单元格的操作方法。

第1步　在工作表中，选择准备删除的多个单元格中的第一个单元格，然后在按住 Ctrl 键的同时选择其他单元格，如图 1-87 所示。

第2步　在【单元格】组中，单击【删除】按钮，如图 1-88 所示。

图 1-87

图 1-88

第3步　可以看到选中的不连续的多个单元格已被删除，如图 1-89 所示，这样即可完成删除不连续的多个单元格的操作。

图 1-89

4. 删除整行单元格

在 Excel 2013 工作表中，用户可以通过【单元格】组中的【删除】按钮，快速删除整行单元格区域。下面将详细介绍删除整行单元格的操作方法。

第1步　在 Excel 2013 工作表中，**1.** 把鼠标指针移动至准备删除的整行单元格的行标题上，此时鼠标指针变为"➡"形状，单击选中整行单元格，**2.** 在【单元格】组中，单击【删除】下拉按钮 ▼，**3.** 选择【删除工作表行】选项，如图 1-90 所示。

第2步 可以看到选中的整行单元格数据已被删除，如图 1-91 所示，这样即可完成删除整行单元格的操作。

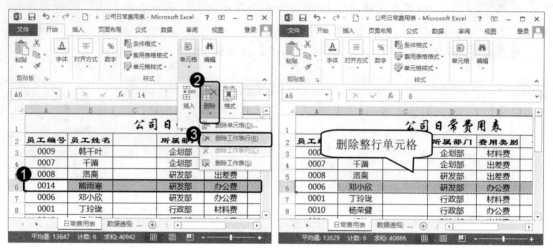

图 1-90   图 1-91

5. 删除整列单元格

在 Excel 2013 工作表中，用户同样也可以通过【单元格】组中的【删除】按钮 ，删除整列单元格。下面将详细介绍删除整列单元格的操作方法。

第1步 在 Excel 2013 工作表中，**1.** 单击准备删除的整列单元格中的任意一个单元格，**2.** 在【单元格】组中，单击【删除】下拉按钮 ▼，**3.** 选择【删除工作表列】选项，如图 1-92 所示。

第2步 可以看到选择的整列单元格已被删除，如图 1-93 所示，这样即可完成删除整列单元格的操作。

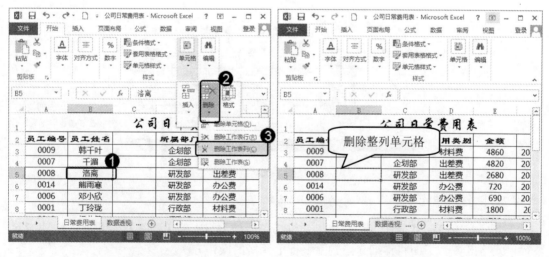

图 1-92   图 1-93

智慧锦囊

在 Excel 2013 工作表中，右击已选单元格区域中的任意一个单元格，在弹出的快捷菜单中，选择【删除】菜单项，也会弹出【删除】对话框，再进行删除单元格的具体操作。

1.4.4 复制与移动单元格

在编辑工作表时，常常需要对单元格中的内容进行复制与移动操作。下面将详细介绍复制与移动单元格的操作方法。

第 1 步 在 Excel 2013 工作表中，**1.** 选择准备移动数据的单元格，**2.** 在功能区中，切换到【开始】选项卡，**3.** 在【剪贴板】组中，单击【剪切】按钮，如图 1-94 所示。

第 2 步 在工作表中，**1.** 选择准备将数据移动到的目标单元格，**2.** 在【剪贴板】组中，单击【粘贴】按钮，如图 1-95 所示。

图 1-94

图 1-95

第 3 步 可以看到原位置的单元格数据已经被移动至选择的目标单元格位置，如图 1-96 所示，这样即可完成复制与移动单元格的操作。

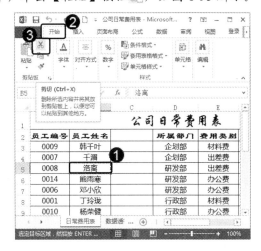

图 1-96

1.5 格式化工作表

使用 Excel 2013，用户可以根据不同的需要，为工作表中的数据设置不同的格式，包括调整表格的行高与列宽、设置字体格式、设置对齐方式、添加表格边框和自动套用表格格式等。本节将详细介绍格式化工作表的相关知识及操作方法。

1.5.1 调整表格的行高与列宽

当工作表单元格中的内容超过单元格的高度和宽度后，工作表就会变得不美观，并且对数据的显示也会造成影响，这时用户可以根据需要适当地调整表格的行高与列宽。下面将详细介绍调整表格的行高与列宽的操作方法。

1. 调整表格的行高

如果用户知道单元格需要调整的行高的具体数据，那么可以在【行高】对话框中对单元格的行高进行精确的调整。下面将详细介绍调整表格行高的操作方法。

第1步 在 Excel 2013 工作表中，**1.** 选择准备调整行高的单元格，如 A1 单元格，**2.** 切换到【开始】选项卡，**3.** 在【单元格】组中，单击【格式】按钮，**4.** 在弹出的下拉列表中，选择【单元格大小】选项组中的【行高】选项，如图 1-97 所示。

第2步 弹出【行高】对话框，**1.** 在【行高】文本框中，输入准备设置的行高的值，如"50"，**2.** 单击【确定】按钮，如图 1-98 所示。

图 1-97

图 1-98

第3步 可以看到选择的单元格的行高已被修改，如图 1-99 所示，这样即可完成调整表格行高的操作。

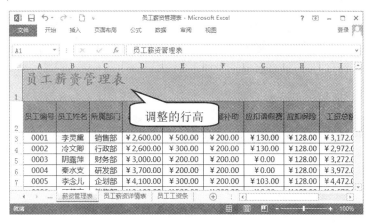

图 1-99

2. 调整表格的列宽

如果用户知道单元格需要调整的列宽的具体数据，那么可以在【列宽】对话框中对单元格的列宽进行精确的调整。下面将详细介绍调整表格列宽的操作方法。

第 1 步　在 Excel 2013 工作表中，**1.** 选择准备调整列宽的单元格，如 A2 单元格，**2.** 切换到【开始】选项卡，**3.** 在【单元格】组中，单击【格式】按钮，**4.** 在弹出的下拉列表中，选择【单元格大小】选项组中的【列宽】选项，如图 1-100 所示。

第 2 步　弹出【列宽】对话框，**1.** 在【列宽】文本框中，输入准备设置列宽的值，如"30"，**2.** 单击【确定】按钮，如图 1-101 所示。

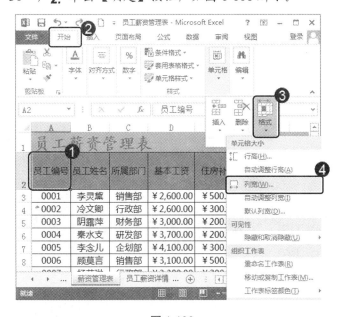

图 1-100

图 1-101

第 3 步　可以看到选择的单元格的列宽已被修改，如图 1-102 所示，这样即可完成调整表格列宽的操作。

图 1-102

知识精讲

　　选中要调整行高或列宽的单元格后,单击【开始】选项卡的【单元格】组中的【格式】按钮,在弹出的下拉列表中选择【自动调整行高】或【自动调整列宽】选项,可以完成自动调整单元格行高与列宽的操作。

1.5.2 设置字体格式

　　用户可以为表格中的不同内容设置不同的字体格式以示区分,还可以设置字形、字号、字体颜色以及其他一些字体效果。下面将详细介绍设置字体格式的操作方法。

　　第 1 步 在 Excel 2013 工作表中,**1.** 选择准备设置字体的单元格,**2.** 切换到【开始】选项卡,**3.** 在【字体】组中单击【字体】下拉按钮,**4.** 在弹出的下拉列表中,选择准备设置的字体,如选择【华文琥珀】选项,如图 1-103 所示。

　　第 2 步 可以看到选择的单元格中的字体已被改变,**1.** 选择该单元格,**2.** 切换到【开始】选项卡,**3.** 在【字体】组中单击【字号】下拉按钮,**4.** 在弹出的下拉列表中,选择准备应用的字号,如选择 16 选项,如图 1-104 所示。

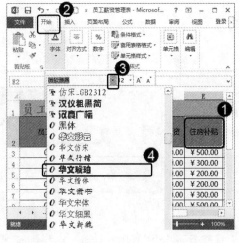

图 1-103　　　　　　　　　　　　　图 1-104

第3步 可以看到选择的单元格中的字号已被改变，**1.** 选择该单元格，**2.** 切换到【开始】选项卡，**3.** 在【字体】组中单击【字体颜色】下拉按钮 ，**4.** 在弹出的下拉列表中，选择准备使用的字体颜色，如图 1-105 所示。

第4步 可以看到选择的单元格中的字体颜色已被改变，如图 1-106 所示，这样即可完成设置字体格式的操作。

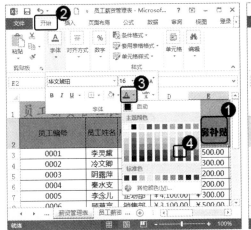

图 1-105　　　　　　　　　　图 1-106

1.5.3　设置对齐方式

为了使表格中的数据排列整齐，增加表格整体的美观性，可以为单元格设置对齐方式。文本基本对齐包括左对齐、右对齐、居中对齐、顶端对齐、底端对齐和垂直居中对齐 6 种情况。下面将以文本左对齐为例，来详细介绍设置对齐方式的操作方法。

第1步 在 Excel 2013 工作表中，**1.** 选择准备设置对齐方式的单元格区域，**2.** 切换到【开始】选项卡，**3.** 在【对齐方式】组中，单击【左对齐】按钮 ，如图 1-107 所示。

第2步 可以看到选择的单元格中的数据已经按照文本左对齐方式进行排列，如图 1-108 所示，这样即可完成设置对齐方式的操作。

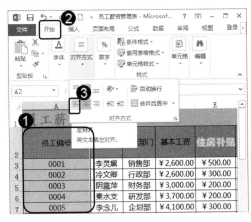
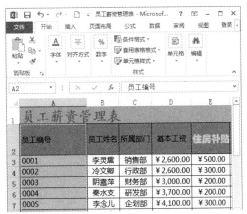

图 1-107　　　　　　　　　　图 1-108

1.5.4 添加表格边框

为了使表格数据之间层次鲜明，更易于阅读，可以为表格中不同的部分添加边框。下面将详细介绍添加表格边框的操作方法。

第1步 在 Excel 2013 工作表中，**1.** 选择准备设置表格边框的单元格或单元格区域，**2.** 在【单元格】组中，单击【格式】按钮，**3.** 在弹出的下拉列表中，选择【设置单元格格式】选项，如图 1-109 所示。

第2步 弹出【设置单元格格式】对话框，**1.** 切换到【边框】选项卡，**2.** 在【预置】选项组中，单击【外边框】按钮，**3.** 在【边框】选项组中，单击准备选择的边框线，**4.** 单击【确定】按钮，如图 1-110 所示。

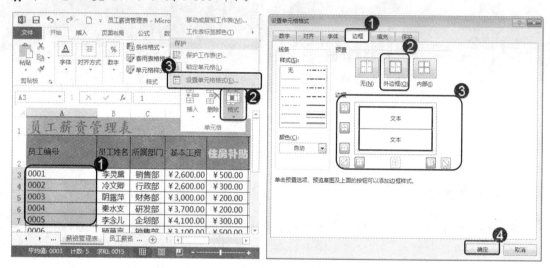

图 1-109 图 1-110

第3步 可以看到选择的单元格区域已经添加了设置的边框，如图 1-111 所示，这样即可完成添加表格边框的操作。

图 1-111

知识精讲

选择准备设置表格边框的单元格区域，切换到【开始】选项卡，在【字体】组中，单击【边框】下拉按钮 ，在弹出的下拉列表中，根据需要选择所需的边框线，即可快速地利用功能区设置边框。

1.5.5　自动套用表格格式

表格样式是指一整套可以快速应用于已选单元格区域或整个工作表的内置格式和设置的集合。在 Excel 2013 中，使用这些样式，可以快速套用表格格式。下面将详细介绍自动套用表格格式的操作方法。

第1步　在 Excel 2013 工作表中，**1.** 选择准备套用表格格式的单元格区域，**2.** 切换到【开始】选项卡，**3.** 在【样式】组中，单击【套用表格格式】按钮，如图 1-112 所示。

第2步　在弹出的下拉列表中，选择准备套用的表格样式，如选择【表样式浅色 18】选项，如图 1-113 所示。

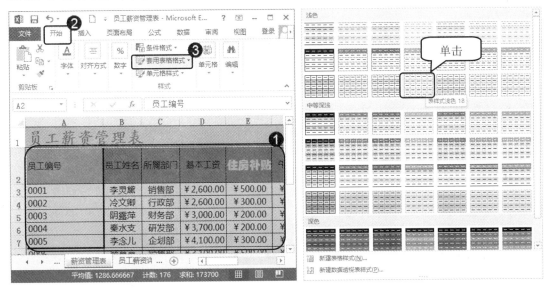

图 1-112　　　　　　　　　　　　　　　　图 1-113

第3步　弹出【套用表格式】对话框，单击【确定】按钮，如图 1-114 所示。

第4步　返回工作表中，可以看到选择的单元格区域已被自动套用所选择的表格格式，如图 1-115 所示，这样即可完成自动套用表格格式的操作。

图 1-114 图 1-115

1.6 实践案例与上机指导

通过本章的学习，读者基本可以掌握 Excel 2013 的基本知识以及一些常见的操作方法。下面通过练习操作，以达到巩固学习、拓展提高的目的。

1.6.1 隐藏与显示工作表

在 Excel 2013 工作簿中，用户可以根据实际工作需求对相应的工作表进行隐藏与显示的操作，下面将分别予以详细介绍。

 素材文件 配套素材\第 1 章\素材文件\学生成绩分析表.xlsx
效果文件 无

1. 隐藏工作表

为了确保工作表的安全，使工作表不会轻易被别人看到，可以将工作表进行隐藏。下面将详细介绍隐藏工作表的操作方法。

第 1 步 打开素材文件，*1.* 右击准备隐藏的工作表标签，*2.* 在弹出的快捷菜单中，选择【隐藏】菜单项，如图 1-116 所示。

第 2 步 可以看到选择的工作表已被隐藏起来，如图 1-117 所示，这样即可完成隐藏工作表的操作。

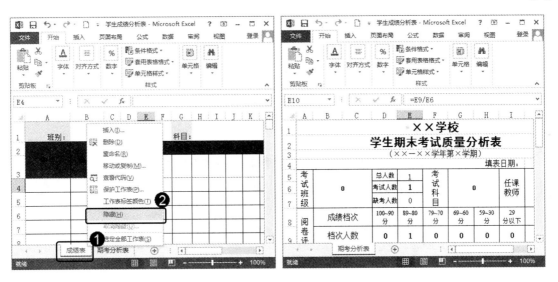

图 1-116　　　　　　　　　　　　　　图 1-117

2. 显示工作表

如果想再次使用或者编辑已经隐藏的工作表，可以取消其隐藏，让工作表显示出来。下面将详细介绍显示工作表的操作方法。

第 1 步　打开素材文件，**1.** 右击任意工作表标签，**2.** 在弹出的快捷菜单中，选择【取消隐藏】菜单项，如图 1-118 所示。

第 2 步　弹出【取消隐藏】对话框，**1.** 在【取消隐藏工作表】列表框中，选择准备显示的工作表，**2.** 单击【确定】按钮，如图 1-119 所示。

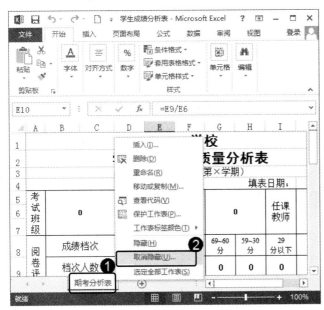

图 1-118

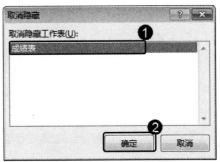

图 1-119

第 3 步　返回工作簿界面，可以看到被隐藏的工作表标签已经显示出来，如图 1-120

所示，这样即可完成显示工作表的操作。

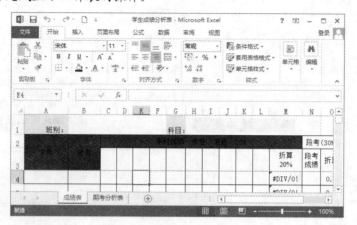

图 1-120

1.6.2　合并单元格

在 Excel 2013 工作表中，用户可根据需要将多个连续的单元格合并成一个单元格。下面将详细介绍合并单元格的操作方法。

素材文件　配套素材\第 1 章\素材文件\工厂进料对账表.xlsx
效果文件　配套素材\第 1 章\效果文件\合并单元格.xlsx

第 1 步　打开素材文件，**1.** 选择需要合并的多个连续单元格，并右击，**2.** 在弹出的快捷菜单中，选择【设置单元格格式】菜单项，如图 1-121 所示。

第 2 步　弹出【设置单元格格式】对话框，**1.** 切换到【对齐】选项卡，**2.** 在【文本控制】选项组中，选中【合并单元格】复选框，**3.** 单击【确定】按钮，如图 1-122 所示。

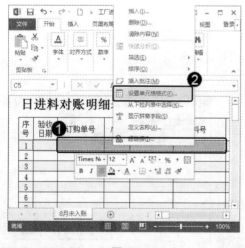

图 1-121

图 1-122

第 3 步　可以看到刚刚选择的多个连续单元格已被合并成一个单元格，如图 1-123 所示，这样即可完成合并单元格的操作。

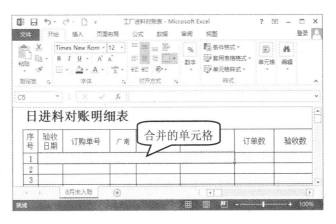

图 1-123

1.6.3　更改工作表标签颜色

为工作表标签设置颜色，可以便于查找所需要的工作表；同时还可以将同类的工作表标签设置成同一个颜色，以区分类别。下面将详细介绍更改工作表标签颜色的操作方法。

素材文件　配套素材\第 1 章\素材文件\查询图表.xlsx

效果文件　配套素材\第 1 章\效果文件\更改工作表标签颜色.xlsx

第 1 步　打开素材文件，**1.** 右击准备更改颜色的工作表标签，**2.** 在弹出的快捷菜单中，选择【工作表标签颜色】菜单项，**3.** 在弹出的子菜单中，选择准备应用的颜色，如图 1-124 所示。

第 2 步　返回到工作簿界面，可以看到工作表标签的颜色已经发生了改变，如图 1-125 所示，这样即可完成更改工作表标签颜色的操作。

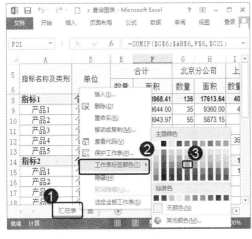

图 1-124

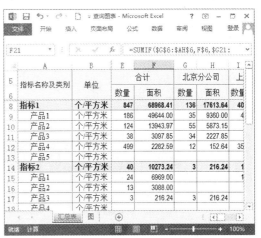

图 1-125

1.6.4 设置背景

在 Excel 2013 中，用户可以将图片设置为工作表的背景，工作表背景不会被打印，也不会保留在另存为网页的项目中。下面将详细介绍设置背景的操作方法。

 素材文件 配套素材\第 1 章\素材文件\财务状况变动表.xlsx
效果文件 配套素材\第 1 章\效果文件\设置背景.xlsx

第1步 打开素材文件，*1.* 单击工作表中的任意单元格，*2.* 切换到【页面布局】选项卡，*3.* 单击【页面设置】组中的【背景】按钮，如图 1-126 所示。

第2步 弹出【插入图片】对话框，在【来自文件】区域右侧，选择【浏览】选项，如图 1-127 所示。

图 1-126

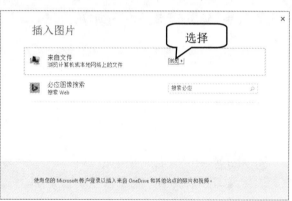

图 1-127

第3步 弹出【工作表背景】对话框，*1.* 选择图片所在的文件夹，*2.* 选择准备插入的图片，*3.* 单击【插入】按钮，如图 1-128 所示。

第4步 返回到工作表界面，可以看到工作表中已显示出刚刚插入的背景图片，如图 1-129 所示，这样即可完成设置背景的操作。

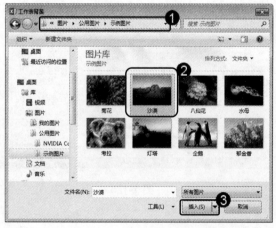

图 1-128

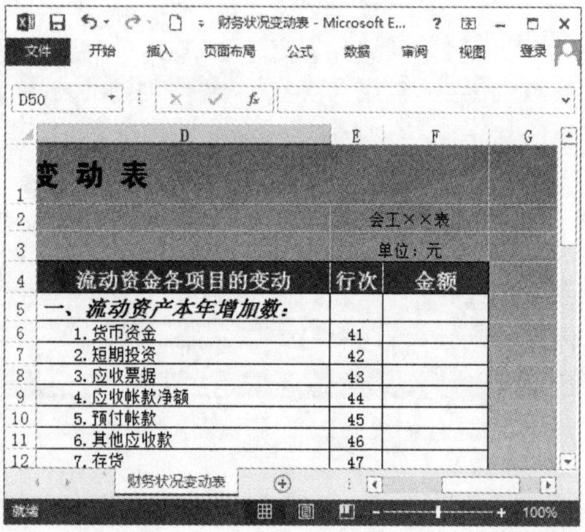

图 1-129

1.7 思考与练习

一、填空题

1. 启动 Excel 2013 后，用户可以单击界面右侧的＿＿＿＿＿＿选项，新建一个工作簿，此时即可看到 Excel 2013 的工作界面。

2. 在 Excel 2013 工作簿中，工作表的默认名称为"＿＿＿＿＿＿＿"，如 Sheet1，用户可以根据实际工作需要对工作表名称进行修改。

3. ＿＿＿＿＿＿＿是指新创建一个与原工作表具有相同内容的工作表。

4. 在 Excel 2013 工作表中，＿＿＿＿＿＿是指表格中行与列的交叉部分，它是组成表格的＿＿＿＿＿单位。

5. 为了使表格中的数据排列整齐，增加表格整体的美观性，可以为单元格设置对齐方式。文本基本对齐包括左对齐、＿＿＿＿＿＿、居中对齐、顶端对齐、＿＿＿＿＿＿和垂直居中对齐 6 种情况。

二、判断题

1. 工作簿是 Excel 管理数据的文件单位，相当于人们日常工作中的文件夹，它以独立的文件形式存储在磁盘上，所有新建的 Excel 工作表都保存在工作簿中。　　　　（　）

2. 在 Excel 2013 中，工作簿是指用来储存并处理工作数据的文件，一个工作簿中可以包含多个工作表。　　　　（　）

3. 移动工作表是指在不改变工作表数量的情况下，对工作表的位置进行调整。
　　　　（　）

4. 如果用户知道单元格需要调整的行高的具体数据，那么可以在【列宽】对话框中对单元格的行高进行精确的调整。　　　　（　）

5. 为了使表格数据之间层次鲜明，更易于阅读，可以为表格中不同的部分添加边框。
　　　　（　）

6. 表格样式是指一整套可以快速应用于已选单元格区域或整个工作表的内置格式和设置的集合。在 Excel 2013 中，使用这些样式，可以快速套用表格格式。　　　　（　）

三、思考题

1. 如何打开保存的工作簿？
2. 如何保护工作表？
3. 如何设置对齐方式？

第 2 章

Excel 公式与函数基础知识

本章要点

- 认识公式与函数
- 单元格引用
- 公式中的运算符及其优先级
- 输入与编辑公式
- 函数的结构和种类
- 输入函数的方法
- 定义和使用名称

本章主要内容

本章主要介绍公式与函数方面的知识，同时还讲解单元格引用、公式中的运算符及其优先级、输入与编辑公式、函数的结构和种类、输入函数的方法、定义和使用名称等方面的相关知识及操作方法。通过本章的学习，读者可以掌握 Excel 公式与函数基础操作方面的知识，为深入学习 Excel 2013 公式、函数、图表与数据分析知识奠定基础。

2.1 认识公式与函数

在 Excel 中，理解并掌握公式与函数的相关概念、选项设置和操作方法是进一步学习和运用公式与函数的基础，同时也有助于用户在实际工作中的综合运用，以提高办公效率。本节将详细介绍公式与函数的相关基础知识。

2.1.1 什么是公式

公式是在 Excel 中进行数值计算的等式。公式的输入是以"="开始的。简单的公式包含加、减、乘、除等计算。

通常情况下，公式由函数、单元格引用、常量和运算符组成，下面将分别予以介绍。

- 函数：是指在 Excel 中包含的许多预定义的公式，可以对一个或多个数据执行运算，并返回一个或多个值。函数可以简化或缩短工作表中的公式。
- 单元格引用：是指通过使用一些固定的格式来引用单元格中的数据。
- 常量：是指在公式中直接输入的数字或文本值。
- 运算符：是指用来连接公式中的基本元素并完成计算的符号。运算符可以表示出公式内执行计算的类型，包括算术运算符、比较运算符、引用运算符和文本运算符。

2.1.2 什么是函数

在 Excel 中，虽然使用公式可以完成各种计算，但是对于某些复杂的运算，使用函数将会更加简便，而且便于理解和维护。

所谓函数是指在 Excel 中包含的许多预定义的公式。函数也是一种公式，可以进行简单或复杂的计算，是公式的组成部分，它可以像公式一样直接输入。不同的是，函数使用一些称为参数的特定数值(每一个函数都有其特定的语法结构、参数类型等)，按特定的顺序或结构进行计算。

使用函数可以大大地提高工作效率，例如在工作表中常用的 SUM 函数，就是用于对单元格区域进行求和运算的函数。虽然可以通过自行创建公式来计算单元格中数值的总和，如"=B3+C3+D3+E3+F3+G3"，但是利用函数可以编写出更加简短的公式来完成同样的功能，如"=SUM(B3:G3)"。

在 Excel 2013 中，调用函数时需要遵守 Excel 对于函数所制定的语法结构，否则将会产生语法错误。函数的语法结构由等号、函数名、参数、括号、逗号等组成，如图 2-1 所示。下面详细介绍其组成部分。

- 等号：函数一般以公式的形式出现，必须在函数名称前面输入等号"="。
- 函数名：用来标识函数功能的名称。
- 参数：可以是数字、文本、逻辑值和单元格引用，也可以是公式或其他函数。

> 括号：用来输入函数参数。
> 逗号：各参数之间用来表示间隔的符号(必须是半角状态下的逗号)。

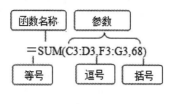

图 2-1

2.2　单元格引用

单元格引用是 Excel 中的术语，是指用单元格在表中的坐标位置来标识单元格。单元格的引用包括相对引用、绝对引用和混合引用 3 种。本节将介绍单元格引用的相关知识及操作方法。

2.2.1　相对引用

使用相对引用，如果公式所在单元格的位置改变，引用也随之改变。如 C1 单元格中有公式"=A1+B1"；当将公式复制到 C2 单元格时，公式会变为"=A2+B2"；当将公式复制到 D1 单元格时，公式会变为"=B1+C1"。下面将详细介绍使用相对引用的操作方法。

第1步　打开"成绩表"工作簿，1. 选中含有公式"=B3+C3+D3+E3+F3"的 G3 单元格，2. 切换到【开始】选项卡，3. 在【剪贴板】组中单击【复制】按钮，如图 2-2 所示。

第2步　可以看到，1. 单元格 G3 处于被复制状态，2. 选中目标单元格，如选中 G5 单元格，3. 单击【剪贴板】组中的【粘贴】按钮，如图 2-3 所示。

图 2-2

图 2-3

第3步　G3 单元格中的公式被粘贴到 G5 单元格中，因为是相对引用，所以公式由"=B3+C3+D3+E3+F3"变为"=B5+C5+D5+E5+F5"，如图 2-4 所示。

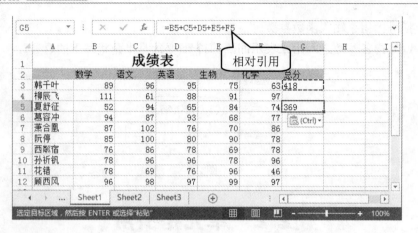

图 2-4

2.2.2 绝对引用

绝对引用是一种不随单元格位置的改变而改变的引用形式，它总是在指定位置引用单元格。如果准备多行或多列地复制或填充公式，绝对引用将不会随单元格位置的改变而改变。带有绝对地址符"$"的列标和行号为绝对地址。如 C1 单元格中有公式"=$A$1+$B$1"；当将公式复制到 C2 单元格时，公式仍为"=$A$1+$B$1"；当将公式复制到 D1 单元格时，公式仍为"=$A$1+$B$1"。下面将详细介绍使用绝对引用的操作方法。

第1步 打开"成绩表"工作簿，*1.* 选中 G5 单元格，*2.* 在编辑栏中输入公式，如输入"=$D$5+$E$5+$F$5"，*3.* 单击【输入】按钮 ✔，如图 2-5 所示。

第2步 在工作区中，*1.* 选中 G5 单元格，*2.* 切换到【开始】选项卡，*3.* 在【剪贴板】组中单击【复制】按钮，如图 2-6 所示。

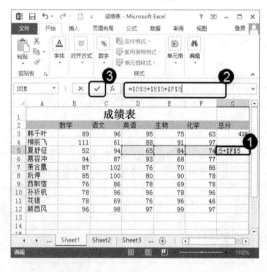

图 2-5

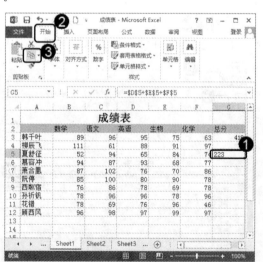

图 2-6

第3步 在工作区中，*1.* 选中准备应用绝对引用的单元格，如选中 H7 单元格，*2.* 切换到【开始】选项卡，*3.* 在【剪贴板】组中单击【粘贴】按钮，如图 2-7 所示。

第 4 步 G5 单元格中的公式被粘贴到 H7 单元格中，因为是绝对引用，所以公式仍然是 "=$D$5+$E$5+$F$5"，没有随单元格的改变而发生改变，如图 2-8 所示。

图 2-7   图 2-8

知识精讲

按 Ctrl+C 和 Ctrl+V 组合键；或在功能区中切换到【开始】选项卡，在【剪贴板】组中单击【复制】按钮🗐，选中目标单元格后，在【剪贴板】组中单击【粘贴】下拉按钮，在弹出的下拉列表中选择【公式】选项，都可以完成公式的复制操作。

2.2.3 混合引用

混合引用是指引用绝对列和相对行或引用绝对行和相对列，其中，引用绝对列和相对行采用$A1、$B1 等表示，引用绝对行和相对列采用 A$1、B$1 等表示。如 C1 单元格中有公式 "=$A1+B$1"；当将公式复制到 C2 单元格时，公式变为 "=$A2+B$1"；当将公式复制到 D1 单元格时，公式变为 "=$A1+C$1"。下面将详细介绍使用混合引用的操作方法。

第 1 步 打开"成绩表"工作簿，**1.** 选中 G7 单元格，**2.** 在编辑栏中输入公式，如输入 "=D$7+E$7+F$7"，**3.** 单击【输入】按钮 ✔，如图 2-9 所示。

第 2 步 在工作区中，**1.** 选中 G7 单元格，**2.** 切换到【开始】选项卡，**3.** 在【剪贴板】组中单击【复制】按钮🗐，如图 2-10 所示。

第 3 步 在工作区中，**1.** 选中 H9 单元格，**2.** 切换到【开始】选项卡，**3.** 在【剪贴板】组中单击【粘贴】按钮🗐，如图 2-11 所示。

第 4 步 将 G7 单元格中的公式粘贴到 H9 单元格中，因为是混合引用，所以公式由 "=D$7+E$7+F$7" 变为 "=E$7+F$7+G$7"，如图 2-12 所示。

第 5 步 在工作区中，**1.** 选中 G8 单元格，**2.** 在【剪贴板】组中单击【粘贴】按钮🗐，如图 2-13 所示。

第 6 步 将 G7 单元格中的公式粘贴到 G8 单元格中，因为是混合引用，而相对引用的部分没有发生变化，所以公式仍然是 "=D$7+E$7+F$7"，如图 2-14 所示。

图 2-9

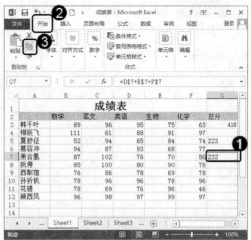

图 2-10

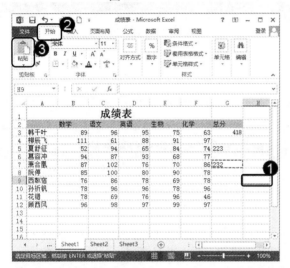

图 2-11

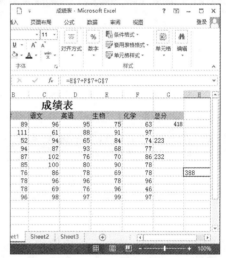

图 2-12

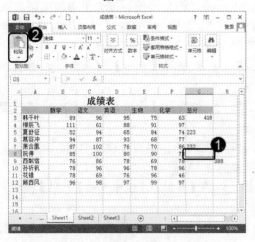

图 2-13

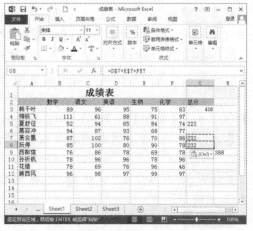

图 2-14

2.2.4 改变引用类型

在 Excel 2013 中输入公式时，正确地使用 F4 键，使可以在相对引用和绝对引用之间进行切换。下面以总分的计算公式"=B3+C3+D3+E3+F3"为例，介绍改变引用类型的操作方法。

第1步 选中 G3 单元格，在编辑栏中可以看到 G3 单元格中的公式为"=B3+C3+D3+E3+F3"，双击此单元格，如图 2-15 所示。

第2步 选中 G3 单元格中的公式，然后按 F4 键，该公式内容变为"=$B$3+$C$3+$D$3+$E$3+$F$3"，表示对行、列单元格均进行绝对引用，如图 2-16 所示。

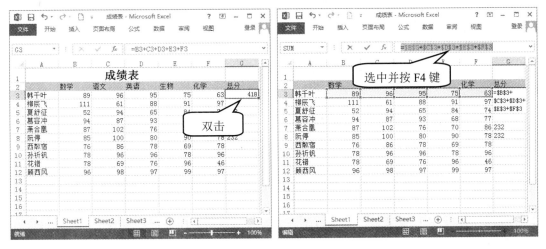

图 2-15   图 2-16

第3步 第 2 次按 F4 键，公式内容变为"=B$3+C$3+D$3+E$3+F$3"，表示对行进行绝对引用，对列进行相对引用，如图 2-17 所示。

第4步 第 3 次按 F4 键，公式内容变为"=$B3+$C3+$D3+$E3+$F3"，表示对行进行相对引用，对列进行绝对引用，如图 2-18 所示。

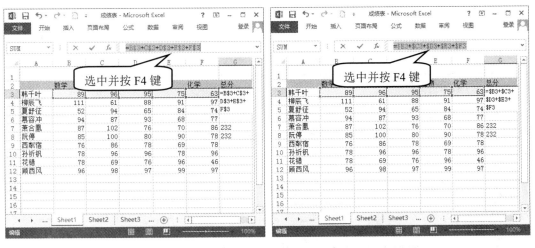

图 2-17   图 2-18

第5步 第4次按F4键，公式则会恢复到初始状态"=B3+C3+D3+E3+F3"，即对行、列单元格均进行相对引用，如图2-19所示。

图 2-19

2.3 公式中的运算符及其优先级

公式是对工作表中的数值执行计算的等式，以等号"="开头。在输入公式时，用于连接各个数据的符号称作运算符。运算符可分为算术运算符、比较运算符、引用运算符以及文本运算符4种。不同类型的运算符可以对公式和函数中的元素进行特定类型的运算，并且在运算时有一个默认的次序，但可以通过使用括号来改变运算顺序。本节将详细介绍公式中的运算符及其优先级方面的相关知识。

2.3.1 算术运算符

算术运算符用来完成基本的数学运算，如加、减、乘、除等。算术运算符及其基本含义如表2-1所示。

表 2-1 算术运算符

算术运算符	含 义	示 例
+(加号)	加法	7+2
-(减号)	减法或负号	8-6；-6
*(星号)	乘法	3*7
/(正斜号)	除法	8/2
%(百分号)	百分比	82%
^(脱字号)	乘方	6^2
!(阶乘)	连续乘法	3!=3*2*1

2.3.2　比较运算符

比较运算符用于比较两个数值的大小关系，并产生逻辑值 TRUE(真)或 FALSE(假)。比较运算符及其基本含义如表 2-2 所示。

表 2-2　比较运算符

比较运算符	含　义	示　例
=(等号)	等于	A1=B1
>(大于号)	大于	A1>B1
<(小于号)	小于	A1<B1
>=(大于等于号)	大于或等于	A1>=B1
<=(小于等于号)	小于或等于	A1<=B1
<>(不等号)	不等于	A1<>B1

2.3.3　引用运算符

引用运算符是对多个单元格区域进行合并计算的运算符。如公式"F1=A1+B1+C1+D1"，使用引用运算符后，可以变为"F1=SUM(A1:D1)"。引用运算符及其基本含义如表 2-3 所示。

表 2-3　引用运算符

引用运算符	含　义	示　例
:(冒号)	区域运算符，生成对两个引用之间所有单元格的引用	A1:A2
,(逗号)	联合运算符，用于将多个引用合并为一个引用	SUM(A1:A2,A3:A4)
␣(空格)	交集运算符，生成在两个引用中共有的单元格引用	SUM(A1:A6␣B1:B6)

2.3.4　文本运算符

文本运算符用于将一个或多个文本连接为一个组合文本。文本运算符使用和号"&"连接一个或多个文本字符串，从而产生新的文本字符串。文本运算符及其基本含义如表 2-4 所示。

表 2-4　文本运算符

文本运算符	含　义	示　例
&(和号)	将两个文本连接起来产生一个连续的文本值	"漂"&"亮"得到"漂亮"

2.3.5　运算符的优先级顺序

运算符优先级是指在一个公式中含有多个运算符的情况下 Excel 的运算顺序。如果一个公式中的若干运算符都具有相同的优先顺序，那么 Excel 2013 将按照从左到右的顺序依次进行计算。如果不希望 Excel 从左到右依次进行计算，那么可以使用括号来更改求值的顺序。例如，对于公式"6+8+6+3*2"，Excel 2013 将先进行乘法运算，然后再进行加法运算；如果使用括号将公式改为"(6+8+6+3)*2"，那么 Excel 2013 将先计算括号里的数值。运算符的优先级如表 2-5 所示。

表 2-5　运算符优先级

优 先 级	运算符类型	说　明
1	引用运算符	:(区域运算符)
2		␣(交集运算符)
3		,(联合运算符)
4	算术运算符	-(负号)
5		%(百分比)
6		^(乘方)
7		*和/(乘法和除法)
8		+和-(加法和减法)
9	文本运算符	&(连接两个文本字符串)
10	比较运算符	=(等于)
11		< 和>(小于和大于)
12		<=(小于或等于)
13		>=(大于或等于)
14		<>(不等于)

2.4　输入与编辑公式

在 Excel 2013 中，使用公式可以大大提高在工作表中的输入速度、降低工作强度，同时可以最大限度地避免在输入过程中可能出现的错误。本节将详细介绍输入与编辑公式的相关知识及操作方法。

2.4.1　输入公式

在 Excel 2013 工作表中，用户可以在编辑栏中输入公式，也可以在单元格中输入公式，下面分别予以详细介绍。

1. 在编辑栏中输入公式

在 Excel 2013 工作表中，用户可以通过编辑栏输入公式。下面详细介绍在编辑栏中输入公式的操作方法。

第 1 步　在 Excel 2013 工作表中，**1.** 选择准备输入公式的单元格，**2.** 单击编辑栏中的公式框，如图 2-20 所示。

第 2 步　在公式框中，**1.** 输入准备输入的公式，如"=B3+C3+D3+E3+F3"，**2.** 单击【输入】按钮 ✓，如图 2-21 所示。

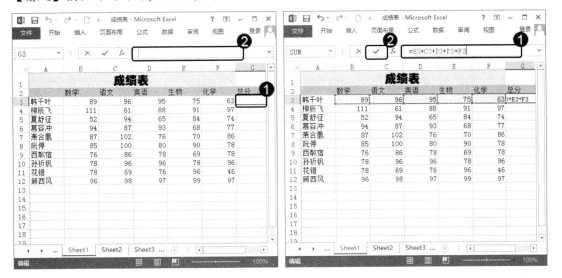

图 2-20　　　　　　　　　　　　　　　　图 2-21

第 3 步　此时单元格中即会显示出公式的计算结果，如图 2-22 所示，这样即可完成在编辑栏中输入公式的操作。

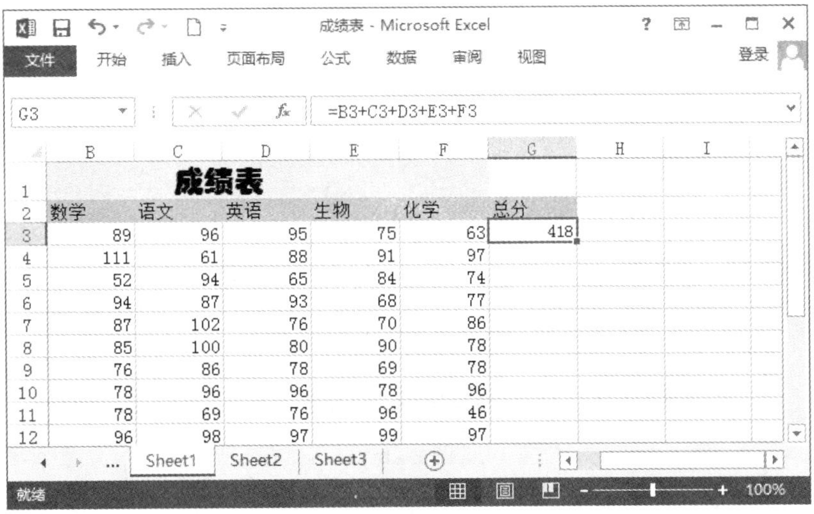

图 2-22

2. 在单元格中输入公式

在 Excel 2013 工作表中，用户也可以直接在单元格中进行公式的输入。下面将详细介绍在单元格中输入公式的操作方法。

第 1 步　在 Excel 2013 工作表中，双击准备输入公式的单元格，如双击 G3 单元格，如图 2-23 所示。

第2步 此时，双击后的单元格变为可编辑状态，在已选的单元格中输入准备输入的公式，如 "=B3+C3+D3+E3+F3" ，如图 2-24 所示。

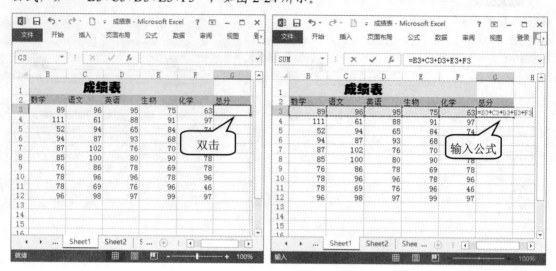

图 2-23   图 2-24

第3步 按 Enter 键，完成公式的计算，如图 2-25 所示，这样即可完成在单元格中输入公式的操作。

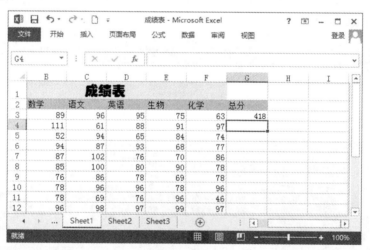

图 2-25

2.4.2 修改公式

在 Excel 2013 工作表中，如果错误地输入了公式，可以在编辑栏中将其修改为正确的公式。下面将详细介绍修改公式的操作方法。

第1步 在 Excel 2013 工作表中，**1.** 选择准备修改公式的单元格，如 G3 单元格，**2.** 单击编辑栏中的公式框，在其中出现闪烁的光标，如图 2-26 所示。

第2步 按 Backspace 键，**1.** 删除错误的公式，然后重新输入正确的公式，**2.** 单击编辑栏中的【输入】按钮 ✓，如图 2-27 所示。

图 2-26　　　　　　　　　　　　　　　图 2-27

第 3 步　可以看到在工作表中已经得到了修改后公式的计算结果，如图 2-28 所示，这样即可完成修改公式的操作。

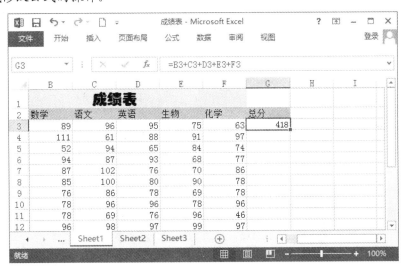

图 2-28

2.4.3　复制与移动公式

在 Excel 2013 工作表中，可以将指定的单元格及其所有属性移动或者复制到其他目标单元格。下面分别详细介绍复制与移动公式的操作方法。

1. 复制公式

复制公式是指把公式从一个单元格复制至另一个单元格，原单元格中包含的公式仍被保留。下面将详细介绍复制公式的操作方法。

 新起点 电脑教程 **Excel 2013 公式·函数·图表与数据分析**

第1步 在 Excel 2013 工作表中，**1.** 选择准备复制公式的单元格，如 G3 单元格，**2.** 切换到【开始】选项卡，**3.** 单击【剪贴板】组中的【复制】按钮，如图 2-29 所示。

第2步 **1.** 选择准备粘贴公式的单元格，如 G8 单元格，**2.** 单击【剪贴板】组中的【粘贴】按钮，如图 2-30 所示。

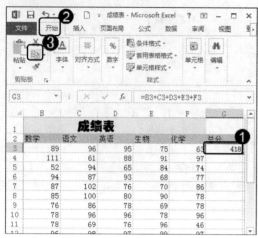

图 2-29　　　　　　　　　　　　　图 2-30

第3步 可以看到公式已被复制，如图 2-31 所示，这样即可完成复制公式的操作。

图 2-31

智慧锦囊

　　选择准备复制公式的单元格，将鼠标指针移动至已选单元格右下角的填充柄上，拖动光标至准备复制到的目标位置，即可通过填充柄复制公式。

2. 移动公式

移动公式是指把公式从一个单元格移动至另一个单元格，原单元格中包含的公式不被保留。下面将详细介绍移动公式的操作方法。

第 1 步　在 Excel 2013 工作表中，选择准备移动公式的单元格，如 G3 单元格，将鼠标指针移动至单元格的边框上，鼠标指针会变为"✛"形状，如图 2-32 所示。

第 2 步　按住鼠标左键，将选择的单元格拖曳至目标单元格，如 F14 单元格，如图 2-33 所示。

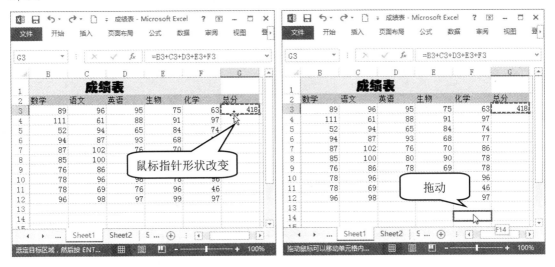

图 2-32　　　　　　　　　　　　　　　图 2-33

第 3 步　释放鼠标左键，即可完成移动公式的操作，如图 2-34 所示。

图 2-34

2.4.4　隐藏公式

为了不让其他人看到某个计算结果的公式，可以隐藏该公式。选择隐藏公式后的单元格，其中的公式也不会显示在编辑栏中。下面将详细介绍隐藏公式的操作方法。

第 1 步　打开要隐藏公式的工作表，**1.** 选择要隐藏公式的单元格或单元格区域，**2.** 右

击选择的区域，在弹出的快捷菜单中，选择【设置单元格格式】菜单项，如图 2-35 所示。

第 2 步 弹出【设置单元格格式】对话框，**1.** 切换到【保护】选项卡，**2.** 选中【隐藏】复选框，**3.** 单击【确定】按钮，如图 2-36 所示。

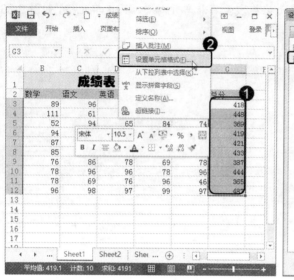

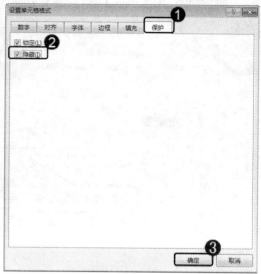

图 2-35   图 2-36

第 3 步 返回到工作表中，**1.** 切换到【审阅】选项卡，**2.** 单击【更改】组中的【保护工作表】按钮，如图 2-37 所示。

第 4 步 弹出【保护工作表】对话框，**1.** 在【取消工作表保护时使用的密码】文本框中输入密码，**2.** 单击【确定】按钮，如图 2-38 所示。

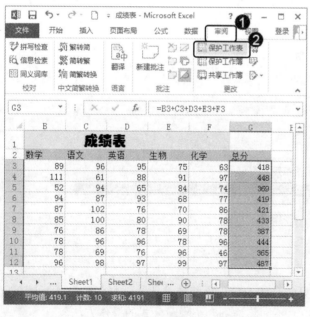

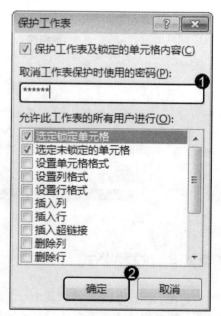

图 2-37   图 2-38

第 5 步 弹出【确认密码】对话框，**1.** 在【重新输入密码】文本框中再次输入刚才的密码，**2.** 单击【确定】按钮，如图 2-39 所示。

第 6 步 返回到 Excel 工作表中，选择刚才设置的已隐藏公式的单元格，此时在编辑栏中将不显示其相应的公式，如图 2-40 所示，这样即可完成隐藏公式的操作。

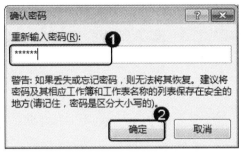

图 2-39　　　　　　　　　　　　　图 2-40

知识精讲

如果需要显示隐藏的公式，则需要首先撤销对工作表的保护，然后在【设置单元格格式】对话框的【保护】选项卡中取消选中【隐藏】复选框即可。

2.4.5　删除公式

如果用户在处理数据的时候，只需保留单元格内的数值，而不需要保留公式格式，可以将公式删除。下面介绍删除单个单元格公式和删除多个单元格公式的操作方法。

1. 删除单个单元格公式

在 Excel 2013 工作表中，如果用户需要删除单个单元格中的公式，可以通过 F9 键完成。下面将详细介绍删除单个单元格公式的操作方法。

第 1 步 在 Sheet 1 工作表中，**1.** 选择准备删除公式的单元格，**2.** 单击编辑栏中的公式框，使公式中涉及的单元格显示为选中状态，如图 2-41 所示。

第 2 步 按 F9 键，可以看到单元格中的公式已经被删除，如图 2-42 所示，这样即可完成删除单个单元格公式的操作。

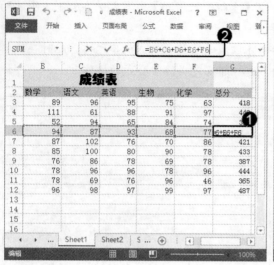

图 2-41

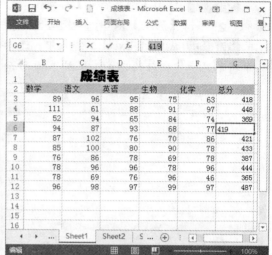

图 2-42

2. 删除多个单元格公式

在 Excel 2013 工作表中，用户还可以同时删除多个单元格中的公式。下面将详细介绍删除多个单元格公式的操作方法。

第1步 在 Sheet 1 工作表中，*1.* 选择准备删除公式的多个单元格，*2.* 使用鼠标将选中的多个单元格移动至空白处，如图 2-43 所示。

第2步 在 Sheet 1 工作表中，*1.* 切换到【开始】选项卡，*2.* 单击【剪贴板】组中的【复制】按钮，如图 2-44 所示。

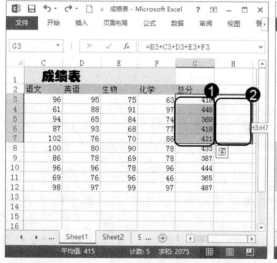

图 2-43

图 2-44

第3步 在 Sheet 1 工作表中，*1.* 选中多个单元格之前所在的单元格位置，*2.* 单击【剪贴板】组中的【粘贴】下拉按钮，*3.* 在弹出的下拉列表中，选择【值】选项，如图 2-45 所示。

第4步 可以看到选中的多个单元格内包含的公式已经被删除，如图 2-46 所示，这样即可完成删除多个单元格公式的操作。

图 2-45　　　　　　　　　　　　　　　　图 2-46

2.5　函数的结构和种类

在 Excel 2013 中，可以使用内置函数对数据进行分析和计算。使用函数进行计算的方式与使用公式进行计算的方式大致相同。使用函数不仅可以简化公式，而且可以节省时间，从而提高工作效率。本节将详细介绍有关函数的基础知识。

2.5.1　函数的结构

Excel 中的函数是一些预定义的公式，通过使用一些称为参数的特定数值按照特定的顺序或结构执行计算。函数可用于执行简单或复杂的计算。

在 Excel 中，函数主要由函数名和参数两部分构成，其结构形式为：

函数名(参数 1，参数 2，参数 3，…)

其中，函数名为需要执行运算的函数名称，函数中的参数可以是数字、文本、逻辑值、数组、引用或是其他函数。

一个完整的函数通常以等号"="开始，后面紧跟函数名和左括号，然后以逗号分隔输入参数，最后是右括号。

2.5.2　函数的种类

Excel 函数一共有 11 类，分别是数据库函数、日期与时间函数、工程函数、财务函数、信息函数、逻辑函数、查找与引用函数、数学与三角函数、统计函数、文本函数以及用户自定义函数，下面将分别予以详细介绍。

1. 数据库函数

当需要分析数据清单中的数值是否符合特定条件时，可以使用数据库函数。例如，在一个包含销售信息的数据清单中，使用数据库函数可以计算出所有销售数值大于 1000 且小于 2500 的行或记录的总数。

Excel 共提供 12 个数据库函数用于对存储在数据清单或数据库中的数据进行分析。这些函数的统一名称为 Dfunctions，也称为"D 函数"。每个函数均有三个相同的参数：database、field 和 criteria。这些参数指向数据库函数所使用的工作表区域。其中，参数 database 为工作表中包含数据清单的区域，参数 field 为需要汇总的列的标志，参数 criteria 为工作表中包含指定条件的区域。

2. 日期与时间函数

通过日期与时间函数，可以在公式中分析和处理日期的值和时间的值。

3. 工程函数

工程函数用于工程分析。这类函数中的大多数可分为三种类型：对复数进行处理的函数、在不同的数字系统(如十进制系统、十六进制系统、八进制系统和二进制系统)间进行数值转换的函数、在不同的度量系统中进行数值转换的函数。

4. 财务函数

财务函数可用于进行一般的财务计算，如确定贷款的支付额、投资的未来值或净现值，以及债券或股票的价值。财务函数中常见的参数如表 2-6 所示。

表 2-6　财务函数中常见的参数

财务函数常见参数	作　用
未来值 (fv)	在所有付款发生后的投资或贷款的价值
期间数 (nper)	投资的总支付期间数
付款 (pmt)	对于一项投资或贷款的定期支付数额
现值 (pv)	在投资期初的投资或贷款的价值
利率 (rate)	投资或贷款的利率或贴现率
类型 (type)	付款期间内进行支付的间隔，如在月初或月末

5. 信息函数

信息函数包含一组称为 IS 的工作表函数，在单元格满足条件时返回 TRUE。例如，如果单元格包含一个偶数值，ISEVEN 函数返回 TRUE。

如果需要确定某个单元格区域中是否存在空白单元格，可使用 COUNTBLANK 函数对单元格区域中的空白单元格进行计数，或者使用 ISBLANK 函数确定区域中的某个单元格是否为空。

6. 逻辑函数

使用逻辑函数可以进行真假值判断，或者进行复合检验。例如，可以使用 IF 函数确定

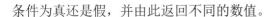

条件为真还是假，并由此返回不同的数值。

7. 查找与引用函数

当需要在数据清单或表格中查找特定数值，或者需要查找某一单元格的引用时，可以使用查找与引用函数。例如，如果需要在表格中查找与第一列中的值相匹配的数值，可以使用 VLOOKUP 函数。

8. 数学与三角函数

通过数学与三角函数，可以处理简单的计算，如对数字取整、计算单元格区域中的数值总和等，也可以进行复杂计算。

9. 统计函数

统计函数用于对数据区域进行统计分析。例如，统计函数可以提供由一组给定值绘制出的直线的相关信息，如直线的斜率和 y 轴截距，或构成直线的实际点数值。

10. 文本函数

通过文本函数，用户可以在公式中处理字符串。例如，可以改变大小写或确定字符串的长度，还可以将日期插入字符串中或连接在字符串后。下面的公式为一个示例，借以说明如何使用 TODAY 函数和 TEXT 函数来创建一条信息，该信息中包含当前日期并将日期以"dd-mm-yy"的格式表示：=TEXT(TODAY(),"dd-mm-yy")。

11. 用户自定义函数

如果要进行特别复杂的计算，而工作表函数又无法满足需要，则需要创建用户自定义函数。用户自定义函数可以通过使用 Visual Basic for Applications 来创建。

2.6　输入函数的方法

在 Excel 2013 中，输入函数的方法也有很多种，用户可以像输入公式一样直接在单元格或编辑栏中输入，也可以通过【插入函数】对话框来选择需要输入的函数。本节将介绍输入函数方面的相关知识。

2.6.1　直接输入函数

如果用户知道 Excel 中某个函数的使用方法或含义，可以直接在单元格或编辑栏中进行输入。与输入公式相同，输入函数时应首先在单元格中输入"="，然后输入函数的主体，最后在括号中输入参数。在输入的过程中，还可以根据参数工具提示来保证参数输入的正确性。下面将详细介绍直接输入函数的操作方法。

第 1 步　在 Sheet 1 工作表中，**1.** 选中准备输入函数的单元格，**2.** 在编辑栏中，输入公式"=SUM(B3:D3)"，**3.** 单击【输入】按钮 ✓，如图 2-47 所示。

第 2 步　此时在选中的单元格内，系统会自动计算出结果，如图 2-48 所示，这样即可完成直接输入函数的操作。

图 2-47　　　　　　　　　　　　　　　　图 2-48

2.6.2　通过【插入函数】对话框输入函数

如果用户对 Excel 中的内置函数不熟悉，可以通过【插入函数】对话框来输入函数。【插入函数】对话框中将会显示用户所选择函数的说明信息，通过说明信息，即可判断该函数的类型以及作用。下面将详细介绍其操作方法。

第1步　在 Sheet 1 工作表中，**1.** 选中准备输入函数的单元格，**2.** 切换到【公式】选项卡，**3.** 单击【函数库】组中的【插入函数】按钮 *fx*，如图 2-49 所示。

第2步　弹出【插入函数】对话框，**1.** 在【或选择类别】下拉列表框中选择【常用函数】选项，**2.** 在【选择函数】列表框中选择准备应用的函数，如 SUM，**3.** 单击【确定】按钮，如图 2-50 所示。

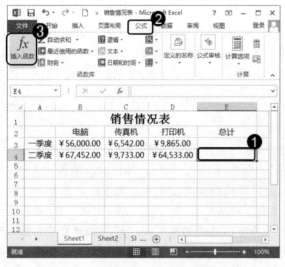

图 2-49　　　　　　　　　　　　　　　　图 2-50

第3步　弹出【函数参数】对话框，在 SUM 选项组中，单击 Number1 文本框右侧的【压缩】按钮，如图 2-51 所示。

第4步　返回到工作表界面，**1.** 在工作表中选中准备求和的单元格区域，**2.** 单击【函数参数】对话框中的【展开】按钮，如图 2-52 所示。

图 2-51

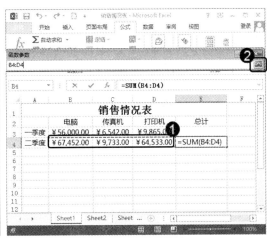

图 2-52

第5步　返回到【函数参数】对话框，可以看到在 Number1 文本框中已经选择好了公式计算区域，单击【确定】按钮，如图 2-53 所示。

第6步　返回到工作表中，可以看到选中的单元格中已经显示出了计算结果，并且在编辑栏中已经输入了函数，如图 2-54 所示，这样即可完成通过【插入函数】对话框输入函数的操作。

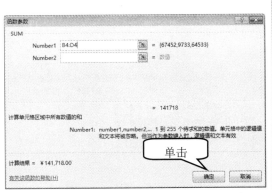

图 2-53

图 2-54

 智慧锦囊

如果在【选择函数】列表框中没有找到合适的函数，用户可以在【或选择类别】下拉列表框中选择其他类别，然后再查找需要输入的函数。

2.7 定义和使用名称

使用名称可使公式更加容易理解和维护，用户可为单元格区域、函数、常量或表格定义名称，一旦采用了在工作簿中使用名称的做法，便可轻松地更新、审核和管理这些名称。本节将详细介绍定义和使用名称的相关知识及操作方法。

2.7.1 定义名称

在 Excel 2013 中，用户可以通过 3 种方法来定义单元格或单元格区域的名称，下面将分别予以详细介绍。

1. 使用名称框定义名称

在 Excel 2013 中，用户可以直接使用编辑栏中的名称框来快速地为需要定义名称的单元格或单元格区域定义名称。下面将具体介绍使用名称框定义名称的操作方法。

第1步 在 Sheet 1 工作表中，**1.** 选中准备创建名称的单元格区域，**2.** 将光标移动至名称框中，单击进入编辑状态，如图 2-55 所示。

第2步 在名称框中输入准备定义的名称，如输入"产品单价"，按 Enter 键即可完成定义名称的操作，如图 2-56 所示。

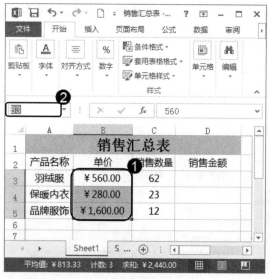

图 2-55

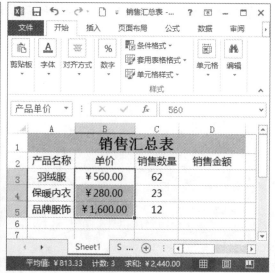

图 2-56

2. 使用【定义名称】按钮创建名称

在 Excel 2013 中，除了可以使用名称框来定义单元格名称以外，用户还可以使用【定义名称】按钮来创建名称。下面将详细介绍使用【定义名称】按钮创建名称的操作方法。

第1步 在 Sheet 1 工作表中，**1.** 选中准备创建名称的单元格区域，**2.** 切换到【公式】

选项卡，**3.** 单击【定义的名称】组中的【定义名称】按钮，如图 2-57 所示。

第2步　弹出【新建名称】对话框，**1.** 在【名称】文本框中输入准备创建的名称，如输入"销售数量区域"，**2.** 单击【确定】按钮，如图 2-58 所示。

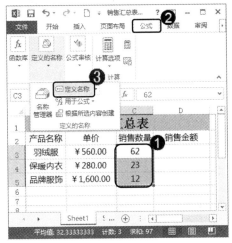 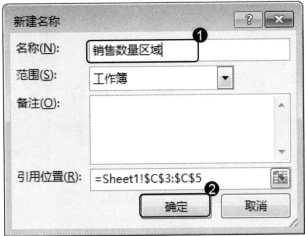

图 2-57　　　　　　　　　　图 2-58

第3步　可以看到选择的单元格区域已被定义名称为"销售数量区域"，如图 2-59 所示，这样即可完成使用【定义名称】按钮创建名称的操作。

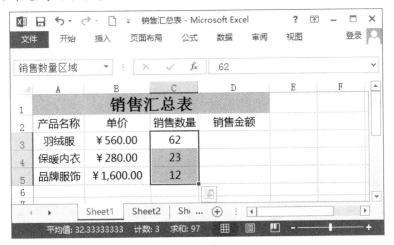

图 2-59

3. 使用名称管理器创建名称

在 Excel 2013 中，用户还可以通过使用名称管理器来创建名称。下面将详细介绍使用名称管理器创建名称的操作方法。

第1步　在 Sheet 1 工作表中，**1.** 选中准备创建名称的单元格区域，**2.** 切换到【公式】选项卡，**3.** 在【定义的名称】组中，单击【名称管理器】按钮，如图 2-60 所示。

第2步　弹出【名称管理器】对话框，在中部的列表框中会显示已定义的名称，单击对话框左上角的【新建】按钮，如图 2-61 所示。

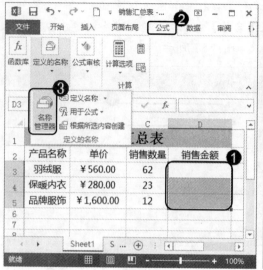

图 2-60

图 2-61

第3步 弹出【新建名称】对话框，**1.** 在【名称】文本框中输入准备创建的名称，如 "销售金额区域"，**2.** 单击【确定】按钮，如图 2-62 所示。

第4步 返回到【名称管理器】对话框，此时列表框中已出现刚命名的单元格区域名称"销售金额区域"，单击对话框右下角的【关闭】按钮，如图 2-63 所示。

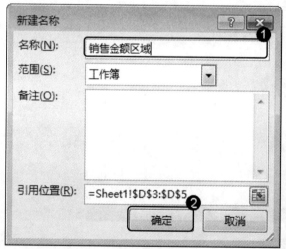

图 2-62

图 2-63

第5步 返回到工作表中，可以看到选择的单元格区域已被定义名称为"销售金额区域"，如图 2-64 所示，这样即可完成使用名称管理器创建名称的操作。

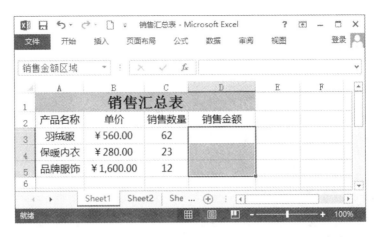

图 2-64

2.7.2　根据所选内容一次性创建多个名称

用户可以一次性定义多个名称，但这种方式只能使用工作表中默认的行标识或列标识来作为名称，下面将详细介绍其操作方法。

第1步　在 Sheet 1 工作表中，**1.** 选中准备创建名称的单元格区域，**2.** 切换到【公式】选项卡，**3.** 在【定义的名称】组中，单击【根据所选内容创建】按钮，如图 2-65 所示。

第2步　弹出【以选定区域创建名称】对话框，**1.** 在【以下列选定区域的值创建名称】选项组中，选中相应的复选框，**2.** 单击【确定】按钮，如图 2-66 所示。

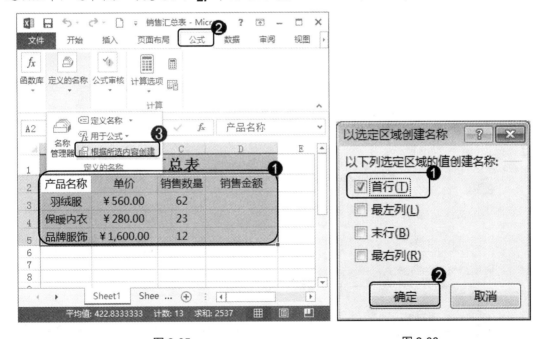

图 2-65　　　　　　　　　　　　　图 2-66

第3步　完成设置后，在名称框的下拉列表中，可以看到一次性创建的多个名称，如图 2-67 所示，这样即可完成根据所选内容一次性创建多个名称的操作。

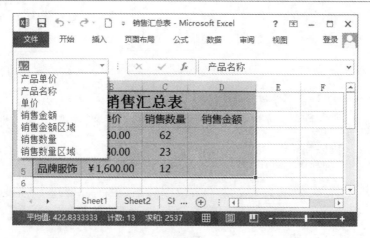

图 2-67

 知识精讲

在工作表中定义名称后，如要删除已经定义的名称，可以在打开的【名称管理器】对话框中选择要删除的名称，然后单击【删除】按钮。

2.7.3 让定义的名称只应用于当前工作表

在默认状态下，工作簿中的所有名字都是工作簿级的，即定义的变量适用于整个工作簿。如果想要定义只适用于某张工作表的名称，即工作表级的名称，也是可以实现的，而且在日常工作中还经常需要使用这种方式来进行定义，下面将详细介绍其操作方法。

第 1 步 在 Sheet1 工作表中，1. 选中准备定义名称的单元格区域，2. 切换到【公式】选项卡，3. 在【定义的名称】组中，单击【定义名称】按钮，如图 2-68 所示。

第 2 步 弹出【新建名称】对话框，1. 在【名称】文本框中输入准备应用的名称，如"项目"，2. 单击【范围】下拉按钮，在弹出的下拉列表中选择 Sheet1 选项，3. 单击【确定】按钮，如图 2-69 所示。

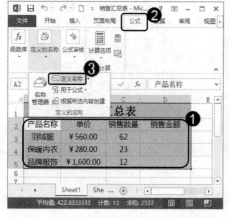

图 2-68   图 2-69

第3步 返回到工作表中，可以看到选择的区域已经被定义名称为"项目"，并且此名称只应用于当前工作表即 Sheet1 工作表，如图 2-70 所示。

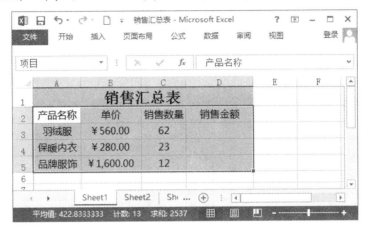

图 2-70

知识精讲

　　在【新建名称】对话框的【引用位置】文本框中，如果使用默认选中单元格的位置，系统会使用绝对引用；如果在文本框中输入的是公式或者函数，则会使用相对引用。

2.8　实践案例与上机指导

　　通过本章的学习，读者基本可以掌握 Excel 公式与函数的基础知识以及一些常见的操作方法。下面通过练习操作，以达到巩固学习、拓展提高的目的。

2.8.1　将公式定义为名称

　　使用 Excel 中的定义名称功能，还可以将公式定义为名称，方便用户再次输入，但其方法与定义普通单元格名称的方法有所区别。下面将详细介绍将公式定义为名称的操作方法。

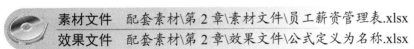
素材文件　配套素材\第 2 章\素材文件\员工薪资管理表.xlsx
效果文件　配套素材\第 2 章\效果文件\公式定义为名称.xlsx

　　第1步 打开素材文件"员工薪资管理表.xlsx"，**1.** 选中准备定义公式名称的单元格，**2.** 按 Ctrl+C 组合键，复制编辑栏中的公式，**3.** 切换到【公式】选项卡，**4.** 单击【定义的名称】组中的【定义名称】按钮，如图 2-71 所示。

　　第2步 弹出【新建名称】对话框，**1.** 在【名称】文本框中，输入准备使用的公式名称，**2.** 在【引用位置】文本框中，粘贴刚刚复制的公式，**3.** 单击【确定】按钮，如图 2-72 所示。

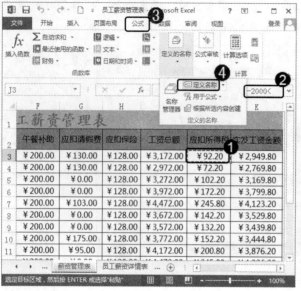

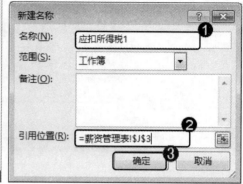

图 2-71　　　　　　　　　　　　　　　图 2-72

第 3 步 返回到工作表中，**1.** 选择准备使用公式的单元格，**2.** 在【定义的名称】组中，单击【用于公式】下拉按钮，**3.** 在弹出的下拉列表中，选择新建的公式名称【应扣所得税 1】，如图 2-73 所示。

第 4 步 在选中的单元格内，会显示新建的公式名称，如图 2-74 所示。

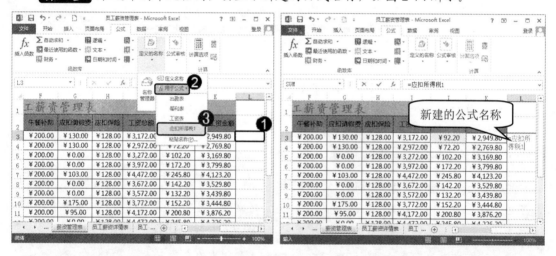

图 2-73　　　　　　　　　　　　　　　图 2-74

第 5 步 单击编辑栏中的【输入】按钮 ✓，系统会自动计算出结果，如图 2-75 所示，这样即可完成将公式定义为名称的操作。

图 2-75

2.8.2　使用【函数库】组中的功能按钮插入函数

在 Excel 2013【公式】选项卡下的【函数库】组中，函数被分成了几个大的类别，单击任意类别的下拉按钮，即可在下拉列表中选择准备使用的函数。下面将详细介绍使用【函数库】组中的功能按钮插入函数的操作方法。

素材文件　配套素材\第 2 章\素材文件\生产与经营费用预测分析.xlsx
效果文件　配套素材\第 2 章\效果文件\插入函数.xlsx

第 1 步　打开素材文件"生产与经营费用预测分析.xlsx"，**1.** 选中准备输入函数的单元格，**2.** 切换到【公式】选项卡，**3.** 单击【函数库】组中的【数学和三角函数】下拉按钮，**4.** 在弹出的下拉列表中，选择准备应用的函数，如图 2-76 所示。

第 2 步　弹出【函数参数】对话框，在 SUM 选项组中，单击 Number1 文本框右侧的【压缩】按钮，如图 2-77 所示。

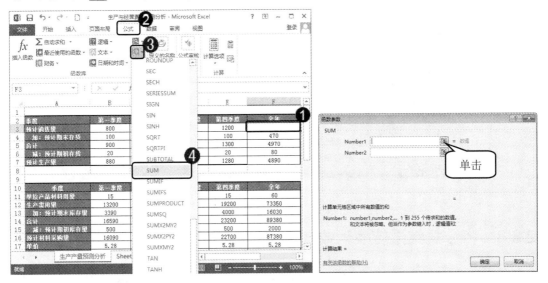

图 2-76　　　　　　　　　　　　　　　　图 2-77

第3步 返回到工作表界面，**1.** 选择准备进行求和的单元格区域，**2.** 单击【函数参数】对话框中的【展开】按钮 ，如图 2-78 所示。

第4步 返回到【函数参数】对话框，可以看到在 Number1 文本框中已经选择好了公式计算区域，单击【确定】按钮，如图 2-79 所示。

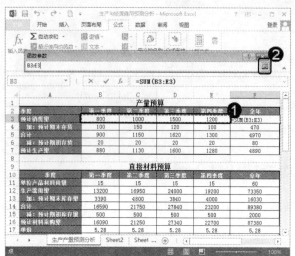

图 2-78

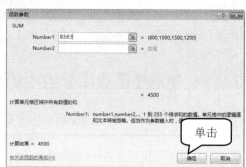

图 2-79

第5步 返回到工作表中，可以看到选中的单元格中已计算出了结果，并且在编辑栏中也已经输入了函数，如图 2-80 所示，这样即可完成使用【函数库】组中的功能按钮插入函数的操作。

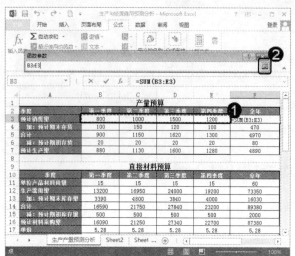

图 2-80

2.8.3 将公式结果转换为数值

使用 Excel 2013 的用户可以将单元格中的公式隐藏，只保留公式的计算结果，即将公式结果转换为数值，下面将详细介绍其操作方法。

素材文件　配套素材\第 2 章\素材文件\成绩表.xlsx

效果文件　配套素材\第 2 章\效果文件\转换为数值.xlsx

第 1 步　打开素材文件，*1.* 右击准备将公式结果转换为数值的单元格，*2.* 在弹出的快捷菜单中，选择【复制】菜单项，如图 2-81 所示。

第 2 步　在工作表中，*1.* 选择目标单元格，如选择 H5 单元格并右击，*2.* 在弹出的快捷菜单中，选择【选择性粘贴】菜单项，如图 2-82 所示。

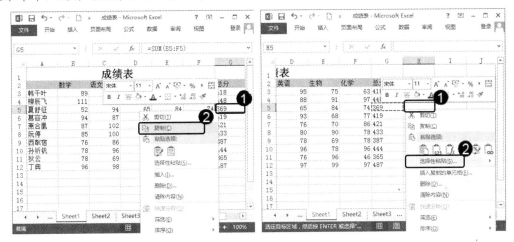

图 2-81　　　　　　　　　　　　　　　图 2-82

第 3 步　弹出【选择性粘贴】对话框，*1.* 在【粘贴】选项组中，选中【数值】单选按钮，*2.* 单击【确定】按钮，如图 2-83 所示。

第 4 步　返回到工作表中，可以看到选择的单元格对应的编辑栏中将不再显示公式，而只是显示计算结果，如图 2-84 所示，这样即可完成将公式结果转换为数值的操作。

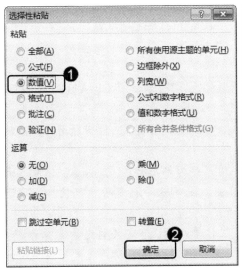

图 2-83　　　　　　　　　　　　　　　图 2-84

2.9　思考与练习

一、填空题

1. 通常情况下，公式由_____、单元格引用、常量和_____组成。

2. 单元格引用是 Excel 中的术语，是指用单元格在表中的_____来标识单元格。单元格的引用包括绝对引用、_____和混合引用 3 种。

3. 绝对引用是一种不随_____的改变而改变的引用形式，它总是在指定位置引用单元格。如果准备多行或多列地复制或填充公式，绝对引用将不会随单元格位置的改变而改变。带有绝对地址符"$"的列标和行号为_____。

4. _____是指引用绝对列和相对行或引用绝对行和相对列，其中，引用绝对列和相对行采用$A1、$B1 等表示，引用_____和_____采用 A$1、B$1 等表示。

5. 在 Excel 2013 中输入公式时，正确地使用_____键，便可以在相对引用和绝对引用之间进行切换。

6. _____用于比较两个数值的大小关系，并产生逻辑值 TRUE(真)或 FALSE(假)。

7. 文本运算符用于将一个或多个文本连接为一个组合文本。文本运算符使用和号_____连接一个或多个_____，从而产生新的文本字符串。

二、判断题

1. 公式是在 Excel 中进行数值计算的等式。公式的输入是以"="开始的。简单的公式包括加、减、乘、除等计算。　　　　　　　　　　　　　　　　　　　　　　（　　）

2. 函数并不是公式，可以进行简单或复杂的计算，是公式的组成部分，它可以像公式一样直接输入。不同的是，函数使用一些称为参数的特定数值(每一个函数都有其特定的语法结构、参数类型等)，按特定的顺序或结构进行计算。　　　　　　　　　　　　（　　）

3. 使用相对引用，如果公式所在单元格的位置改变，引用也随之改变。　（　　）

4. 运算符可分为算术运算符、校对运算符、文本运算符以及引用运算符 4 种。
　　　　　　　　　　　　　　　　　　　　　　　　　　　　　　　　　　　（　　）

5. 引用运算符是对多个单元格区域进行合并计算的运算符。如公式"F1=A1+B1+C1+D1"，使用引用运算符后，可以变为"F1=SUM(A1:D1)"。　　　　　　　　　　　　　　（　　）

6. 为了不让其他人看到某个计算结果的公式，可以隐藏该公式。选择隐藏公式后的单元格，其中的公式还会显示在编辑栏中。　　　　　　　　　　　　　　　　　　（　　）

7. 使用名称可使公式更加容易理解和维护，用户可为单元格区域、函数、常量或表格定义名称，一旦采用了在工作簿中使用名称的做法，便可轻松地更新、审核和管理这些名称。　　　　　　　　　　　　　　　　　　　　　　　　　　　　　　　　　（　　）

8. 在默认状态下，工作簿中的所有名字都是工作簿级的，即定义的变量适用于整个工作簿。如果想要定义只适用于某张工作表的名称，即工作表级的名称，也是可以实现的，而且在日常工作中还经常需要使用这种方式来进行定义。　　　　　　　　　　（　　）

三、思考题

1. 如何进行公式的隐藏？

2. 如何通过【插入函数】对话框输入函数？

3. 如何根据所选内容一次性创建多个名称？

第 3 章

公式审核与错误处理

本章要点

- 审核公式
- 公式返回错误及解决方法
- 处理公式中常见的错误

本章主要内容

本章主要介绍审核公式、公式返回错误及解决方法方面的知识与技巧，同时还讲解如何处理公式中常见的错误。通过本章的学习，读者可以掌握公式审核与错误处理方面的知识，为深入学习 Excel 2013 公式、函数、图表与数据分析知识奠定基础。

3.1 审 核 公 式

使用公式进行计算时，经常会出现一些问题，为了使公式正常运转，可以采取一些措施来解决问题。利用 Excel 2013 提供的审核功能可以检查出公式与单元格之间的关系，并找到错误原因。本节将详细介绍审核公式方面的相关知识及操作方法。

3.1.1 使用公式错误检查功能

在一个较大的工程里，要正确查找公式的错误是比较困难的，使用公式错误检查功能，可以快速查找出工作表中存在的错误，以方便修改。下面将详细介绍使用公式错误检查功能的操作方法。

第1步 在 Excel 工作表中，**1.** 单击任意一个单元格，**2.** 切换到【公式】选项卡，**3.** 在【公式审核】组中，单击【错误检查】按钮，如图 3-1 所示。

第2步 弹出【错误检查】对话框，单击对话框中的【在编辑栏中编辑】按钮，如图 3-2 所示。

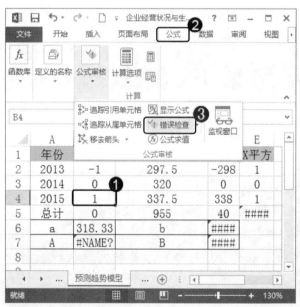

图 3-1

图 3-2

第3步 此时编辑栏的公式框中出现闪烁的光标，**1.** 在公式框中输入正确的公式，**2.** 单击【错误检查】对话框中的【继续】按钮，如图 3-3 所示。

第4步 弹出 Microsoft Excel 对话框，显示"已完成对整个工作表的错误检查"，单击【确定】按钮，如图 3-4 所示。

图 3-3   图 3-4

第 5 步　返回到 Excel 工作表中，可以看到错误的公式已被更正并计算出正确的结果，如图 3-5 所示，这样即可完成使用公式错误检查功能的操作。

图 3-5

知识精讲

　　如果用户不能直观地看出错误的准确位置，可以在打开的【错误检查】对话框中单击【显示计算步骤】按钮，系统会弹出【公式求值】对话框，提示用户相关的错误信息。

3.1.2　添加追踪箭头追踪引用和从属单元格

　　在 Excel 2013 中可以追踪公式中引用的单元格并以箭头的形式标识引用的单元格。追踪单元格可分为追踪引用单元格和追踪从属单元格两种。如果不需要使用追踪单元格，还可以将其删除。

1. 追踪引用单元格

追踪引用单元格是指通过箭头的形式，指出影响当前所选单元格值的所有单元格。下面将详细介绍追踪引用单元格的操作方法。

第1步 在 Excel 工作表中，**1.** 单击任意一个包含公式的单元格，如 E5 单元格，**2.** 切换到【公式】选项卡，**3.** 在【公式审核】组中，单击【追踪引用单元格】按钮，如图 3-6 所示。

第2步 此时与 E5 单元格的值相关的单元格将以蓝色箭头显示，如图 3-7 所示，这样即可完成追踪引用单元格的操作。

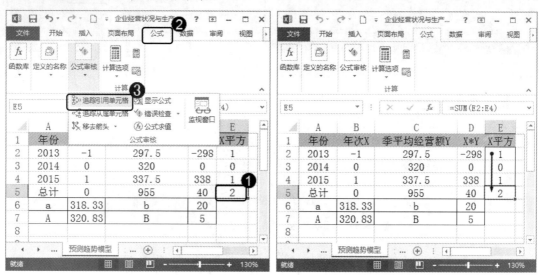

图 3-6   图 3-7

智慧锦囊

如果用户不再需要查看引用单元格，可以选择取消追踪箭头。在【公式审核】组中，单击【移去箭头】按钮，即可将工作表中所有追踪引用单元格的指示箭头移除。

2. 追踪从属单元格

追踪从属单元格是指追踪当前单元格被哪些单元格中的公式所引用。下面将详细介绍追踪从属单元格的操作方法。

第1步 在 Excel 工作表中，**1.** 单击任意单元格，**2.** 切换到【公式】选项卡，**3.** 在【公式审核】组中，单击【追踪从属单元格】按钮，如图 3-8 所示。

第2步 系统会自动以箭头的形式指出当前单元格被哪些单元格中的公式所引用，如图 3-9 所示，这样即可完成追踪从属单元格的操作。

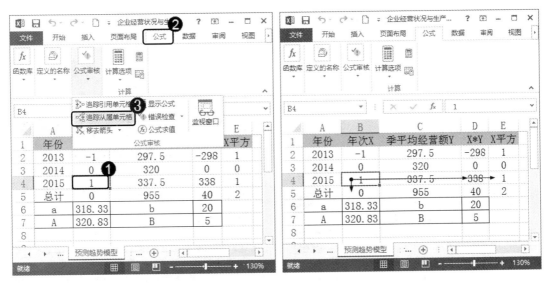

图 3-8　　　　　　　　　　　图 3-9

3.1.3　监视单元格内容

监视单元格内容一般用于追踪距离较远的单元格，如跨工作表的单元格。下面将详细介绍监视单元格内容的操作方法。

第1步　打开 Excel 工作表，*1.* 切换到【公式】选项卡，*2.* 在【公式审核】组中，单击【监视窗口】按钮，如图 3-10 所示。

第2步　弹出【监视窗口】对话框，单击【添加监视】按钮，如图 3-11 所示。

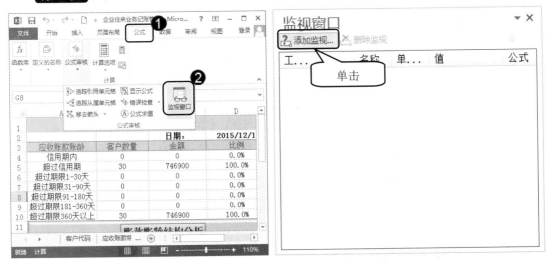

图 3-10　　　　　　　　　　　图 3-11

第3步　弹出【添加监视点】对话框，单击【压缩】按钮，如图 3-12 所示。

第4步　返回到工作表中，*1.* 在其他工作表中选择准备监视的单元格区域，*2.* 在【添加监视点】对话框中单击【展开】按钮，如图 3-13 所示。

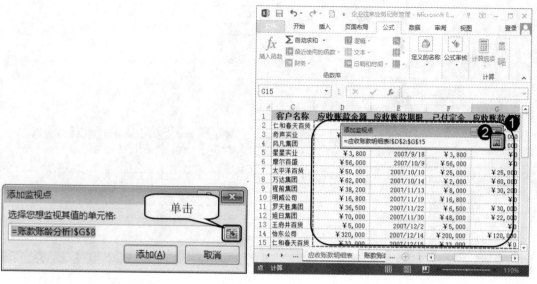

图 3-12　　　　　　　　　　　　　　　　　图 3-13

第5步 返回到【添加监视点】对话框，单击【添加】按钮，如图 3-14 所示。

第6步 在【监视窗口】对话框中将显示监视点所在的工作簿和工作表名称以及单元格地址、数据和应用的公式，如图 3-15 所示，这样即可完成监视单元格内容的操作。

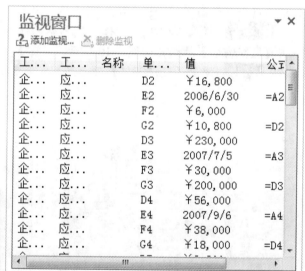

图 3-14　　　　　　　　　　　　　　　　　图 3-15

3.1.4　定位特定类型的数据

如果准备检查工作表中某一特定类型的数据，可以通过【定位条件】对话框来进行定位，下面将详细介绍其操作方法。

第1步 打开准备定位特定类型数据的工作表，按 F5 键，弹出【定位】对话框，单击【定位条件】按钮，如图 3-16 所示。

第2步 弹出【定位条件】对话框，*1.* 选择准备定位的类型，如选中【公式】单选按钮，*2.* 单击【确定】按钮，如图 3-17 所示。

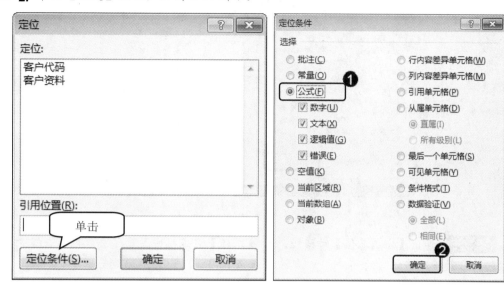

图 3-16　　　　　　　　　　　　　　　　　图 3-17

第3步 返回到工作表中，系统会自动选中当前工作表中符合指定类型的所有单元格，即选中包含公式的单元格，如图 3-18 所示。

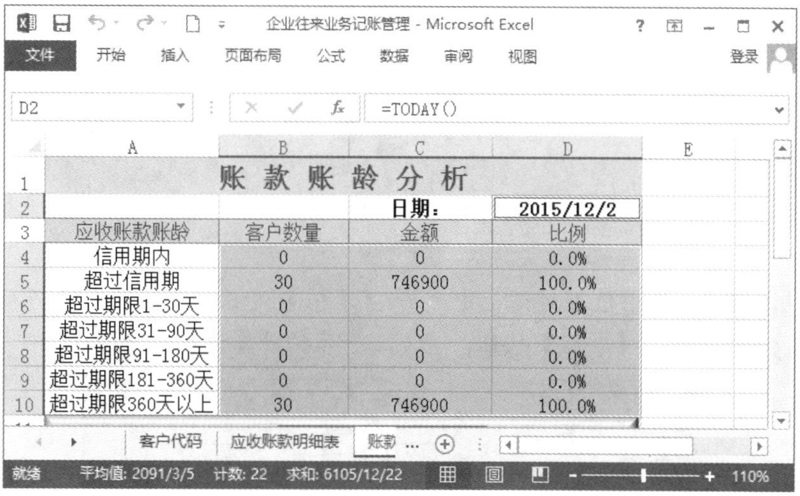

图 3-18

3.1.5　使用公式求值功能

在计算公式的结果时，对于复杂的公式，可以利用 Excel 2013 提供的公式求值功能，按计算公式的先后顺序查看公式的结果。下面将详细介绍使用公式求值功能的操作方法。

第1步 打开准备使用公式求值功能的工作表，*1.* 选中需要进行公式求值的单元格，如选择 C6 单元格，*2.* 切换到【公式】选项卡，*3.* 在【公式审核】组中，单击【公式求值】

按钮⑥，如图 3-19 所示。

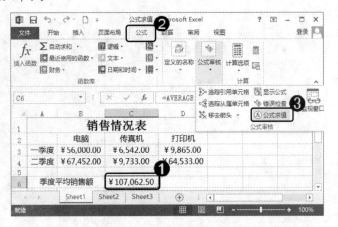

图 3-19

第2步 弹出【公式求值】对话框，**1.**【求值】文本框中显示了公式内容，其中带下划线的部分是下次将计算的部分，**2.** 单击【求值】按钮，如图 3-20 所示。

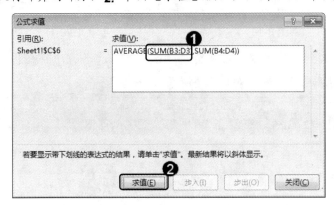

图 3-20

第3步 在【公式求值】对话框中，**1.**【求值】文本框中显示出下一步的计算结果 "72407"，**2.** 继续单击【求值】按钮，查看下一步的计算结果，如图 3-21 所示。

图 3-21

第4步 在【公式求值】对话框中，**1.** 单击【求值】按钮，直至获得整个公式的最终结果，**2.** 单击【关闭】按钮即可完成操作，也可以单击【重新启动】按钮，重新进行分步计算，如图 3-22 所示。

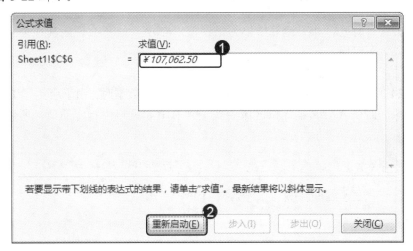

图 3-22

3.2　公式返回错误及解决方法

在公式计算过程中，经常会因为公式输入不正确、引用参数不正确或引用数据不匹配，而出现公式返回错误，如"#DIV/0!""#N/A""#NAME?""#NULL!""#NUM!""#REF!""#VALUE!"和"#####"等。本节将详细介绍公式返回错误及其解决方法。

3.2.1　"#DIV/0!"错误及解决方法

在进行公式计算时，如果运算结果为错误值"#DIV/0!"，那么说明在公式中有除数为 0 或者除数为空白的单元格，如图 3-23 所示。

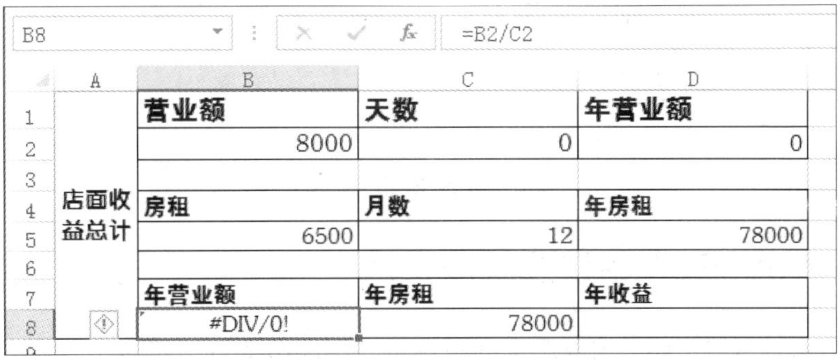

图 3-23

解决方法：检查输入的公式中是否包含除数为 0 的情况；如果除数为一个空白单元格，

则 Excel 会将其当作 0 来处理，可以通过修改该单元格的数据或单元格的引用来解决问题。

3.2.2 "#N/A" 错误及解决方法

在进行公式计算时，如果运算结果为错误值 "#N/A"，那么说明其在公式中引用的数据源不正确或者不可用。

解决方法：重新引用正确的数据源。下面举例介绍。

如图 3-24 所示，本例中在使用 VLOOKUP 函数查找数据时，由于引用了 B10 单元格的值作为查找源，而在 A2:A7 单元格区域中找不到 B10 单元格中指定的值，所以返回了错误值 "#N/A"。

	C10		:	× ✓	fx	=VLOOKUP(B10,A2:E7,5,FALSE)		
	A	B	C	D	E	F	G	
1	员工姓名	出生日期	性别	学历	年龄			
2	韩千叶	1987/7/21	男	本科	24			
3	柳辰飞	1987/7/22	女	本科	24			
4	夏舒征	1987/7/23	男	本科	24			
5	慕容冲	1987/7/24	女	本科	24			
6	萧合鸾	1987/7/25	男	本科	24			
7	阮停	1987/7/26	女	本科	24			
8								
9		员工姓名	年龄					
10		韩千	#N/A					
11								

图 3-24

解决方法为选中 B10 单元格，将错误的员工姓名更改为正确的"韩千叶"，如图 3-25 所示。

	B10		:	× ✓	fx	韩千叶		
	A	B	C	D	E	F	G	
1	员工姓名	出生日期	性别	学历	年龄			
2	韩千叶	1987/7/21	男	本科	24			
3	柳辰飞	1987/7/22	女	本科	24			
4	夏舒征	1987/7/23	男	本科	24			
5	慕容冲	1987/7/24	女	本科	24			
6	萧合鸾	1987/7/25	男	本科	24			
7	阮停	1987/7/26	女	本科	24			
8								
9		员工姓名	年龄					
10		韩千叶	24					
11								

图 3-25

3.2.3 "#NAME?" 错误及解决方法

在进行公式计算时，如果运算结果为错误值 "#NAME?"，一般情况下说明公式中输入了错误的函数，如图 3-26 所示。

这里的错误是因为输入的函数名拼写错误引起的。双击 D2 单元格，进入公式编辑状态，将 "SVMSQ" 改成 "SUMSQ"，然后按 Enter 键，即可得到正确的运算结果，从而解决该问题，如图 3-27 所示。

图 3-26

图 3-27

知识精讲

　　在公式中引用文本时没有加双引号，或者在公式中引用了没有定义的名称，以及在公式中引用单元格区域时漏掉了冒号时，运算结果也会出现"#NAME?"错误值。

3.2.4　"#NULL!"错误及解决方法

　　在进行公式计算时，如果运算结果为"#NULL!"错误值，则说明公式中使用了不正确的区域运算符，如图 3-28 所示。

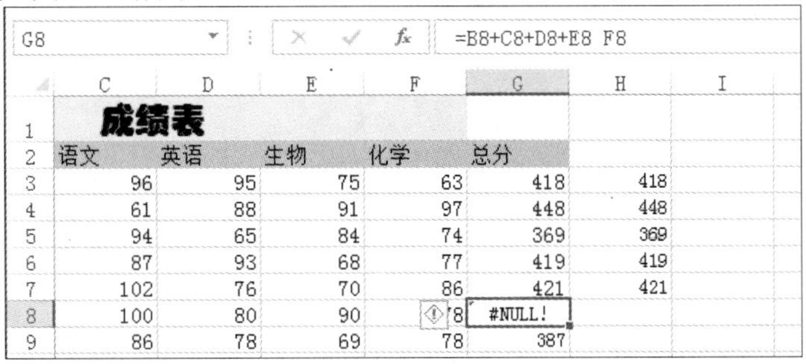

图 3-28

　　双击 G8 单元格，将公式"=B8+C8+D8+E8 F8"更改为"=B8+C8+D8+E8+F8"，然后按 Enter 键，即可得到正确的运算结果，从而解决该问题，如图 3-29 所示。

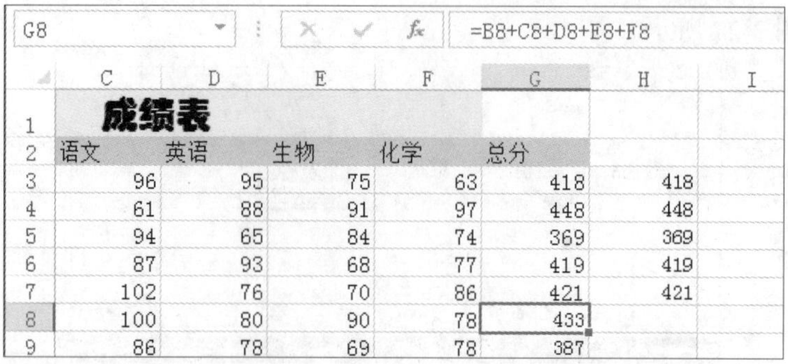

G8 =B8+C8+D8+E8+F8

	C	D	E	F	G	H	I
1	成绩表						
2	语文	英语	生物	化学	总分		
3	96	95	75	63	418	418	
4	61	88	91	97	448	448	
5	94	65	84	74	369	369	
6	87	93	68	77	419	419	
7	102	76	70	86	421	421	
8	100	80	90	78	433		
9	86	78	69	78	387		

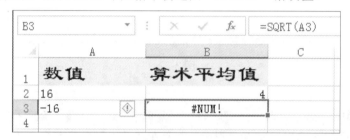

图 3-29

3.2.5 “#NUM!”错误及解决方法

在进行公式计算时，如果运算结果为错误值“#NUM!”，则说明公式中使用的函数引用了一个无效的参数。如图 3-30 所示，求某数值的算术平均值，SQRT 函数中引用的 A3 单元格的数值为负数，所以在 B3 单元格中会返回“#NUM!”错误值。

B3 =SQRT(A3)

	A	B	C
1	数值	算术平均值	
2	16	4	
3	-16	#NUM!	
4			

图 3-30

解决方法：正确引用函数的参数。

3.2.6 “#REF!”错误及解决方法

在进行公式计算时，如果运算结果为错误值“#REF!”，则说明公式中引用了无效的单元格。如图 3-31 所示，C 列中建立的公式使用了 B 列的数据，当将 B 列删除时，公式找不到可以用于计算的数据，就会出现错误值“#REF!”。

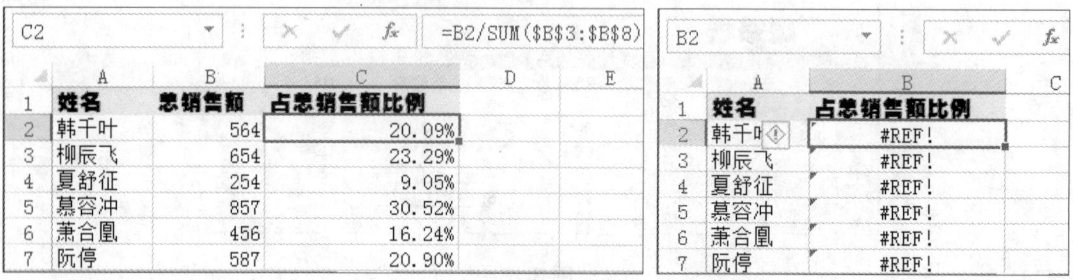

C2 =B2/SUM($B$3:$B$8)

	A	B	C	D	E
1	姓名	总销售额	占总销售额比例		
2	韩千叶	564	20.09%		
3	柳辰飞	654	23.29%		
4	夏舒征	254	9.05%		
5	慕容冲	857	30.52%		
6	萧合凰	456	16.24%		
7	阮停	587	20.90%		

B2

	A	B	C
1	姓名	占总销售额比例	
2	韩千叶	#REF!	
3	柳辰飞	#REF!	
4	夏舒征	#REF!	
5	慕容冲	#REF!	
6	萧合凰	#REF!	
7	阮停	#REF!	

图 3-31

解决方法：保留引用的数据，若不需要显示，将其隐藏即可。

3.2.7 "#VALUE!"错误及解决方法

在进行公式计算时，如果运算结果为错误值"#VALUE!"，则说明将文本类型的数据参与了数值运算，此时要检查公式中各个元素的数据类型是否一致。

如图 3-32 所示，G9 单元格中显示错误值"#VALUE!"，双击 F9 单元格，将"分"字删除，然后按 Enter 键，即可得到正确的运算结果，如图 3-33 所示。

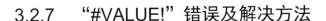

图 3-32

图 3-33

3.2.8 "#####"错误及解决方法

在进行公式计算时，有时会出现错误值"#####"，其主要原因是列宽不够，导致输入的内容不能完全显示，如图 3-34 所示。

选择 I 列，将鼠标指针移到 I 列与 J 列之间的分割线上，当鼠标指针变成"✛"形状时，双击鼠标，即可得到正确的运算结果，如图 3-35 所示。

	所属部门	基本工资	住房补贴	午餐补助	应扣请假费	应扣保险	工资总额	应扣所得税
3	销售部	￥2,600.00	￥500.00	￥200.00	￥130.00	￥128.00	####	￥92.20
4	行政部	￥2,600.00	￥300.00	￥200.00	￥130.00	￥128.00	####	￥72.20
5	财务部	￥3,000.00	￥200.00	￥200.00	￥0.00	￥128.00	####	￥102.20
6	研发部	￥3,700.00	￥200.00	￥200.00	￥0.00	￥128.00	####	￥172.20
7	企划部	￥4,100.00	￥300.00	￥200.00	￥103.00	￥128.00	####	￥245.80
8	销售部	￥3,100.00	￥500.00	￥200.00	￥0.00	￥128.00	####	￥142.20
9	行政部	￥3,300.00	￥200.00	￥200.00	￥0.00	￥128.00	####	￥132.20

图 3-34

	所属部门	基本工资	住房补贴	午餐补助	应扣请假费	应扣保险	工资总额	应扣所
3	销售部	￥2,600.00	￥500.00	￥200.00	￥130.00	￥128.00	￥3,172.00	￥92
4	行政部	￥2,600.00	￥300.00	￥200.00	￥130.00	￥128.00	￥2,972.00	￥72
5	财务部	￥3,000.00	￥200.00	￥200.00	￥0.00	￥128.00	￥3,272.00	￥102
6	研发部	￥3,700.00	￥200.00	￥200.00	￥0.00	￥128.00	￥3,972.00	￥172
7	企划部	￥4,100.00	￥300.00	￥200.00	￥103.00	￥128.00	￥4,472.00	￥245
8	销售部	￥3,100.00	￥500.00	￥200.00	￥0.00	￥128.00	￥3,672.00	￥142
9	行政部	￥3,300.00	￥200.00	￥200.00	￥0.00	￥128.00	￥3,572.00	￥132

图 3-35

3.3 处理公式中常见的错误

在 Excel 工作表中，用户经常需要使用公式来计算一些数据，有时就会出现错误。本节将详细介绍公式中可能出现的错误，以及避免这些错误的方法和技巧。

3.3.1 括号不匹配

括号不匹配是在运用公式处理数据时经常出现的错误，通常，在输入公式并按 Enter 键后，会收到 Excel 的错误信息，同时公式不允许被输入到单元格中，如图 3-36 所示。

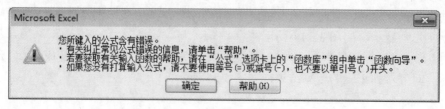

图 3-36

出现该错误的主要原因是用户只输入了右括号，而没有输入左括号。如果用户只输入了左括号，那么在公式输入完成并按 Enter 键后，Excel 会自动补齐缺少的右括号，并在单元格中显示公式的计算结果。

3.3.2　循环引用

如果单元格的公式中引用了公式所在的单元格，当按 Enter 键输入公式时，会弹出 Microsoft Excel 对话框，表示当前公式正在循环引用其自身，如图 3-37 所示。

图 3-37

单击【确定】按钮后，公式会返回 0，然后可以重新编辑公式，以便解决公式循环引用的问题。如果公式中包含了间接循环引用，Excel 将会使用箭头标记，以便指出产生循环引用的根源在哪儿。

使用 Excel 时，在大多数情况下，循环引用是一种公式错误。然而，有时也可以利用循环引用来巧妙地解决一些问题。如果准备使用循环引用，则首先需要开启迭代计算功能。下面介绍其操作方法。

第 1 步　启动 Excel 2013，切换到【文件】选项卡，在打开的 Backstage 视图中，选择【选项】菜单项，如图 3-38 所示。

第 2 步　弹出【Excel 选项】对话框，*1.* 切换到【公式】选项卡，*2.* 选中【启用迭代计算】复选框，*3.* 在【最多迭代次数】微调框中，输入准备修改的数字，该数字表示要进行循环计算的次数，*4.* 在【最大误差】文本框中，输入准备修改的数值，*5.* 单击【确定】按钮，如图 3-39 所示，这样即可完成开启迭代计算功能的操作。

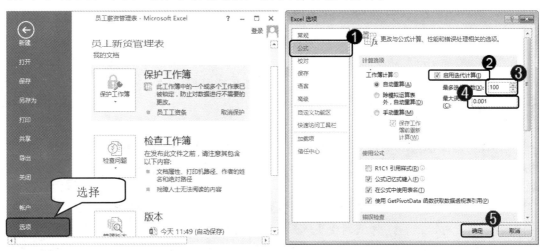

图 3-38　　　　　　　　　　　　　　　　图 3-39

> **智慧锦囊**
>
> 在【Excel 选项】对话框中，用户可以通过设置【最大误差】选项来控制迭代计算的精确度，数字越小，说明要求的精确度越高。

3.3.3 空白但非空的单元格

有些单元格中看似无任何内容，但是使用 ISBLANK 函数或 COUNTA 函数进行判断或统计时，这些看似空白的单元格仍被计算在内。例如，将公式 "=IF(A1<>"","有内容","")" 输入 B1 单元格中，用于判断 A1 单元格是否包含内容，如果包含内容，则返回 "有内容"，否则返回空字符串，如图 3-40 所示。

图 3-40

当 A1 单元格中无任何内容时，B1 单元格显示空白。用户也许会认为 B1 单元格是空的，但其实不是。如果使用 ISBLANK 函数测试，就会发现该函数返回 FALSE，说明 B1 单元格非空，如图 3-41 所示。

图 3-41

3.3.4 显示值与实际值

本例将 A1、A2、A3 单元格中的值设置为保留 5 位小数，然后在 A4 单元格中输入一个求和公式，用于计算单元格区域 A1:A3 的总和，但是发现得到了错误的结果，如图 3-42 所示。

这是由于公式使用的是单元格区域 A1:A3 中的真实值而非显示值所致。用户可以打开【Excel 选项】对话框，**1.** 切换到【高级】选项卡，**2.** 在【计算此工作簿时】选项组下方，选中【将精度设为所显示的精度】复选框，**3.** 单击【确定】按钮，如图 3-43 所示，此后 Excel 将使用显示值进行计算。

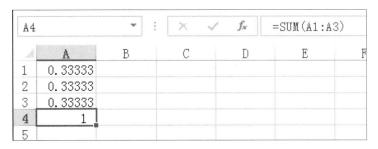

图 3-42

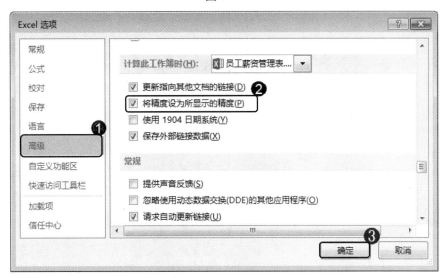

图 3-43

 知识精讲

　　选中【将精度设为所显示的精度】复选框会影响输入到单元格中的值。如果单元格的值为 1.68，通过设置单元格格式后显示为 2。当选中该复选框后，该单元格的值就是 2，即使再取消选中该复选框，单元格的值也无法恢复到 1.68。因此，使用此功能时一定要谨慎。

3.4　实践案例与上机指导

　　通过本章的学习，读者基本可以掌握公式审核与错误处理的基本知识以及一些常见的操作方法。下面通过练习操作，以达到巩固学习、拓展提高的目的。

3.4.1　在工作表中显示公式而非计算结果

　　如果工作表中的数据大多数是由公式生成的，想要快速知道每个单元格中的公式形式，以便编辑修改，那么可以在工作表中直接显示公式，而不是显示其计算结果。下面将详细介绍其操作方法。

素材文件　配套素材\第 3 章\素材文件\显示公式.xlsx
效果文件　配套素材\第 3 章\效果文件\显示公式.xlsx

第 1 步　打开素材文件，**1.** 切换到【公式】选项卡，**2.** 在【公式审核】组中，单击【显示公式】按钮🔲，如图 3-44 所示。

第 2 步　可以看到所有包含公式的单元格将自动显示其对应的公式，而不是显示其计算结果，如图 3-45 所示。

图 3-44　　　　　　　　　　图 3-45

智慧锦囊

如果用户需要显示公式的计算结果，可以在【公式审核】组中，再次单击【显示公式】按钮🔲，这样即可隐藏单元格内的公式，而只显示计算结果。

3.4.2　在多个单元格中输入同一个公式

在多个单元格中输入同一个公式，可以快速地将这多个单元格的结果计算出来，以节省依次输入公式的时间。下面将详细介绍在多个单元格中输入同一个公式的操作方法。

素材文件　配套素材\第 3 章\素材文件\学期总成绩.xlsx
效果文件　配套素材\第 3 章\效果文件\输入同一个公式.xlsx

第 1 步　打开素材文件，**1.** 选中 D2:D5 单元格区域，**2.** 在编辑栏中输入公式"=B2+C2"，并按 Ctrl+Enter 组合键，如图 3-46 所示。

第 2 步　系统会自动在所有选中的单元格中计算出结果，如图 3-47 所示，这样即可完成在多个单元格中输入同一个公式的操作。

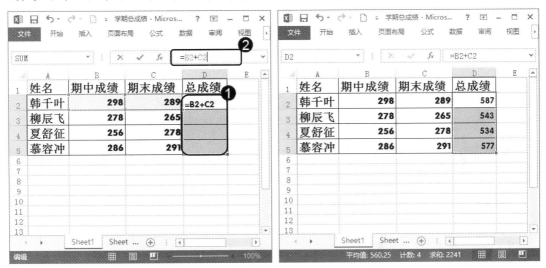

图 3-46　　　　　　　　　　　　　　　　图 3-47

3.4.3　查看长公式中的某一步计算结果

在一个复杂的公式中，如果准备调试其中的某一部分，查看某一步的计算结果，那么可以执行以下操作。

素材文件　配套素材\第 3 章\素材文件\查看缺考人员.xlsx
效果文件　配套素材\第 3 章\效果文件\某一步计算结果.xlsx

第 1 步　打开素材文件，*1.* 选中含有公式的单元格，*2.* 在编辑栏中选中准备查看结果的部分公式，如图 3-48 所示。

第 2 步　按 F9 键，即可计算出选中的那部分公式对应的结果，如图 3-49 所示。查看后，按 Esc 键即可还原公式。

图 3-48　　　　　　　　　　　　　　　　图 3-49

3.4.4 自动求和

在 Excel 2013 中，利用【自动求和】按钮 Σ 可以快速对指定单元格区域求和，以方便操作。下面将详细介绍自动求和的操作方法。

素材文件　配套素材\第 3 章\素材文件\区域销售统计.xlsx
效果文件　配套素材\第 3 章\效果文件\自动求和.xlsx

 打开素材文件，**1.** 选中准备进行自动求和的单元格区域，**2.** 切换到【公式】选项卡，**3.** 在【函数库】组中，单击【自动求和】按钮 Σ，如图 3-50 所示。

 系统会自动将选择的单元格区域向右扩展一格，用来显示求和结果，如图 3-51 所示，这样即可完成自动求和的操作。

图 3-50　　　　　　　　　　　　　　　图 3-51

 智慧锦囊

在 Excel 2013 中，切换到【公式】选项卡，在【函数库】组中，单击【自动求和】下拉按钮，在弹出的下拉列表中，用户可以根据工作需要选择不同的选项，如【平均值】、【计数】、【最大值】和【最小值】等，执行相应的计算。

3.5　思考与练习

一、填空题

1. 在一个较大的工程里，要正确查找公式的错误是比较困难的，使用公式_____功能，可以快速查找出工作表中存在的错误，以方便修改。

2. 在 Excel 2013 中，可以追踪公式中引用的单元格并以箭头的形式标识引用的单元格。追踪单元格可分为追踪_____和追踪_____两种。

3. 在计算公式的结果时，对于复杂的公式，可以利用 Excel 2013 提供的_____功能，按计算公式的_____查看公式的结果。

4. 在进行公式计算时，如果运算结果为错误值 "#NAME?"，一般情况下说明在公式中输入了_____。

5. 在进行公式计算时，如果运算结果为错误值 "#NULL!"，则说明公式中使用了不正确的_____。

6. 在进行公式计算时，如果运算结果为错误值 "#VALUE!"，则说明将文本类型的数据参与了_____，此时要检查公式中各个元素的_____是否一致。

7. 在进行公式计算时，有时会出现错误值 "#####"，其主要原因是_____不够，导致输入的内容不能_____。

二、判断题

1. 追踪从属单元格是指通过箭头的形式，指出影响当前所选单元格值的所有单元格。
（　　）

2. 追踪引用单元格是指追踪当前单元格被哪些单元格中的公式所引用。（　　）

3. 监视单元格内容一般用于追踪距离较远的单元格，如跨工作表的单元格。（　　）

4. 在进行公式计算时，如果运算结果为错误值 "#DIV/0!"，那么说明在公式中有除数为 0 或者除数为空白的单元格。
（　　）

5. 在进行公式计算时，如果运算结果为错误值 "#N/A"，那么说明其在公式中引用的数据源不正确或者不可用，此时用户需要重新引用正确的数据源。（　　）

6. 出现错误值 "#NUM!" 的原因是公式中使用的函数引用了一个有效的参数。（　　）

7. 出现错误值 "#REF!" 的原因是公式中引用了无效的参数。（　　）

三、思考题

1. 如何追踪引用单元格？

2. 如何追踪从属单元格？

第 4 章

文本与逻辑函数

本章要点

- 文本函数
- 文本函数应用举例
- 逻辑函数
- 逻辑函数应用举例

本章主要内容

本章主要介绍文本函数和逻辑函数方面的基本知识，同时讲解一些常用的文本函数和逻辑函数的应用。通过本章的学习，读者可以掌握文本与逻辑函数方面的知识，为深入学习 Excel 2013 公式、函数、图表与数据分析知识奠定基础。

4.1 文本函数

在 Excel 2013 工作表中,使用文本函数可以在公式中处理文本字符串。例如,可以改变大小写或确定文本字符串的长度,可以将日期插入文本字符串中或连接在文本字符串后。本节将详细介绍文本函数的相关知识。

4.1.1 什么是文本函数

文本函数可以分为两类,即文本转换函数和文本处理函数。使用文本转换函数可以对字母的大小写、数字的类型和全角/半角等进行转换,而文本处理函数则用于提取文本中的字符、删除文本中的空格、合并文本和重复输入文本等。

4.1.2 认识文本数据

在 Excel 2013 中,数据主要分为文本、数值、逻辑值和错误值等几种类型。其中,文本数据主要是指常规的字符串,如姓名、名称、英文单词等。在单元格中输入姓名等常规的字符串时,即被系统识别为文本。在公式中,文本数据需要包含在一对半角的双引号中才可使用。

除了输入的文本外,使用 Excel 的文本函数、文本合并运算符计算得到的结果也是文本类型。另外,文本中有一个特殊的值,即空文本,使用一对半角双引号表示,是一个字符长度为 0 的文本数据,常用来将计算结果显示为"空"。而使用 Space 键得到的值是有长度的值,虽然看不到,实际上是具有长度的。

4.1.3 区分文本与数值

默认情况下,在单元格中输入数值和日期时,自动使用右对齐方式;错误值和逻辑值自动以居中方式显示;而文本则自动以左对齐方式显示。如图 4-1 所示,B3 单元格中的数据为文本,而 D3 单元格中的数字为数值。

⊿	A	B	C	D	E	F
1						
2						
3		200		200		
4						
5						
6						
7						

图 4-1

4.1.4　文本函数介绍

Excel 2013 中一共提供了 27 种文本函数供用户使用，如表 4-1 所示。

表 4-1　文本函数

函　　数	说　　明
ASC	将字符串中的全角(双字节)字符转换为半角(单字节)字符
BAHTTEXT	使用 β (泰铢)货币格式将数字转换为文本
CHAR	返回由代码数字指定的字符
CLEAN	删除文本中的所有非打印字符
CODE	返回文本字符串中第一个字符的数字代码
CONCATENATE	将几个文本项合并为一个文本项
DOLLAR	使用 $ (美元)货币格式将数字转换为文本
EXACT	检查两个文本值是否相同
FIND、FINDB	在一个文本值中查找另一个文本值(区分大小写)
FIXED	将数字格式设置为带有固定小数位数的文本
JIS	将字符串中的半角(单字节)字符转换为全角(双字节)字符
LEFT、LEFTB	返回文本值中最左边的字符
LEN、LENB	返回文本字符串中的字符个数
LOWER	将文本转换为小写
MID、MIDB	从文本字符串中的指定位置起返回特定个数的字符
PHONETIC	提取文本字符串中的拼音(汉字注音)字符
PROPER	将文本值的每个字的首字母大写
REPLACE、REPLACEB	替换文本中的字符
REPT	按给定次数重复文本
RIGHT、REPLACEB	返回文本值中最右边的字符
SEARCH、SEARCHB	在一个文本值中查找另一个文本值(不区分大小写)
SUBSTITUTE	在文本字符串中用新文本替换旧文本
T	将参数转换为文本
TEXT	设置数字格式并将其转换为文本
TRIM	删除文本中的空格
UPPER	将文本转换为大写形式
VALUE	将文本参数转换为数字

4.2 文本函数应用举例

在处理工作表中的数据时，经常需要从单元格中取出部分文本或查找文本，或者需要计算字符串的长度、返回特定的字符等，这时就需要使用文本函数。本节将列举一些常用的文本函数的应用案例，并对其进行详细的讲解。

4.2.1 使用 ASC 函数将全角字符转换为半角字符

对于双字节字符集(DBCS)语言，ASC 函数可将全角(双字节)字符更改为半角(单字节)字符。下面将详细介绍 ASC 函数的语法结构和使用 ASC 函数将全角字符转换为半角字符的方法。

1. 语法结构

ASC (text)

ASC 函数具有以下参数。

text：文本或对包含要更改文本的单元格的引用。如果文本中不包含任何全角字符，则文本不会更改。

2. 应用举例

本例将应用 ASC 函数将全角字符转换为半角字符，下面详细介绍其操作方法。

第 1 步 选择 B2 单元格，在编辑栏中输入公式"=ASC(A2)"。

第 2 步 按 Enter 键，系统会在 B2 单元格中显示转换为半角字符的书名。

第 3 步 选中 B2 单元格，向下拖动复制公式，即可完成将全角字符转换为半角字符的操作，如图 4-2 所示。

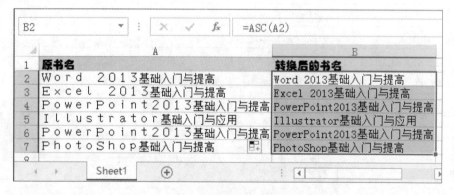

图 4-2

4.2.2 使用 CONCATENATE 函数自动提取序号

CONCATENATE 函数用于将几个单元格中的字符串合并到一个单元格中。下面将详细介绍 CONCATENATE 函数的语法结构和使用 CONCATENATE 函数自动提取序号的方法。

1. 语法结构

CONCATENATE (text1[, text2, ⋯])

CONCATENATE 函数具有以下参数。

text1：要连接的第 1 个文本项。

text2, ⋯ ：其他文本项，最多为 255 项。项与项之间必须用逗号隔开。

也可以用与号 "&" 代替 CONCATENATE 函数来连接文本项。例如，"=A1 & B1" 与 "= CONCATENATE(A1, B1)" 返回的值相同。

2. 应用举例

本例将使用 CONCATENATE 函数自动提取当前工作表中的序号，下面详细介绍其操作方法。

第 1 步 选择 E3 单元格，在编辑栏中输入公式 "=CONCATENATE(A3,B3,C3)"。

第 2 步 按 Enter 键，即可合并 A3、B3、C3 单元格的内容，从而提取序号。

第 3 步 选中 E3 单元格，向下拖动复制公式，这样即可快速提取其他各项序号，如图 4-3 所示。

图 4-3

4.2.3 使用 CLEAN 函数清理非打印字符

CLEAN 函数用于删除文本中不能打印的字符。对从其他应用程序中输入的文本使用 CLEAN 函数，将删除其中含有的当前操作系统无法打印的字符。

CLEAN 函数被设计为删除文本中 7 位 ASCII 码的前 32 个非打印字符(值为 0 到 31)。在 Unicode 字符集中，有附加的非打印字符(值为 127、129、141、143、144 和 157)。CLEAN 函数自身不删除这些附加的非打印字符。下面将详细介绍 CLEAN 函数的语法结构和使用 CLEAN 函数清理非打印字符的方法。

1. 语法结构

CLEAN(text)
CLEAN 函数具有以下参数。
text：要从中删除非打印字符的任何工作表信息。

2. 应用举例

本例将使用 CLEAN 函数清理非打印字符，下面详细介绍其操作方法。
第1步 选择 B2 单元格，在编辑栏中输入公式 "=CLEAN(A2)"。
第2步 按 Enter 键，系统会在 B2 单元格内，将 A2 单元格中的数据排列成一行。
第3步 选中 B2 单元格，向下拖动复制公式，即可完成清理非打印字符的操作，如图 4-4 所示。

B2		✕ ✓ fx	=CLEAN(A2)	
	A	B	C	D
1		联系人		
2	北京市王经理	北京市 王经理		
3	北京市李经理	北京市 李经理		
4	天津市刘经理	天津市 刘经理		
5	合肥市赵经理	合肥市 赵经理		
6	北京市王经理	北京市 王经理		

图 4-4

4.2.4 使用 CHAR 函数返回对应于数字代码的字符

CHAR 函数用于返回对应于数字代码的字符，可将其他类型计算机文件中的代码转换为字符。下面将详细介绍 CHAR 函数的语法结构和使用 CHAR 函数返回对应于数字代码的字符的方法。

1. 语法结构

CHAR(number)
CHAR 函数具有以下参数。
number：介于 1 到 255 之间、用于指定所需字符的数字。字符是计算机所用字符集中的字符。当参数大于 255 时，返回错误值 "#VALUE!"。

2. 应用举例

本例将使用 CHAR 函数返回对应于数字代码的字符，下面详细介绍其操作方法。
第1步 选择 A1 单元格，在编辑栏中输入函数 "=CHAR (65)"。
第2步 按 Enter 键，系统将返回相应的字母 A，如图 4-5 所示。如果输入 "=CHAR

(66)"，则返回字母 B。

图 4-5

4.2.5　使用 DOLLAR 函数转换货币格式

DOLLAR 函数用于将数字转换为文本格式，并应用货币符号。函数的名称及其应用的货币符号取决于语言的设置。

DOLLAR 函数依照货币格式将小数四舍五入到指定的位数，并转换成文本。使用的格式为（$ #,##0.00_);($ #,##0.00)。下面将详细介绍 DOLLAR 函数的语法结构和使用 DOLLAR 函数转换货币格式的方法。

1. 语法结构

DOLLAR(number[, decimals])
DOLLAR 函数具有以下参数。
number：数字、包含数字的单元格引用或是计算结果为数字的公式。
decimals：小数位数。如果 decimals 为负数，则 number 从小数点往左按相应位数四舍五入；如果省略 decimals，则假设其值为 2。

2. 应用举例

本例将使用 DOLLAR 函数转换货币格式，下面详细介绍其操作方法。
第 1 步 选择 C2 单元格，在编辑栏中输入公式"=DOLLAR(B2/6.05,2)"。
第 2 步 按 Enter 键，系统会自动在 C2 单元格内计算出结果。
第 3 步 选中 C2 单元格，向下拖动复制公式，即可完成转换货币格式的操作，如图 4-6 所示。

	A	B	C
1	出口产品	本地价格	出口价格
2	卫衣	560	$92.56
3	牛字库	450	$74.38
4	T恤	200	$33.06
5	短裤	130	$21.49
6			

C2 　fx =DOLLAR(B2/6.05,2)

图 4-6

4.2.6 使用 EXACT 函数比较产品编号是否相同

EXACT 函数用于比较两个字符串，如果完全相同，则返回 TRUE；否则，返回 FALSE。EXACT 函数区分大小写，但忽略格式上的差异。利用 EXACT 函数可以测试在文档内输入的文本。下面将详细介绍 EXACT 函数的语法结构以及使用 EXACT 函数比较两个字符串是否相同的方法。

1. 语法结构

EXACT(text1, text2)
EXACT 函数具有以下参数。
text1：第 1 个文本字符串。
text2：第 2 个文本字符串。

2. 应用举例

本例将使用 EXACT 函数比较产品编号是否相同，下面详细介绍其操作方法。

第1步 选择 E3 单元格，在编辑栏中输入公式 "=EXACT(A3,D3)"。
第2步 按 Enter 键，即可显示该产品的编号是否发生了变化。
第3步 选中 E3 单元格，向下拖动复制公式，即可显示所有产品的编号是否发生变化，如图 4-7 所示。

	A	B	C	D	E
			库存管理		
2	编号	产品名称	数量	调整后的编号	是否发生变化
3	H0001	移动硬盘1	60	H0001	TRUE
4	J0002	移动硬盘2	90	J0002	TRUE
5	L0003	移动硬盘3	100	L0003	TRUE
6	K0004	移动硬盘4	110	K0005	FALSE
7	M0005	移动硬盘5	80	N0006	FALSE
8	N0006	移动硬盘6	60	R0008	FALSE
9	R0007	移动硬盘7	75	RPPP7	FALSE
10	S0008	移动硬盘8	120	S0009	FALSE

E3 の fx =EXACT(A3,D3)

图 4-7

4.2.7 使用 LEN 函数检查身份证位数是否正确

LEN 函数用于返回文本字符串中的字符数。下面将详细介绍 LEN 函数的语法结构及使用 LEN 函数检查身份证位数是否正确的方法。

1. 语法结构

LEN(text)
LEN 函数具有以下参数。
text：要查找其长度的文本。空格将作为字符进行计数。

2. 应用举例

本例将使用 LEN 函数快速检查身份证的位数，下面详细介绍其操作方法。

第 1 步 选择 F3 单元格，在编辑栏中输入公式 "=LEN(E3)"。

第 2 步 按 Enter 键，即可计算出该员工的身份证位数是否为 18 位。

第 3 步 选中 F3 单元格，向下拖动复制公式，这样即可快速检查出其他员工的身份证位数是否为 18 位，如图 4-8 所示。

图 4-8

4.2.8　使用 LOWER 函数将文本转换为小写

LOWER 函数用于将一个文本字符串中的所有大写字母转换为小写字母。下面将详细介绍 LOWER 函数的语法结构以及使用 LOWER 函数将文本转换为小写的方法。

1. 语法结构

LOWER(text)

LOWER 函数具有以下参数。

text：要转换为小写字母的文本。Lower 函数不改变文本中非字母的字符。

2. 应用举例

本例将使用 LOWER 函数将单词或者英文句子中的所有字母转换为小写形式，下面详细介绍其操作方法。

第 1 步 选择 B2 单元格，在编辑栏中输入公式 "=LOWER(A2)"。

第 2 步 按 Enter 键，即可将 A2 单元格中的英文字母全部转换成小写。

第 3 步 选中 B2 单元格，向下拖动复制公式，这样即可快速转换其他单元格中的英文字母，如图 4-9 所示。

知识精讲

使用 LOWER 函数进行转换后，返回的结果不区分全角和半角；LOWER 函数只转换单一单元格的内容，不能转换单元格区域，并且不转换字符串中的非英文字符。

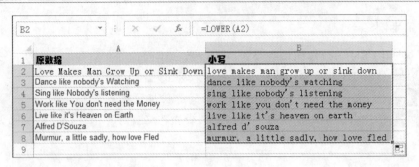

图 4-9

4.2.9　使用 REPLACE 函数为电话号码升级

REPLACE 函数可以使用其他文本字符串并根据指定的字符数替换另一文本字符串中的部分文本。下面将详细介绍 REPLACE 函数的语法结构和使用 REPLACE 函数为电话号码升级的方法。

1. 语法结构

REPLACE(old_text, start_num, num_chars, new_text)

REPLACE 函数具有以下参数。

old_text(必需)：要替换其部分字符的文本。

start_num：要用 new_text 替换的 old_text 中字符的位置。

num_char：希望 REPLACE 使用 new_text 替换 old_text 中字符的个数。

new_text：要用于替换 old_text 中字符的文本。

2. 应用举例

本例将使用 REPLACE 函数为当前工作表中的电话号码升级，下面详细介绍其操作方法。

第 1 步　选择 D3 单元格，在编辑栏中输入公式"=REPLACE(C3,1,5, "0417-8")"。

第 2 步　按 Enter 键，即可将第一个客户的电话号码由原来的"0417-29XXX66"升级为"0417-829XXX66"。

第 3 步　选中 D3 单元格，向下拖动复制公式，即可快速将所有的客户电话号码升级，如图 4-10 所示。

	A	B	C	D	E	F
1			通讯录			
2	单位	客户姓名	电话号码	升级后的电话号码		
3	修配厂1	韩千叶	0417-29XXX66	0417-829XXX66		
4	修配厂2	柳辰飞	0417-2926XXX	0417-82926XXX		
5	修配厂3	夏舒征	0417-2929XXX	0417-82929XXX		
6	修配厂4	慕容冲	0417-2934XXX	0417-82934XXX		
7	修配厂5	萧合凰	0417-2894XXX	0417-82894XXX		
8	修配厂6	阮停	0417-3834XXX	0417-83834XXX		
9	修配厂7	西鹈宿	0417-3625XXX	0417-83625XXX		
10	修配厂8	孙祈钒	0417-3636XXX	0417-83636XXX		
11	修配厂9	狄云	0417-3906XXX	0417-83906XXX		

图 4-10

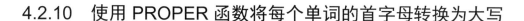

4.2.10　使用 PROPER 函数将每个单词的首字母转换为大写

PROPER 函数用于将文本字符串的首字母及任何非字母字符之后的首字母转换成大写，将其余的字母转换成小写。下面将详细介绍 PROPER 函数的语法结构和使用 PROPER 函数将文本中每个单词的首字母转换为大写的方法。

1. 语法结构

PROPER(text)

PROPER 函数具有以下参数。

text：用引号括起来的文本、返回文本值的公式或是对包含文本(要进行部分大写转换)的单元格的引用。

2. 应用举例

本例将使用 PROPER 函数将文本中每个单词的首字母转换为大写，下面详细介绍其操作方法。

第 1 步　选择 B2 单元格，在编辑栏中输入公式"=PROPER(A2)"。

第 2 步　按 Enter 键，系统会将 A2 单元格中所有单词的首字母以大写的形式显示在 B2 单元格中。

第 3 步　选中 B2 单元格，向下拖动复制公式，即可将文本中每个单词的首字母转换为大写，如图 4-11 所示。

	A	B
	蛋糕名称	每个单词首字母大写
2	angelfood cake	Angelfood Cake
3	babka	Babka
4	devil's food cake	Devil'S Food Cake
5	schwarzwald cake	Schwarzwald Cake
6	kissnbake cake	Kissnbake Cake
7	Red velvet cake	Red Velvet Cake

图 4-11

4.3　逻　辑　函　数

逻辑函数主要用于在公式中进行条件的测试与判断，或者进行复合检验，使用逻辑函数可以使公式变得更加智能。本节将详细介绍逻辑函数的相关知识。

4.3.1　什么是逻辑函数

逻辑函数的主要作用是判断真假值。逻辑函数是根据不同条件进行不同处理的函数，条件式中使用比较运算符指定逻辑式，并用逻辑值表示它的结果。逻辑值包括 TRUE 和 FALSE，条件成立时得到逻辑值 TRUE，条件不成立时得到逻辑值 FALSE。逻辑值或逻辑值式被经常利用，它把 IF 函数作为前提，其他的函数作为参数。

4.3.2　逻辑函数介绍

Excel 2013 中提供了 7 种逻辑函数，分别是 AND、FALSE、IF、IFERROR、NOT、OR 和 TRUE，其主要功能如表 4-2 所示。

表 4-2　逻辑函数

函　数	说　明
AND	如果其所有参数均为 TRUE，则返回逻辑值 TRUE
FALSE	返回逻辑值 FALSE
IF	指定需要执行的逻辑检测
IFERROR	如果公式计算出错误值，则返回指定的值；否则返回公式的计算结果
NOT	对其参数的逻辑值求反
OR	如果其任一参数为 TRUE，则返回逻辑值 TRUE
TRUE	返回逻辑值 TRUE

4.4　逻辑函数应用举例

在需要对工作表中的数据进行检测或者判断时，经常要用到逻辑函数。本节将列举一些常用的逻辑函数的应用案例，并对其进行详细的讲解。

4.4.1　使用 AND 函数检测产品是否合格

AND 函数用于判断多个条件是否同时成立，如果所有参数的计算结果都为 TRUE ，则返回 TRUE；只要有一个参数的计算结果为 FALSE，则返回 FALSE。下面将详细介绍 AND 函数的语法结构以及使用 AND 函数检测产品是否合格的方法。

1. 语法结构

AND(logical1[, logical2, …])

AND 函数具有以下参数。

logical1：要检验的第 1 个条件，其计算结果可以为 TRUE 或 FALSE。

logical2, …：要检验的其他条件，其计算结果可以为 TRUE 或 FALSE，最多可包含 255 个条件。

2. 参数说明

➤ 参数的计算结果必须是逻辑值(如 TRUE 或 FALSE),或者参数必须是包含逻辑值的数组或引用。

➤ 如果数组或引用参数中包含文本或空白单元格,则这些值将被忽略。

➤ 如果指定的单元格区域内包括非逻辑值,则 AND 函数将返回错误值"#VALUE!"。

3. 应用举例

本例将使用 AND 函数快速检测产品是否合格,下面详细介绍其操作方法。

第 1 步 选择 E2 单元格,在编辑栏中输入公式 "=AND(B2:D2="合格")"。

第 2 步 按 Ctrl+Shift+Enter 组合键,E2 单元格内显示 TRUE 表示合格,显示 FALSE 表示不合格。

第 3 步 选中 E2 单元格,向下拖动复制公式,即可检测其他产品是否合格,如图 4-12 所示。

E2			× ✓ fx	{=AND(B2:D2="合格")}	
	A	B	C	D	E	F
1	品名	检验员1	检验员2	检验员3	检验结果	
2	感温头	合格	合格	合格	TRUE	
3	海绵胶条	合格	合格	不合格	FALSE	
4	复合胶带	合格	不合格	不合格	FALSE	
5	门封条	不合格	不合格	不合格	FALSE	
6	塑封条	合格	合格	合格	TRUE	

图 4-12

4.4.2 使用 FALSE 函数判断两列数据是否相等

FALSE 函数用于返回逻辑值 FALSE。用户也可以直接在工作表或公式中输入文字 FALSE,Excel 会自动将它解释成逻辑值 FALSE。FALSE 函数主要用于与其他电子表格程序兼容。下面将详细介绍 FALSE 函数的语法结构以及使用 FALSE 函数判断两列数据是否相等的方法。

1. 语法结构

FALSE()

FALSE 函数没有参数。

2. 应用举例

本例将使用 FALSE 函数判断两列数据是否相等。工作表中,A、B 两列存放英文单词,A 列的单词是参照字符,B 列为手工录入数据,其中有部分错误,现在需要判断哪些单词输入有误。下面详细介绍其操作方法。

第 1 步 选择 C1 单元格,在编辑栏中输入公式 "=A1=B1"。

第 2 步 按 Enter 键,即可判断出第一行的结果。

第3步 选中 C1 单元格，向下拖动复制公式，即可一次性判断出所有结果，如图 4-13 所示。

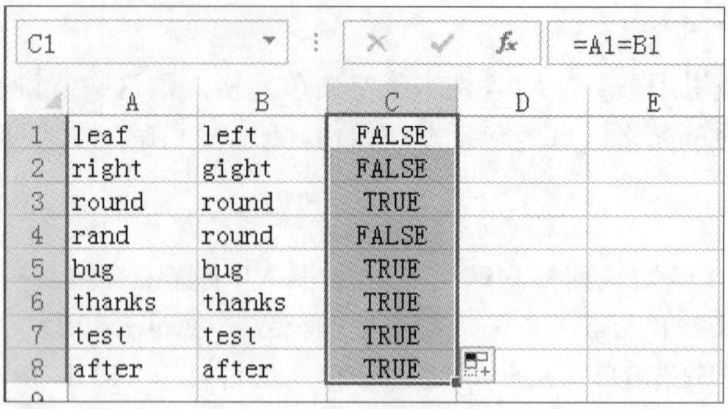

图 4-13

4.4.3 使用 IF 函数标注不及格考生

IF 函数用于在公式中设置判断条件，然后根据判断条件的结果(TRUE 或 FALSE)来返回不同的值。下面将详细介绍 IF 函数的语法结构以及使用 IF 函数标注不及格考生的方法。

1. 语法结构

IF(logical_test[, value_if_true, value_if_false])
IF 函数具有以下参数。

logical_test：计算结果为 TRUE 或 FALSE 的任意值或表达式。例如，A10=100 就是一个逻辑表达式；如果单元格 A10 中的值等于 100，则表达式的计算结果为 TRUE；否则，表达式的计算结果为 FALSE。此参数可以使用任何比较运算符。

value_if_true：当 logical_test 参数的计算结果为 TRUE 时所要返回的值。例如，如果此参数的值为文本字符串"预算内"，并且 logical_test 参数的计算结果为 TRUE，则 IF 函数返回文本"预算内"。如果 logical_test 的计算结果为 TRUE，并且省略 value_if_true 参数(即 logical_test 参数后仅跟一个逗号)，则 IF 函数返回 0(零)。若要显示单词 TRUE，要对 value_if_true 参数使用逻辑值 TRUE。

value_if_false：当 logical_test 参数的计算结果为 FALSE 时所要返回的值。例如，如果此参数的值为文本字符串"超出预算"，并且 logical_test 参数的计算结果为 FALSE，则 IF 函数返回文本"超出预算"。如果 logical_test 的计算结果为 FALSE，并且省略 value_if_false 参数(即 value_if_true 参数后没有逗号)，则 IF 函数返回逻辑值 FALSE。如果 logical_test 的计算结果为 FALSE，并且 value_if_false 参数为空(即 value_if_true 参数后有逗号，并紧跟着右括号)，则 IF 函数返回 0(零)。

2. 应用举例

本例将使用 IF 函数标注不及格考生，下面详细介绍其操作方法。

第1步 选择 C2 单元格，在编辑栏中输入公式"=IF(B2<60,"不及格","")"。

第2步 按 Enter 键，系统会在 C2 单元格内判断出该考生是否及格。

第3步　选中 C2 单元格，向下拖动复制公式，即可完成标注不及格考生的操作，如图 4-14 所示。

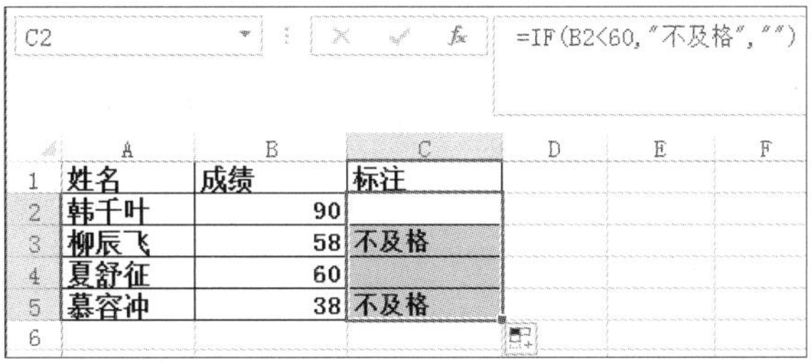

图 4-14

4.4.4　使用 IFERROR 函数检查数据的正确性

IFERROR 函数用于检查公式的计算结果是否为错误值，如果公式的计算结果为错误值，则返回指定的值；否则将返回公式的计算结果。下面将详细介绍 IFERROR 函数的语法结构以及使用 IFERROR 函数检查数据正确性的方法。

1. 语法结构

IFERROR(value, value_if_error)
IFERROR 函数具有以下参数。
value：需要检查是否存在错误的参数。
value_if_error：公式的计算结果为错误时要返回的值。计算得到的错误类型有："#N/A" "#VALUE!" "#REF!" "#DIV/0!" "#NUM!" "#NAME?" 或 "#NULL!"。

2. 应用举例

本例将使用 IFERROR 函数在当除数为空值(或 0 值)时，返回错误提示，下面详细介绍其操作方法。

第1步　选择 C2 单元格，在编辑栏中输入公式 "=IFERROR(A2/B2,"计算数据有错误")"。

第2步　按 Enter 键，即可返回计算结果。如果被除数为空值(或 0 值)，返回的计算结果为 0；如果除数为空值(或 0 值)，返回的计算结果为 "计算数据有错误"。

第3步　选中 C2 单元格，向下拖动复制公式，即可计算出其他两个数据相除的结果，如图 4-15 所示。

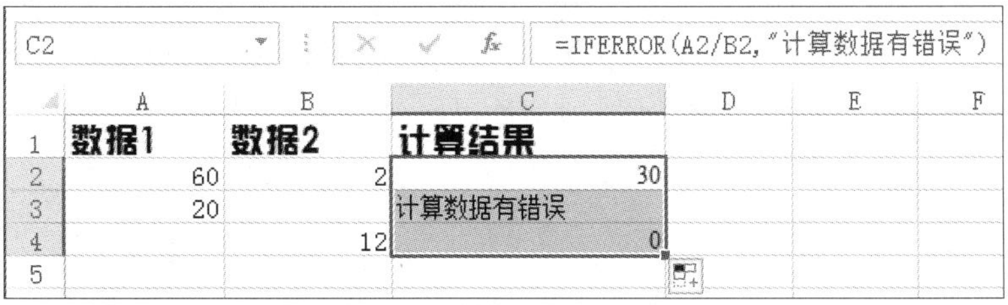

图 4-15

4.4.5　使用 NOT 函数进行筛选

NOT 函数用于对逻辑值求反。如果逻辑值为 FALSE，NOT 函数将返回 TRUE；如果逻辑值为 TRUE，NOT 函数将返回 FALSE。下面将详细介绍 NOT 函数的语法结构以及使用 NOT 函数进行筛选的方法。

1. 语法结构

NOT(logical)
NOT 函数具有以下参数。
logical：一个计算结果可以为 TRUE 或 FALSE 的值或表达式。

2. 应用举例

本例将使用 NOT 函数对当前工作表中的员工进行筛选，性别为女则返回 FALSE 值，反之则返回 TRUE 值，下面详细介绍其操作方法。

第 1 步 选择 F3 单元格，在编辑栏中输入公式"=NOT(B3="女")"。

第 2 步 按 Enter 键，即可看到筛选结果。

第 3 步 选中 F3 单元格，向下拖动复制公式，即可对所有员工进行筛选，如图 4-16 所示。

F3		▼	⋮	×	✓	*fx*	=NOT(B3="女")	
▲	A	B	C	D	E	F	G	

员工考核表

	姓名	性别	笔试	实际操作	实际操作2	考评	
3	韩千叶	女	90	97	93	FALSE	
4	柳辰飞	男	57	93	93	TRUE	
5	夏舒征	女	97	86	87	FALSE	
6	慕容冲	男	97	86	87	TRUE	
7	萧合凰	女	68	96	78	FALSE	
8	阮停	男	68	97	67	TRUE	
9	西粼宿	女	68	96	68	FALSE	
10	孙祈钒	男	96	86	96	TRUE	

图 4-16

4.4.6　使用 OR 函数判断员工考核是否达标

OR 函数用于判断多个条件中是否至少有一个条件成立，只要有一个参数为逻辑值 TRUE，OR 函数就会返回 TRUE；如果所有参数都为逻辑值 FALSE，OR 函数才返回 FALSE。下面将详细介绍 OR 函数的语法结构以及使用 OR 函数判断员工考核是否达标的方法。

1. 语法结构

OR(logical1[, logical2, …])

OR 函数具有以下参数。

logical1：第 1 个需要进行测试的条件。

logical2, …：第 2 到 255 个需要进行测试的条件。

2. 应用举例

本例将使用 OR 函数判断员工考核是否达标，下面详细介绍其操作方法。

第 1 步 选择 F3 单元格，在编辑栏中输入公式 "= OR(C3>=90,D3>=90,E3>=90)"。

第 2 步 按 Enter 键，即可计算出该员工在技能考核中是否达标(TRUE 表示达标，FALSE 表示没有达标)。

第 3 步 选中 F3 单元格，向下拖动复制公式，这样即可计算出其他员工在技能考核中是否达标，如图 4-17 所示。

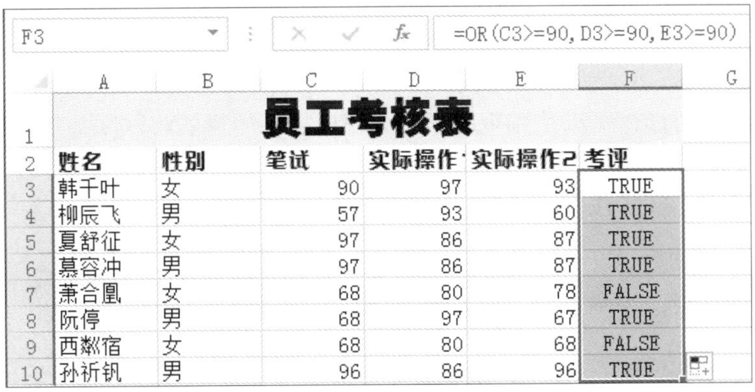

图 4-17

4.4.7　使用 TRUE 函数判断两列数据是否相同

TRUE 函数用于返回逻辑值 TRUE。下面将详细介绍 TRUE 函数的语法结构以及使用 TRUE 函数判断两列数据是否相同的方法。

1. 语法结构

TRUE()

TRUE 函数没有参数。

2. 应用举例

本例将使用 TRUE 函数判断两列数据是否相同，下面详细介绍其操作方法。

第 1 步 选择 C2 单元格，在编辑栏中输入公式 "=A2=B2"。

第 2 步 按 Enter 键，即可判断出 A2 单元格中的数据是否与 B2 单元格中的数据相同。

第 3 步 选中 C2 单元格，向下拖动复制公式，即可判断 A 列数据与 B 列数据是否相同，如果相同则返回 TRUE，不相同则返回 FALSE，如图 4-18 所示。

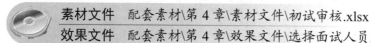

图 4-18

4.5 实践案例与上机指导

通过本章的学习，读者基本可以掌握文本与逻辑函数的基本知识以及一些常见的操作方法。下面通过练习操作，以达到巩固学习、拓展提高的目的。

4.5.1 使用 IF 和 NOT 函数选择面试人员

在对应聘人员进行考核之后，可以使用 IF 函数配合 NOT 函数对应聘人员进行筛选，使分数达标者具有面试资格，下面将详细介绍其操作方法。

> 素材文件　配套素材\第 4 章\素材文件\初试审核.xlsx
> 效果文件　配套素材\第 4 章\效果文件\选择面试人员.xlsx

第 1 步 选择 E2 单元格，在编辑栏中输入公式 "=IF(NOT(D2<=120),"面试","")"。

第 2 步 按 Enter 键，在 E2 单元格中，系统会自动对具有面试资格的应聘人员标注"面试"信息。

第 3 步 选中 E2 单元格，向下拖动复制公式，即可完成选择面试人员的操作，如图 4-19 所示。

图 4-19

4.5.2 使用 IF 和 OR 函数对产品进行分类

在日常工作中，如果希望对两个种类的产品进行分类，可以利用 IF 函数搭配 OR 函数来完成，下面将详细介绍其操作方法。

素材文件　配套素材\第 4 章\素材文件\划分商品类别.xlsx
效果文件　配套素材\第 4 章\效果文件\对产品进行分类.xlsx

第 1 步　选择 B2 单元格,在编辑栏中输入公式"=IF(OR(A2="洗衣机",A2="电视",A2="空调"),"家电类","数码类")"。

第 2 步　按 Enter 键,在 B2 单元格中,系统会自动对商品进行分类。

第 3 步　选中 B2 单元格,向下拖动复制公式,即可完成对产品进行分类的操作,如图 4-20 所示。

图 4-20

4.5.3　根据年龄判断职工是否退休

本例将使用 OR 函数和 AND 函数来判断职工是否退休。假设男职工大于 60 岁退休,女职工大于 55 岁退休,需要判断工作表中的 10 名职工是否已经退休。下面将详细介绍其操作方法。

素材文件　配套素材\第 4 章\素材文件\职工退休表.xlsx
效果文件　配套素材\第 4 章\效果文件\是否退休.xlsx

第 1 步　选择 D2 单元格,在编辑栏中输入公式"=OR(AND(B2="男",C2>60),AND(B2="女",C2>55))"。

第 2 步　按 Enter 键,即可对第一个职工进行判断。

第 3 步　选中 D2 单元格,拖动鼠标复制公式,这样即可一次性判断所有员工是否退休,如图 4-21 所示。

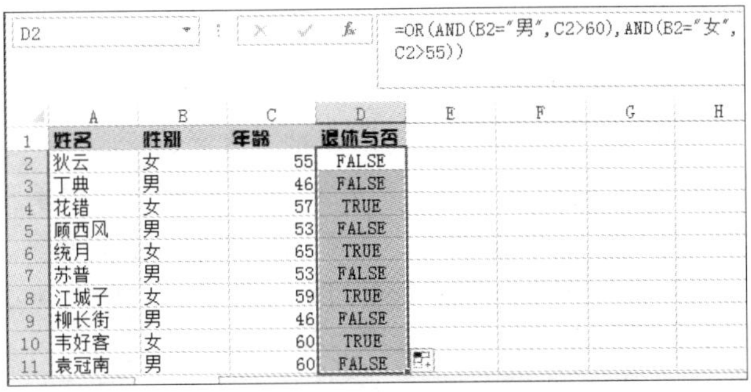

图 4-21

4.5.4 比对文本

函数 EXACT 区分大小写，但忽略格式上的差异。可以通过 EXACT 函数对录入的数据进行比对，下面将详细介绍其操作方法。

素材文件 配套素材\第 4 章\素材文件\邀请码比对.xlsx

效果文件 配套素材\第 4 章\效果文件\比对文本.xlsx

第 1 步 选择 C2 单元格，在编辑栏中输入公式"=IF(EXACT(A2,B2), "可用","不可用")"。

第 2 步 按 Enter 键，如果两组邀请码相同，则在 C2 单元格内显示"可用"信息，反之则显示"不可用"信息。

第 3 步 选中 C2 单元格，向下拖动复制公式，即可完成比对文本的操作，如图 4-22 所示。

	A	B	C	D	E	F
1	原始邀请码	录入邀请码	检测结果			
2	AS34DFG	AS35DFG	不可用			
3	n7eDwS7	n7eDwS8	不可用			
4	2z3eWUG	2z3eWUG	可用			
5	pb5KT1p	pb5KT1p	可用			
6	5g6IL5D	5g6IL6d	不可用			
7	R1poMEw	R1poMEw	可用			
8	70g7iqQ	70g8iqQ	不可用			

C2 栏公式：=IF(EXACT(A2,B2), "可用","不可用")

图 4-22

4.6 思考与练习

一、填空题

1. 文本函数可以分为两类，即_____和_____。使用文本转换函数可以对字母的大小写、数字的类型和全角/半角等进行转换，而文本处理函数则用于提取文本中的字符、删除文本中的空格、合并文本和重复输入文本等。

2. 在公式中，文本数据需要包含在一对_____中才可使用。

3. 默认情况下，在单元格中输入数值和日期时，自动使用_____方式；错误值和逻辑值自动以_____方式显示；而文本则自动以左对齐方式显示。

4. 逻辑函数的主要作用是判断_____。逻辑函数是根据不同条件进行不同处理的函数，条件式中使用_____指定逻辑式，并用逻辑值表示它的结果。

5. _____函数用于将一个文本字符串中的所有大写字母转换为小写字母。

6. _____函数可以使用其他文本字符串并根据指定的字符数替换另一文本字符串中的部分文本。

二、判断题

1. 在 Excel 2013 中，数据主要分为文本、数值、逻辑值和错误值等几种类型。其中，文本数据主要是指常规的字符串，如姓名、名称、英文单词等。在单元格中输入姓名等常规的字符串时，即被系统识别为文本。　　　　　　　　　　　　　　　　　（　　）

2. 除了输入的文本外，使用 Excel 的文本函数、文本合并运算符计算得到的结果也是文本类型。另外，文本中有一个特殊的值，即空文本，使用一对半角双引号表示，是一个字符长度为 0 的文本数据，常用来将计算结果显示为"空"。　　　　　　　　（　　）

3. 使用 Enter 键得到的值是有长度的值，虽然看不到，实际上是具有长度的。（　　）

4. 逻辑值包括 TRUE 和 FALSE，可用于表示指定条件是否成立。　　　　（　　）

5. Excel 2013 中提供了 7 种逻辑函数，分别是 ASC、FALSE、IF、IFERROR、NOT、OR 和 TRUE。　　　　　　　　　　　　　　　　　　　　　　　　　　（　　）

6. PROPER 函数用于将文本字符串的首字母及任何非字母字符之后的首字母转换成大写，将其余的字母转换成小写。　　　　　　　　　　　　　　　　　　（　　）

三、思考题

1. 如何使用 LOWER 函数将文本转换为小写？

2. 如何使用 TRUE 函数判断两列数据是否相同？

新起点
电脑教程

第 **5** 章

日期与时间函数

本章要点

- 日期函数
- 日期函数应用举例
- 时间函数
- 时间函数应用举例

本章主要内容

　　本章主要介绍日期函数和时间函数方面的基本知识，同时还讲解一些常用的日期函数和时间函数的应用。通过本章的学习，读者可以掌握日期与时间函数方面的知识，为深入学习 Excel 2013 公式、函数、图表与数据分析知识奠定基础。

5.1 日 期 函 数

在 Excel 2013 中，日期数据是非常重要的数据类型之一，除了文本和数值数据以外，日期数据也是在日常工作中经常接触的数据类型。本节将详细介绍日期函数的相关知识。

5.1.1 Excel 提供的两种日期系统

Excel 提供了两种日期系统，即 1900 日期系统和 1904 日期系统，它们的最大区别在于起始日期不同。1900 日期系统的起始日期是 1900 年 1 月 1 日，而 1904 日期系统的起始日期是 1904 年 1 月 1 日。默认情况下，Windows 中的 Excel 使用 1900 日期系统，而 Macintosh 中的 Excel 使用 1904 日期系统。为了保持兼容性，Windows 中的 Excel 提供了额外的 1904 日期系统。如果用户需要使用 1904 日期系统，可以执行以下操作。

第 1 步 打开 Excel 2013，切换到【文件】选项卡，选择【选项】菜单项，弹出【Excel 选项】对话框。

第 2 步 切换到【高级】选项卡，在【计算此工作簿时】选项组中，选中【使用 1904 日期系统】复选框，单击【确定】按钮，如图 5-1 所示，这样即可完成使用 1904 日期系统的操作。

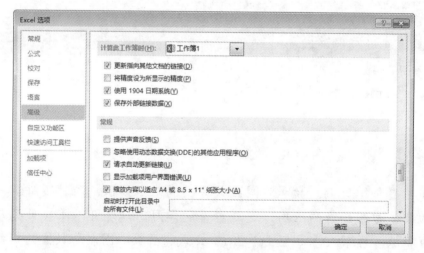

图 5-1

5.1.2 日期序列号和时间序列号

Excel 2013 支持的日期范围是从 1900 年 1 月 1 日至 9999 年 12 月 31 日。日期序列号是指将 1900 年 1 月 1 日定义为 1，将 1990 年 1 月 2 日定义为 2，将 9999 年 12 月 31 日定义为 n 产生的数值序列。因此，对日期的计算和处理实质上是对日期序列号的计算和处理。

如果将日期序列号扩展到小数，就得到时间序列号。如一天包括 24 个小时，那么第 1 个小时则表示为 1/24，即 0.0417；第 2 个小时则表示为 2/24，即 0.0833；……第 24 个小时

则表示为 24/24，即 1。所以，对时间的计算和处理实质上是对时间序列号的计算和处理。

5.1.3　常用的日期函数

在 Excel 中，日期函数主要用于对日期序列号进行计算。表 5-1 中列出了常用的日期函数及其功能。

表 5-1　常用的日期函数及其功能

函　数	功　能
DATE	返回特定日期的序列号
DATEVALUE	将文本格式的日期转换为序列号
DAY	将序列号转换为月份日期
DAYS360	以一年 360 天为基准计算两个日期间的天数
EDATE	返回用于表示开始日期之前或之后月数的日期的序列号
EOMONTH	返回指定月数之前或之后的月份的最后一天的序列号
MONTH	将序列号转换为月
NETWORKDAYS	返回两个日期间的全部工作日数
NOW	返回当前日期和时间的序列号
TODAY	返回今天日期的序列号
WEEKDAY	将序列号转换为星期日
WEEKNUM	将系列号转换为代表该星期为一年中第几周的数字
WORKDAY	返回指定的若干个工作日之前或之后的日期的序列号
YEAR	将序列号转换为年

5.2　日期函数应用举例

Excel 2013 中的数据包括三类，分别是数值、文本和公式，日期则是数值中的一种，用户可以对日期进行处理。本节将列举一些常用的日期函数的应用案例，并对其进行详细的讲解。

5.2.1　使用 DATE 函数计算已知第几天对应的准确日期

DATE 函数用于返回表示特定日期的序列号。下面将详细介绍 DATE 函数的语法结构以及使用 DATE 函数计算已知第几天对应的准确日期的方法。

1. 语法结构

DATE(year,month,day)
DATE 函数具有以下参数。

year：可以包含 1～4 位数字。Excel 将根据计算机所使用的日期系统来解释 year 参数。默认情况下，Windows 中的 Excel 将使用 1900 日期系统，而 Macintosh 中的 Excel 将使用 1904 日期系统。

以 1900 日期系统为例：

➢ 如果 year 介于 0(零)到 1899 之间(包含这两个值)，则 Excel 会将该数值与 1900 相加来计算年份。例如，DATE(108,1,2)将返回 2008 年 1 月 2 日(1900+108)。

➢ 如果 year 介于 1900 到 9999 之间(包含这两个值)，则 Excel 将使用该数值作为年份。例如，DATE(2016,1,2)将返回 2016 年 1 月 2 日。

➢ 如果 year 小于 0 或大于等于 10000，则 Excel 将返回错误值 "#NUM!"。

month：一个正整数或负整数，表示一年中从 1 月至 12 月(一月到十二月)的各个月。

➢ 如果 month 大于 12，则 month 从指定年份的一月份开始累加该月份数。例如，DATE(2008,14,2)返回表示 2009 年 2 月 2 日的序列号。

➢ 如果 month 小于 1，则 month 从指定年份的一月份开始递减该月份数，然后再减去 1 个月。例如，DATE(2008,-3,2)返回表示 2007 年 9 月 2 日的序列号。

day：一个正整数或负整数，表示一月中从 1 日到 31 日的各天。

➢ 如果 day 大于指定月份的天数，则 day 从指定月份的第一天开始累加该天数。例如，DATE(2008,1,35)返回表示 2008 年 2 月 4 日的序列号。

➢ 如果 day 小于 1，则 day 从指定月份的第一天开始递减该天数，然后再减去 1 天。例如，DATE(2008,1,-15)返回表示 2007 年 12 月 16 日的序列号。

2. 应用举例

如果已知某日期是某一年中的第几天，那么可以使用 DATE 函数计算其对应的准确日期，下面将具体介绍其操作方法。

第 1 步 选择 B2 单元格，在编辑栏中输入公式 "=DATE(2016,1,A2)"。

第 2 步 按 Enter 键，即可计算出 2016 年第 10 天对应的日期。

第 3 步 选中 B2 单元格，向下拖动复制公式，即可快速返回第 N 天对应的日期，如图 5-2 所示。

	A	B	C	D
			fx	=DATE(2016,1,A2)
1	**2016年的第N天**	**准确日期**		
2	10	2016/1/10		
3	20	2016/1/20		
4	50	2016/2/19		
5	200	2016/7/18		
6	300	2016/10/26		
7	350	2016/12/15		

图 5-2

5.2.2 使用 DATEVALUE 函数计算完成计划内容所需天数

DATEVALUE 函数用于将存储为文本的日期转换为 Excel 识别为日期的序列号。例如，公式 "=DATEVALUE("2008-1-1")" 返回 2008 年 1 月 1 日的序列号 39448。下面将详细介绍 DATEVALUE 函数的语法结构和使用 DATEVALUE 函数计算完成计划内容所需天数的方法。

1. 语法结构

DATEVALUE(date_text)

DATEVALUE 函数具有以下参数。

date_text：以 Excel 日期格式表示的日期对应的文本，或者是对以 Excel 日期格式表示的日期对应的文本所在单元格的单元格引用。使用 1900 日期系统时，date_text 参数必须表示 1900 年 1 月 1 日到 9999 年 12 月 31 日之间的某个日期。使用 1904 日期系统时，date_text 参数必须表示 1904 年 1 月 1 日到 9999 年 12 月 31 日之间的某个日期。如果 date_text 参数的值超出上述范围，则 DATEVALUE 函数将返回错误值 "#VALUE!"。

2. 应用举例

每个月初不管是员工还是老板都可能会做一个工作计划表，计划表中要包含计划内容、任务开始日期、任务完成日期、所需天数等。下面将详细介绍使用 DATEVALUE 函数计算完成计划所需天数的方法。

第 1 步 选中 D4 单元格，在编辑栏中输入公式 "=DATEVALUE(C4)-DATEVALUE(B4)"。

第 2 步 按 Enter 键，即可计算出完成第一项计划内容需要的天数。

第 3 步 选中 D4 单元格，向下拖动鼠标复制公式，即可计算出完成其他计划内容需要的天数，如图 5-3 所示。

图 5-3

5.2.3　使用 DAYS360 函数计算两个日期间的天数

DAYS360 函数用于按照一年 360 天的算法(每个月以 30 天计，一年共计 12 个月)，返回两个日期间相差的天数，这在一些会计计算中将会用到。如果会计系统是基于一年 12 个月、每月 30 天，则可用此函数帮助计算支付款项。下面将详细介绍 DAYS360 函数的语法结构和使用 DAYS360 函数计算两个日期间的天数的方法。

1. 语法结构

DAYS360(start_date,end_date[,method])

DAYS360 函数具有以下参数。

start_date、end_date：要计算期间天数的起止日期。

method：一个逻辑值，指定在计算中是采用欧洲方法还是美国方法。

2. 应用举例

本例将使用 DAYS360 函数按照一年 360 天的算法，计算出两个日期间的天数，下面详细介绍其操作方法。

第 1 步　工作表的 A2、A3 单元格中显示了将要计算的两个日期，在 B2 单元格中输入公式 "=DAYS360(A2,A3)"。

第 2 步　按 Enter 键，即可按照一年 360 天的算法，计算出 2016 年 1 月 30 日与 2016 年 2 月 1 日之间的天数，如图 5-4 所示。

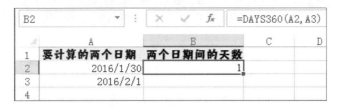

图 5-4

5.2.4　使用 DAY 函数计算指定日期对应的天数

DAY 函数用于返回以序列号表示的某日期的天数，用整数 1 到 31 表示。下面将详细介绍 DAY 函数的语法结构以及使用 DAY 函数计算指定日期对应天数的方法。

1. 语法结构

DAY(serial_number)

DAY 函数具有以下参数。

serial_number：要查找的那一天的日期。

2. 应用举例

本例将使用 DAY 函数计算指定日期对应的天数，下面详细介绍其操作方法。

第 1 步　在 B1 单元格中输入公式 "=DAY(A1)"。

第 2 步　按 Enter 键，即可返回指定日期对应的天数，如图 5-5 所示。

B1		fx	=DAY(A1)
	A	B	C	D	E
1	2016/2/12	12			
2					

图 5-5

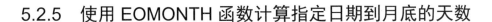

5.2.5　使用 EOMONTH 函数计算指定日期到月底的天数

EOMONTH 函数用于返回某个月份最后一天的序列号。使用 EOMONTH 函数可以计算出正好在特定月份中最后一天的到期日。下面将详细介绍 EOMONTH 函数的语法结构以及使用 EOMONTH 函数计算指定日期到月底的天数。

1. 语法结构

EOMONTH(start_date, months)

EOMONTH 函数具有以下参数。

start_date：代表开始日期的日期。应使用 DATE 函数输入日期，或者将日期作为其他公式或函数的结果输入。

months：start_date 之前或之后的月份数。months 为正值，将生成未来日期；为负值，将生成过去日期。

2. 应用举例

计算指定日期到月底的天数，首先需要使用 EOMONTH 函数计算出相应的月末日期，然后再减去指定日期，下面将详细介绍计算其操作方法。

第 1 步　选择 B2 单元格，在编辑栏中输入公式 "=EOMONTH(A2,0)-A2"。

第 2 步　按 Enter 键，即可计算出指定日期到月底的天数。

第 3 步　选中 B2 单元格，向下拖动复制公式，这样即可计算出其他指定日期到月底的天数(默认返回日期值)，如图 5-6 所示。

B2			fx	=EOMONTH(A2,0)-A2		
	A	B		C	D	E
1	活动起始日	活动天数				
2	2016/10/1	1900/1/30				
3	2016/9/1	1900/1/29				
4	2016/8/1	1900/1/30				
5	2016/7/1	1900/1/30				
6	2016/6/1	1900/1/29				
7	2016/5/1	1900/1/30				

图 5-6

第 4 步　选中返回的结果，重新设置其单元格格式为【常规】，这样即可显示出天数，如图 5-7 所示。

B2			fx	=EOMONTH(A2,0)-A2		
	A	B		C	D	E
1	活动起始日	活动天数				
2	2016/10/1	30				
3	2016/9/1	29				
4	2016/8/1	30				
5	2016/7/1	30				
6	2016/6/1	29				
7	2016/5/1	30				

图 5-7

5.2.6 使用 MONTH 函数计算指定日期的月份

MONTH 函数用于返回以序列号表示的日期中的月份。月份是介于 1(一月)到 12(十二月)之间的整数。下面将详细介绍 MONTH 函数的语法结构和使用 MONTH 函数计算指定日期的月份的方法。

1. 语法结构

MONTH(serial_number)
MONTH 函数具有以下参数。
serial_number：要查找的月份的日期。

2. 应用举例

本例将使用 MONTH 函数计算指定日期的月份，下面详细介绍其操作方法。

第 1 步 选择 B2 单元格，在编辑栏中输入公式 "=MONTH(A2)"。

第 2 步 按 Enter 键，即可返回指定日期的月份，如图 5-8 所示。

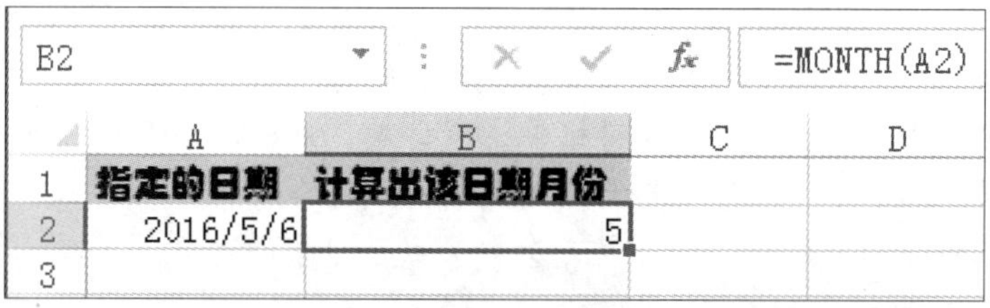

图 5-8

5.2.7 使用 NOW 函数得到当前的日期和时间

NOW 函数用于返回当前日期和时间所对应的序列号。下面将详细介绍 NOW 函数的语法结构和使用 NOW 函数得到当前的日期和时间的方法。

1. 语法结构

NOW()
该函数没有参数，但是必须要有一对小括号。而且括号中若输入任何参数，都会返回错误值。

2. 应用举例

本例将使用 NOW 函数得到当前的日期和时间，下面详细介绍其操作方法。

第 1 步 在 A2 单元格中输入公式 "=TEXT(NOW(),"m 月 d 日 h:m:s")"。

第 2 步 按 Enter 键，即可得到当前的日期和时间，如图 5-9 所示。

图 5-9

5.2.8　使用 TODAY 函数推算春节倒计时

TODAY 函数用于返回当前日期的序列号。下面将详细介绍 TODAY 函数的语法结构以及使用 TODAY 函数推算春节倒计时的方法。

1. 语法结构

TODAY()

该函数没有参数，但是必须要有一对小括号。而且括号中若输入任何参数，都会返回错误值。

2. 应用举例

已知 2016 年的春节为 2 月 8 日，用户可以使用 TODAY 函数对春节倒计时进行推算，下面详细介绍其操作方法。

第 1 步 选择 A2 单元格，在编辑栏中输入公式 "="2016-2-8"-TODAY()"。

第 2 步 按 Enter 键，系统会自动在 A2 单元格内计算出距离春节到来的天数，如图 5-10 所示。

图 5-10

5.2.9　使用 WEEKDAY 函数返回指定日期的星期值

WEEKDAY 函数用于返回某日期为星期几。默认情况下，其值为 1(星期天)到 7(星期六)之间的整数。下面将详细介绍 WEEKDAY 函数的语法结构以及使用 WEEKDAY 函数返回指定日期的星期值的方法。

1. 语法结构

WEEKDAY(serial_number[,return_type])
WEEKDAY 函数具有以下参数。

serial_number: 一个序列号，代表尝试查找的那一天的日期。

return_type: 用于确定返回值类型的数字，如表 5-2 所示。

表 5-2 return_type 返回值类型说明

return_type	返回值
1 或省略	数字 1(星期日)到数字 7(星期六)
2	数字 1(星期一)到数字 7(星期日)
3	数字 0(星期一)到数字 6(星期日)
11	数字 1(星期一)到数字 7(星期日)
12	数字 1(星期二)到数字 7(星期一)
13	数字 1(星期三)到数字 7(星期二)
14	数字 1(星期四)到数字 7(星期三)
15	数字 1(星期五)到数字 7(星期四)
16	数字 1(星期六)到数字 7(星期五)
17	数字 1(星期日)到 7(星期六)

2. 应用举例

如果在工作中需要计算值日表中的星期值，可以通过 WEEKDAY 函数来完成，下面将详细介绍其操作方法。

第 1 步　选择 C2 单元格，在编辑栏中输入公式 "=WEEKDAY($B2,2)"。

第 2 步　按 Enter 键，系统会在 C2 单元格内计算出该人员的值日时间对应的星期值。

第 3 步　选中 C2 单元格，向下拖动复制公式至其他单元格，即可完成返回其他人员值日时间对应的星期值的操作，如图 5-11 所示。

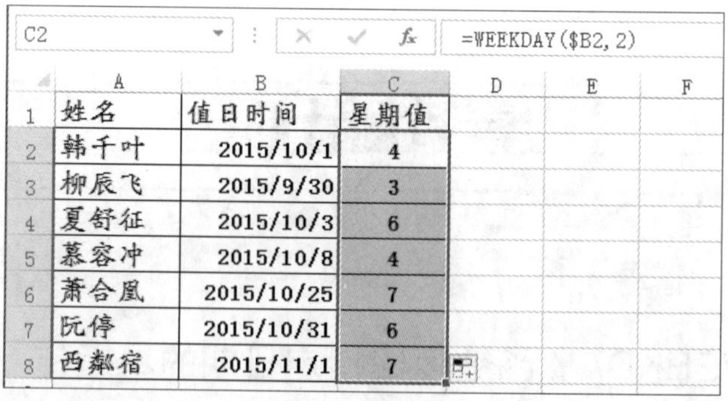

图 5-11

知识精讲

在 Excel 2013 中，可将日期存储为可用于计算的序列数。默认情况下，1900 年 1 月 1 日的序列号是 1，而 2008 年 1 月 1 日的序列号是 39448，这是因为它距 1900 年 1 月 1 日有 39448 天。

5.2.10　使用 WORKDAY 函数计算项目完成日期

WORKDAY 函数用于返回在某日期(起始日期)之前或之后、与该日期相隔指定工作日的某一日期的日期值。工作日不包括周末和专门指定的假日。下面将详细介绍 WORKDAY 函数的语法结构以及使用 WORKDAY 函数计算项目完成日期的方法。

1. 语法结构

WORKDAY(start_date, days[,holidays])
WORKDAY 函数语法具有以下参数。
start_date：代表开始日期的日期。
days：start_date 之前或之后不含周末及节假日的天数。days 为正值，将生成未来日期；为负值，将生成过去日期。
holidays：一个可选列表，其中包含需要从工作日历中排除的一个或多个日期，如各种省/市/自治区和国家/地区的法定假日及非法定假日。

2. 应用举例

有一个项目,除去节假日和休息日,必须在 90 个工作日内完成,本例将使用 WORKDAY 函数来计算项目完成的日期,下面详细介绍其操作方法。

第 1 步 选择 B6 单元格，在编辑栏中输入公式 "=WORKDAY(B2,B3,B4:D5)"。

第 2 步 按 Enter 键，即可计算出该项目的完成日期，如图 5-12 所示。

图 5-12

5.3　时　间　函　数

Excel 中除了提供许多日期函数以外，还提供了部分用于处理时间的函数。本节将详细介绍时间函数的相关知识。

5.3.1　时间的加减运算

时间与日期一样，也可以进行数学运算，只是在处理时间的时候，一般只会对其进行加法和减法的运算。

例如，员工的上班时间为"2000-4-3 08:00"，那么计算工作 8 小时后的下班时间的公式为"="2000-4-3 08:00"+TIME(8,0,0)"，其结果为"2000-4-3 16:00"。

5.3.2 时间的取舍运算

在日常工作中，如果人事部门需要对员工的加班时间进行统计和计算，例如要求加班时间不超过半个小时按半个小时计算，若超过半个小时但不足 1 小时，则按 1 小时计算，就会涉及时间的舍入运算。

时间的舍入运算与常规的数值运算原理相同，都可以使用 ROUND 函数、ROUNDUP 函数或者 TRUNC 函数(详见第 6 章)来进行相应的处理。

5.3.3 常用的时间函数

时间函数可以针对月数、天数、小时、分钟以及秒进行计算，常用的时间函数及其功能如表 5-3 所示。

表 5-3 常用的时间函数及其功能

函 数	功 能
HOUR	将序列号转换为小时
MINUTE	将序列号转换为分钟
SECOND	将序列号转换为秒
TIME	返回特定时间的序列号
TIMEVALUE	将文本格式的时间转换为序列号

5.4 时间函数应用举例

为了提高计算速度，Excel 提供了很多时间函数。本节将列举一些常用的时间函数的应用案例，并对其进行详细地讲解。

5.4.1 使用 HOUR 函数计算电影播放时长

HOUR 函数用于返回时间值的小时数，即一个介于 0(12:00 AM)到 23(11:00 PM)之间的整数。下面将详细介绍 HOUR 函数的语法结构以及使用 HOUR 函数计算电影播放时长的方法。

1. 语法结构

HOUR(serial_number)
HOUR 函数具有以下参数。

serial_number：一个时间值，其中包含要查找的小时。时间有多种输入方式：带引号的文本字符串(如"6:45 PM")、十进制数(如 0.78125，表示 6:45 PM)或其他公式或函数的结果(如 TIMEVALUE("6:45 PM"))。

2. 应用举例

假如电影院中有 4 个放映厅，每个放映厅播放电影的时间不同，播放的影片也不同，可以使用 HOUR 函数对每部电影的播放时长进行计算，需要注意的是 HOUR 函数只返回整数，下面详细介绍其操作方法。

第 1 步 选择 E2 单元格，在编辑栏中输入公式 "=HOUR(D2-C2)"。

第 2 步 按 Enter 键，系统会在 E2 单元格内计算出该影片的播放时长。

第 3 步 选中 E2 单元格，向下拖动复制公式至其他单元格，即可完成计算电影播放时长的操作，如图 5-13 所示。

放映厅	电影名称	播放时间	结束时间	播放时长
玫瑰厅	大白鲨	13:00	14:30	1
百合厅	虎口脱险	13:30	15:30	2
槐花厅	失恋55天	13:40	16:00	2
水仙厅	铁西区	13:50	22:10	8

图 5-13

知识精讲

HOUR 函数在返回小时数值的时候，提取的是实际小时数与 24 的差值。例如，若实际小时数为 28，则 HOUR 函数将返回数值 4。HOUR 函数中的参数必须为数值型数据，如数字、文本格式的数字或者表达式。如果是文本，则会返回错误值 "#VALUE!"。

5.4.2　使用 MINUTE 函数精确到分钟计算工作时间

MINUTE 函数用于返回时间值中的分钟，为一个介于 0 到 59 之间的整数。下面将详细介绍 MINUTE 函数的语法结构以及使用 MINUTE 函数精确到分钟计算工作时间的方法。

1. 语法结构

MINUTE(serial_number)

MINUTE 函数具有以下参数。

serial_number：一个时间值，其中包含要查找的分钟。

2. 应用举例

工厂每天上班分三班，即平均每人每天上班 8 小时左右，下一班再接着上，现需要统计每个人员扣除休息时间后的上班时间，以小时为单位，下面将详细介绍其操作方法。

第1步 选择 E2 单元格，在编辑栏中输入公式 "=HOUR(C2)+MINUTE(C2)/60-HOUR(B2)-MINUTE(B2)/60-D2+24*(C2<B2)" 。

第2步 按 Enter 键，即可计算出第一名职工的工作时间。

第3步 选中 E2 单元格，向下拖动复制公式，这样即可计算出其他职工的工作时间，如图 5-14 所示。

| E2 | ▼ : ✕ ✓ fx | =HOUR(C2)+MINUTE(C2)/60-HOUR(B2)
-MINUTE(B2)/60-D2+24*(C2<B2) |

	A	B	C	D	E	F
1	姓名	上班时间	下班时间	休息时间（小时）	工作时间（小时）	
2	韩千叶	8:00	17:30	1.50	8.00	
3	柳辰飞	23:55	7:50	0.50	7.42	
4	夏舒征	16:30	2:00	1.00	8.50	
5	慕容冲	8:20	17:00	1.50	7.17	
6	萧合凰	0:00	8:00	0.50	7.50	
7	阮停	15:50	23:55	1.00	7.08	
8	西粼宿	23:20	8:00	1.50	7.17	
9	孙祈钒	8:10	16:25	0.50	7.75	
10	狄云	16:00	23:38	1.00	6.63	
11	丁典	0:00	7:50	1.00	6.83	
12						

图 5-14

知识精讲

本例公式中首先利用 HOUR 函数计算工作的小时数，用 MINUTE 函数计算分钟数，再将分钟数除以 60 转换成小时数，两者相加再扣除休息时间即为工作时间。为了防止出现负数，当上班时间的小时数大于下班时间的小时数时，应加 24 小时做调节。MINUTE 函数统计分钟时只计算整数，秒数不会转换为小数。

5.4.3 使用 SECOND 函数计算选手之间相差的秒数

SECOND 函数用于返回时间值的秒数，返回的秒数为 0 到 59 之间的整数。下面将详细介绍 SECOND 函数的语法结构以及使用 SECOND 函数计算选手之间相差的秒数的方法。

1. 语法结构

SECOND(serial_number)

SECOND 函数具有以下参数。

serial_number：一个时间值，其中包含要查找的秒数。

2. 应用举例

在赛跑比赛中，通常几秒钟即会影响一名选手的排名，用户可以使用 SECOND 函数来精确地计算出两个选手之间相差的秒数，下面详细介绍其操作方法。

第 1 步 选择 C3 单元格，在编辑栏中输入公式“=SECOND(B3-B2)”。

第 2 步 按 Enter 键，系统会在 C3 单元格内计算出两名选手之间相差的秒数。

第 3 步 选中 C3 单元格，向下拖动复制公式至其他单元格，即可完成计算选手之间相差的秒数的操作，如图 5-15 所示。

C3　=SECOND(B3-B2)

	A	B	C
1	千米达标统计		
2	第一名	0:03:20	相差秒数
3	第二名	0:03:23	3
4	第三名	0:03:33	10
5	第四名	0:03:44	11
6	第五名	0:03:47	3
7	第六名	0:03:50	3
8	第七名	0:03:55	5

Sheet1　Sheet2　Sheet3

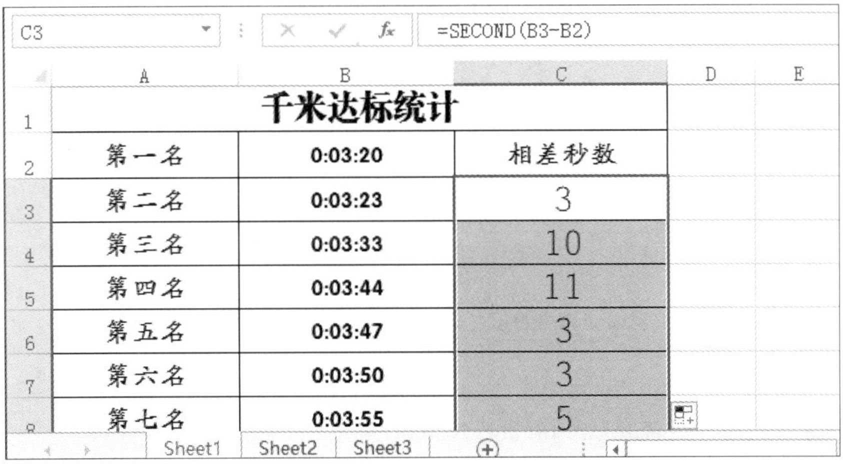

图 5-15

5.4.4　使用 TIME 函数计算比赛到达终点的时间

TIME 函数用于返回某一特定时间的小数值。TIME 函数返回的小数值为 0(零)到 0.99999999 之间的数值，代表从 0:00:00(12:00:00 AM)到 23:59:59(11:59:59 PM)之间的时间。下面将详细介绍 TIME 函数的语法结构以及使用 TIME 函数计算比赛到达终点时间的方法。

1. 语法结构

TIME(hour, minute, second)

TIME 函数具有以下参数。

hour：0(零)到 32767 之间的数值，代表小时。任何大于 23 的数值将除以 24，其余数将视为小时。

minute：0 到 32767 之间的数值，代表分钟。任何大于 59 的数值将被转换为小时和分钟。

second：0 到 32767 之间的数值，代表秒。任何大于 59 的数值将被转换为小时、分钟和秒。

2. 应用举例

本例将使用 TIME 函数计算比赛到达终点的时间，下面详细介绍其操作方法。

第 1 步 选择 E3 单元格，在编辑栏中输入公式“=TIME(A3,B3,C3)”。

第 2 步 按 Enter 键，即可计算出第一组到达终点的时间。

第 3 步 选中 E3 单元格，向下拖动复制公式，这样即可计算出其他组到达终点的时间，如图 5-16 所示。

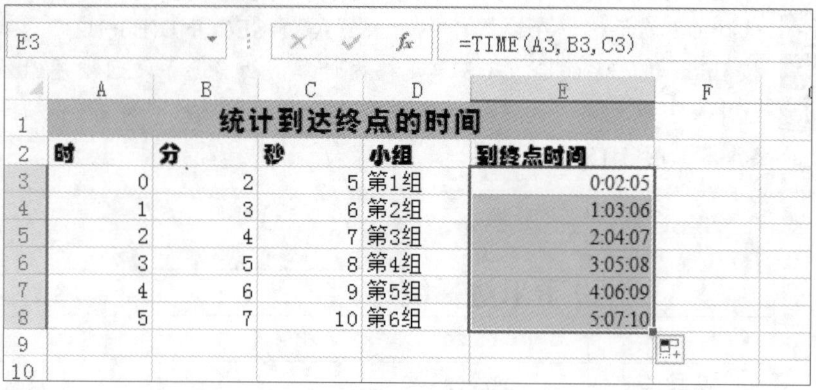

图 5-16

5.4.5 使用 TIMEVALUE 函数计算口语测试时间

TIMEVALUE 函数用于返回由文本字符串所代表的时间的小数值。该小数值为 0 到 0.99999999 之间的数值，代表从 0:00:00(12:00:00 AM)到 23:59:59(11:59:59 PM)之间的时间。下面将详细介绍 TIMEVALUE 函数的语法结构以及使用 TIMEVALUE 函数计算口语测试时间的方法。

1. 语法结构

TIMEVALUE(time_text)
TIMEVALUE 函数具有以下参数。
time_text：一个文本字符串，代表以任意一种 Excel 时间格式表示的时间。

2. 应用举例

在本例中，某公司在招聘新员工时要进行英语口语测试，这个测试没有固定的时间，所以要记录每个人具体的测试时间。要求使用 TIMEVALUE 函数输入测试的开始时间和结束时间，然后计算出每个人的测试时间，下面具体介绍其操作方法。

第 1 步 选择 B3 单元格，在编辑栏中输入公式"=TIMEVALUE("08:25:15 AM")"。

第 2 步 按 Enter 键，B3 单元格中将显示时间值"18:25:15"。

第 3 步 使用 TIMEVALUE 函数输入所有的测试开始时间和结束时间，如图 5-17 所示。

第 4 步 测试所需时间等于测试结束时间减去测试开始时间，所以在 D3 单元格中输入公式"=C3-B3"。

第 5 步 按 Enter 键，即可得到第一个员工的测试时间。

第 6 步 选中 D3 单元格，向下拖动复制公式，即可计算出其他员工的测试所需时间，如图 5-18 所示。

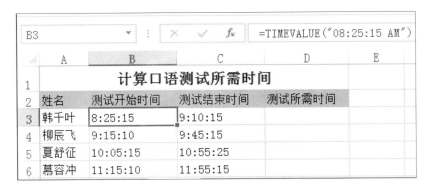

图 5-17

图 5-18

5.5　实践案例与上机指导

通过本章的学习，读者基本可以掌握日期与时间函数的基本知识以及一些常见的操作方法。下面通过练习操作，以达到巩固学习、拓展提高的目的。

5.5.1　计算员工转正时间

公司规定，员工进厂需要试用三个月。每月从 16 日开始计算，到下月 15 日算一个月，如果本月 16 日之前进厂，那么到下月 15 日就算一个月；如果本月 15 日之后进厂，那么从下月 16 日才开始计算。现需统计每个员工的转正时间。下面将详细介绍其操作方法。

素材文件　配套素材\第 5 章\素材文件\员工转正.xlsx
效果文件　配套素材\第 5 章\效果文件\转正时间.xlsx

第 1 步　打开素材文件，选择 C2 单元格，在编辑栏中输入公式"=DATE(YEAR(B2),MONTH(B2)+3+(DAY(B2)>15),16)"。
第 2 步　按 Enter 键，即可计算出第一个员工转正的时间。
第 3 步　选中 C2 单元格，向下拖动复制公式，这样即可计算出其他员工的转正时间，

如图 5-19 所示。

C2			✗ ✓ fx	=DATE(YEAR(B2),MONTH(B2)+3+(DAY(B2)>15),16)			

	A	B	C	D	E	F	G	H
1	姓名	进厂时间	转正时间					
2	柳兰歌	2015/10/13	2016/1/16					
3	秦水支	2015/9/23	2016/1/16					
4	李念儿	2015/9/23	2016/1/16					
5	文彩依	2015/9/23	2016/1/16					
6	柳婵诗	2015/11/1	2016/2/16					
7	顾莫言	2015/12/1	2016/3/16					
8	任水寒	2015/1/1	2015/4/16					
9	金磨针	2015/1/31	2015/5/16					
10	丁玲珑	2015/2/10	2015/5/16					
11	凌霜华	2015/2/21	2015/6/16					
12								
13								

图 5-19

 知识精讲

本例公式中首先使用 MONTH 函数提取员工进厂月份，然后累加 3 表示转正的月份。鉴于公司规定前 15 日之后进厂需要延后一个月转正，那么通过 DAY 函数提取其进厂日，如果大于 15 则加一个月，对于日期统一使用 16 日，而年份则采用进厂日期的年份，如果三个月后转正时已经跨入第二年，Excel 会自动累加，修改年份的序列值。

5.5.2 计算员工的应付工资

某公司业务扩大，招了一批临时员工，工资的发放是按照工作日来计算的，规定每个工作日付给员工 60 元，现在要求计算员工的应付工资。下面将详细介绍其操作方法。

 素材文件　配套素材\第 5 章\素材文件\临时员工登记表.xlsx
效果文件　配套素材\第 5 章\效果文件\应付工资.xlsx

第1步 打开素材文件，选择 D3 单元格，在编辑栏中输入公式"=NETWORKDAYS(B3,C3,$B$9:$D$9)*60"。

第2步 按 Enter 键，即可计算出第一个临时员工的应付工资。

第3步 选中 D3 单元格，向下拖动至 D7 单元格复制公式，这样即可计算出其他临时员工的应付工资，如图 5-20 所示。

 知识精讲

本例公式中首先使用 NETWORKDAYS 函数计算出员工的实际工作日，然后再乘以日工资即得到员工的应付工资。单元格区域 $B$9:$D$9 为节假日，这里使用绝对引用是为了保证在复制公式时该单元格区域不变。

图 5-20

5.5.3　计算应付账款的还款天数

公司在购入办公物品时，可能因为数量很大，要拖欠一段时间才会将所购物品的总金额全部付清，现在要求利用 DAYS360 函数统计所购物品的还款天数。下面将详细介绍其操作方法。

素材文件　配套素材\第 5 章\素材文件\应付账款日期表.xlsx
效果文件　配套素材\第 5 章\效果文件\还款天数.xlsx

第1步　打开素材文件，选择 D3 单元格，在编辑栏中输入公式"=DAYS360(B3,C3,FALSE)"。

第2步　按 Enter 键，即可计算出"电脑"的还款天数。

第3步　选中 D3 单元格，向下拖动复制公式，即可计算出其他购入物品的还款天数，如图 5-21 所示。

图 5-21

5.5.4　根据出生日期快速计算年龄

DATEDIF 函数用于计算两个日期之间的年数、月数和天数。下面将详细介绍使用

DATEDIF 函数配合 TODAY 函数，根据出生日期快速计算年龄的操作方法。

| 素材文件 | 配套素材\第 5 章\素材文件\出生日期.xlsx |
| 效果文件 | 配套素材\第 5 章\效果文件\计算年龄.xlsx |

第1步 打开素材文件，选择 D2 单元格，在编辑栏中输入公式 "=DATEDIF(C2,TODAY(),"Y")"。

第2步 按 Enter 键，即可计算出第一个人的年龄。

第3步 选中 D2 单元格，向下拖动复制公式，这样即可快速计算出其他人员的年龄，如图 5-22 所示。

	A	B	C	D
1	姓名	性别	出生日期	年龄
2	韩千叶	女	1987/9/5	28
3	柳辰飞	男	1987/9/10	28
4	夏舒征	女	1988/6/20	27
5	慕容冲	男	1985/6/7	30
6	萧合鼠	女	1986/6/20	29
7	阮停	男	1988/5/1	27
8	西漖宿	女	1987/6/9	28
9	孙祈钒	男	1986/5/4	29
10	狄云	女	1986/8/4	29

图 5-22

 知识精讲

使用 DATEDIF 函数计算出的年龄按周岁显示。

5.6 思考与练习

一、填空题

1. Excel 提供了两种日期系统，即_____日期系统和 1904 日期系统，它们的最大区别在于_____不同。

2. 如果将日期序列号扩展到小数，就得到_____。如一天包括 24 个小时，那么第 1 个小时则表示为 1/24，即 0.0417；第 2 个小时则表示为 2/24，即 0.0833；……；第 24 个小时则表示为 24/24，即 1。所以，对_____的计算和处理实质上是对时间序列号的计算和处理。

3. Excel 2013 中的数据包括三类，分别是_____、文本和_____，日期则是数值中的一种，用户可以对日期进行处理。

二、判断题

1. 1900 日期系统的起始日期是 1900 年 1 月 1 日，而 1904 日期系统的起始日期是 1904 年 1 月 1 日。默认情况下，Windows 中的 Excel 使用 1900 日期系统，而 Macintosh 中的 Excel 使用 1904 日期系统。 （　　）

2. Excel 2013 支持的日期范围是从 1900 年 1 月 1 日至 9999 年 1 月 1 日。日期序列号是指将 1900 年 1 月 1 日定义为 1，将 1990 年 1 月 2 日定义为 2，将 9999 年 12 月 31 日定义为 n 产生的数值序列。因此，对日期的计算和处理实质上是对日期序列号的计算和处理。 （　　）

3. 时间与日期一样，也可以进行数学运算，只是在处理时间的时候，一般只会对其进行加法和减法的运算。 （　　）

三、思考题

1. 如何使用 1904 日期系统？

2. 如何使用 NOW 函数得到当前的日期和时间？

新起点
电脑教程

第 6 章

数学与三角函数

本章要点

- 常用的数学与三角函数
- 常规计算
- 舍入计算
- 阶乘与随机数
- 指数与对数
- 三角函数计算
- 其他数学与三角函数

本章主要内容

本章主要介绍数学与三角函数方面的基本知识，同时还讲解常规计算、舍入计算、阶乘与随机数、指数与对数、三角函数计算方面一些常用函数的应用。通过本章的学习，读者可以掌握数学与三角函数方面的知识，为深入学习 Excel 2013 公式、函数、图表与数据分析知识奠定基础。

6.1 常用的数学与三角函数

Excel 的数学计算功能非常强大，提供了丰富的数学与三角函数，可以进行常规计算、舍入计算、指数与对数计算、三角函数计算、矩阵运算等，为数据分析打下了基础。本节将详细介绍常用的数学与三角函数，如表 6-1 所示。

表 6-1　常用的数学与三角函数

函　数	说　明
ABS	返回数字的绝对值
ACOS	返回数字的反余弦值
ACOSH	返回数字的反双曲余弦值
ASIN	返回数字的反正弦值
ASINH	返回数字的反双曲正弦值
ATAN	返回数字的反正切值
ATAN2	返回 x 和 y 坐标的反正切值
ATANH	返回数字的反双曲正切值
CEILING	将数字舍入为最接近的整数或最接近的指定基数的倍数
COMBIN	返回给定数目对象的组合数
COS	返回数字的余弦值
COSH	返回数字的双曲余弦值
DEGREES	将弧度转换为度
EVEN	将数字向上舍入到最接近的偶数
EXP	返回 e 的 *n* 次方
FACT	返回数字的阶乘
FACTDOUBLE	返回数字的双倍阶乘
FLOOR	向绝对值减小的方向舍入数字
GCD	返回最大公约数
INT	将数字向下舍入到最接近的整数
LCM	返回最小公倍数
LN	返回数字的自然对数
LOG	返回数字的以指定底为底的对数
LOG10	返回数字的以 10 为底的对数
MDETERM	返回数组的矩阵行列式的值
MINVERSE	返回数组的逆矩阵
MMULT	返回两个数组的矩阵乘积
MOD	返回除法的余数

函　　数	说　　明
MROUND	返回一个舍入到所需倍数的数字
MULTINOMIAL	返回一组数字的多项式
ODD	将数字向上舍入为最接近的奇数
PI	返回 pi 的值
POWER	返回数的乘幂
PRODUCT	将其参数相乘
QUOTIENT	返回除法的整数部分
RADIANS	将度转换为弧度
RAND	返回 0 和 1 之间的一个随机数
RANDBETWEEN	返回位于两个指定数之间的一个随机数
ROMAN	将阿拉伯数字转换为文本式罗马数字
ROUND	将数字按指定位数舍入
ROUNDDOWN	向绝对值减小的方向舍入数字
ROUNDUP	向绝对值增大的方向舍入数字
SERIESSUM	返回基于公式的幂级数的和
SIGN	返回数字的符号
SIN	返回给定角度的正弦值
SINH	返回给定数字的双曲正弦值
SQRT	返回正平方根
SQRTPI	返回某数与 pi 的乘积的平方根
SUBTOTAL	返回列表或数据库中的分类汇总
SUM	返回参数的和
SUMIF	按给定条件对指定单元格求和
SUMIFS	在区域中添加满足多个条件的单元格
SUMPRODUCT	返回对应的数组元素的乘积和
SUMSQ	返回参数的平方和
SUMX2MY2	返回两数组中对应值的平方差之和
SUMX2PY2	返回两数组中对应值的平方和之和
SUMXMY2	返回两数组中对应值差的平方和
TAN	返回数字的正切值
TANH	返回数字的双曲正切值
TRUNC	将数字截尾取整

6.2 常 规 计 算

数学函数主要应用于数学计算中，本节将列举一些进行常规计算的数学函数的应用案例，并对其进行详细的讲解。

6.2.1 使用 ABS 函数计算两地的温差

ABS 函数用于返回数字的绝对值，整数和 0 返回数字本身，负数返回数字的相反数，绝对值没有符号。下面将详细介绍 ABS 函数的语法结构以及使用 ABS 函数计算两地温差的方法。

1. 语法结构

ABS(number)
ABS 函数具有以下参数。
number：需要计算其绝对值的数值。

2. 应用举例

本例将使用 ABS 函数计算出工作表中给出的两个地方的温度之差，下面具体介绍其操作方法。

第 1 步 选择 D2 单元格，在编辑栏中输入公式 "=ABS(C2-B2)"。
第 2 步 按 Enter 键，即可计算出两地的温差，如图 6-1 所示。

图 6-1

6.2.2 使用 MOD 函数计算库存结余

MOD 函数用于返回两个数值相除后的余数，其结果的正负号与除数相同。下面将详细介绍 MOD 函数的语法结构以及使用 MOD 函数计算库存结余的方法。

1. 语法结构

MOD(number, divisor)
MOD 函数具有以下参数。
number：被除数。
divisor：除数，并且不能为 0 值。

2. 应用举例

在已知商品数量，且需要平均分配给提货商家的前提下，使用 MOD 函数可以快速地进行库存结余计算，下面将详细介绍其操作方法。

第 1 步 选择 D2 单元格，在编辑栏中输入公式 "=MOD(B2,C2)"。

第 2 步 按 Enter 键，系统会自动在 D2 单元格内计算出该商品的库存结余。

第 3 步 选中 D2 单元格，向下拖动填充公式至其他单元格，即可完成计算库存结余的操作，如图 6-2 所示。

D2				f_x	=MOD(B2,C2)	
	A	B	C	D	E	F
1	商品	数量	提货商数	库存结余		
2	商品1	5050	6	4		
3	商品2	4567	46	13		
4	商品3	9000	15	0		
5	商品4	5786	34	6		
6	商品5	8753	9	5		
7	商品6	4867	18	7		
8						

图 6-2

6.2.3　使用 SUM 函数计算学生总分成绩

SUM 函数用于返回某一单元格区域中所有数字之和。下面将详细介绍 SUM 函数的语法结构以及使用 SUM 函数计算学生总分成绩的方法。

1. 语法结构

SUM(number1[,number2,…])

SUM 函数具有以下参数。

number1：要对其求和的第 1 个数值参数。

number2,…：要对其求和的第 2 到 255 个数值参数。

2. 应用举例

本例将使用 SUM 函数快速方便地计算学生总分成绩，下面详细介绍其操作方法。

第 1 步 选择 E2 单元格，在编辑栏中输入公式 "=SUM(B2:D2)"。

第 2 步 按 Enter 键，系统会自动计算出第一名学生的总成绩。

第 3 步 选中 E2 单元格，向下拖动填充公式至其他单元格，即可完成计算学生总分成绩的操作，如图 6-3 所示。

智慧锦囊

　　如果参数是一个数组或引用，则只计算其中的数字。数组或引用中的空白单元格、逻辑值或文本将被忽略。如果参数为错误值或为不能转换为数字的文本，会导致错误。

图 6-3

6.2.4 使用 SUMIF 函数统计指定商品的销售数量

SUMIF 函数用于对区域中符合指定条件的值求和。下面将详细介绍 SUMIF 函数的语法结构以及使用 SUMIF 函数统计指定商品的销售数量的方法。

1. 语法结构

SUMIF(range, criteria[, sum_range])

SUMIF 函数具有以下参数。

range：用于条件计算的单元格区域。每个区域中的单元格都必须是数字或名称、数组或包含数字的引用。空值和文本值将被忽略。

criteria：用于确定对哪些单元格求和的条件，其形式可以为数字、表达式、单元格引用、文本或函数。例如，条件可以表示为 32、">32"、B5、"32"、"苹果"或 TODAY()。

sum_range：要求和的实际单元格(如果要对未在 range 参数中指定的单元格求和)。如果省略 sum_range 参数，Excel 会对在 range 参数中指定的单元格(即应用条件的单元格)求和。

2. 应用举例

本例将使用通配符配合 SUMIF 函数，统计指定商品的销售数量，下面详细介绍其操作方法。

第 1 步 选择 D7 单元格，在编辑栏中输入公式"=SUMIF(B2:B10,"真心*",C2:C10)"。

第 2 步 按 Enter 键，在 D7 单元格中，系统会自动计算出真心罐头的销售数量，如图 6-4 所示。

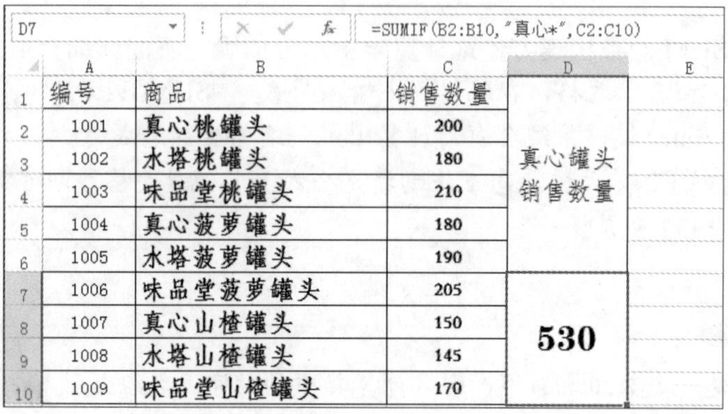

图 6-4

6.2.5　使用 SUMIFS 函数统计某日期区间的销售金额

SUMIFS 函数用于对某一区域内满足多重条间的单元格求和。下面将详细介绍 SUMIFS 函数的语法结构以及使用 SUMIFS 函数统计某日期区间的销售金额的方法。

1. 语法结构

SUMIFS(sum_range, criteria_range1, criteria1[, criteria_range2, criteria2, …])

SUMIF 函数具有以下参数。

sum_range：要求和的单元格区域，包括数字或包含数字的名称、名称、区域或单元格引用。空值和文本值将被忽略。

criteria_range1：要作为条件进行判断的第 1 个单元格区域。

criteria1：要进行判断的第 1 个条件，条件的形式为数字、表达式、单元格引用或文本，可用来定义将对 criteria_range1 参数中的哪些单元格求和。例如，条件可以表示为 32、">32"、B4、"苹果"或"32"。

criteria_range2, criteria2, …：附加的区域及其关联条件。最多允许 127 个区域/条件对。

2. 应用举例

本例将使用 SUMIFS 函数来统计某月中旬的销售金额总值，下面具体介绍其操作方法。

第 1 步　选择 F5 单元格，在编辑栏中输入公式 "=SUMIFS(D2:D9,A2:A9, ">15-1-10",A2:A9, "<=15-1-20")"。

第 2 步　按 Enter 键，即可统计出 2015 年 1 月中旬的销售金额，如图 6-5 所示。

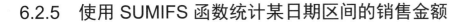

图 6-5

6.3　舍入计算

如果要将一个数字舍入到最接近的整数，或者要将一个数字舍入为 10 的倍数以简化一个近似的量，那么可以使用一些涉及舍入计算的函数。本节将列举一些进行舍入计算的数学函数的应用案例，并对其进行详细的讲解。

6.3.1 使用 CEILING 函数计算通话费用

CEILING 函数用于将指定的数值按照条件进行舍入计算。下面将详细介绍 CEILING 函数的语法结构以及使用 CEILING 函数计算通话费用的方法。

1. 语法结构

CEILING(number, significance)

CEILING 函数具有以下参数。

number：要舍入的数值。

significance：要舍入到的倍数。

2. 应用举例

在计算长途话费时，一般以 7 秒为单位，不足 7 秒的按 7 秒计算。如果已知通话秒数和计费单价，那么可以使用 CEILING 函数计算出每次通话的费用。CEILING 函数用于将参数 number 向上舍入为最接近的 significance 的倍数，下面将详细介绍其操作方法。

第 1 步 选择 D2 单元格，在编辑栏中输入公式"=CEILING(B2/7,1)*C2"。

第 2 步 按 Enter 键，即可计算出第一个费用。

第 3 步 选中 D2 单元格，向下拖动进行公式填充，可以快速计算出其他通话时间的通话费用，如图 6-6 所示。

	D2				fx	=CEILING(B2/7,1)*C2	
	A	B	C	D	E	F	
1	编号	通话秒数	计费单价	通话费用			
2	1	3546	0.04	20.28			
3	2	576	0.04	3.32			
4	3	3456	0.04	19.76			
5	4	354	0.04	2.04			
6	5	354	0.04	2.04			
7	6	633	0.04	3.64			

图 6-6

6.3.2 使用 FLOOR 函数计算员工的提成奖金

FLOOR 函数用于以绝对值减小的方向按照指定倍数舍入数字。下面将详细介绍 FLOOR 函数的语法结构以及使用 FLOOR 函数计算员工的提成奖金的方法。

1. 语法结构

FLOOR(number, significance)

FLOOR 函数具有以下参数。

number：要舍入的数值。

significance：要舍入到的倍数。

2. 应用举例

本例将使用 FLOOR 函数计算员工的提成奖金，提成奖金计算规则为：每超过 3000 元，提成 200 元，剩余金额小于 3000 元时忽略不计。下面将详细介绍其操作方法。

第 1 步 选择 C2 单元格，在编辑栏中输入公式“=FLOOR(B2,3000)/3000*200”。

第 2 步 按 Enter 键，即可根据 B2 单元格中的销售额计算出第一位员工的提成奖金。

第 3 步 选中 C2 单元格，向下拖动进行公式填充，即可计算出其他员工的提成奖金，如图 6-7 所示。

C2　=FLOOR(B2,3000)/3000*200

	A	B	C	D	E	F
1	姓名	销售额	提成奖金			
2	韩千叶	18632	1200			
3	柳辰飞	15362	1000			
4	夏舒征	16425	1000			
5	慕容冲	19654	1200			
6	萧合凰	16834	1000			

图 6-7

6.3.3　使用 INT 函数对平均销量取整

INT 函数用于将指定数值向下取整为最接近的整数。下面将详细介绍 INT 函数的语法结构以及使用 INT 函数对平均销量取整的方法。

1. 语法结构

INT(number)

INT 函数具有以下参数。

number：需要进行向下舍入取整的实数。

2. 应用举例

本例将使用 INT 函数对平均销量进行取整计算，下面详细介绍其操作方法。

第 1 步 选择 B6 单元格，在编辑栏中输入公式“=INT(AVERAGE(B2:B5))”。

第 2 步 按 Enter 键，即可对计算出的产品平均销量进行取整，如图 6-8 所示。

B6　=INT(AVERAGE(B2:B5))

	A	B	C	D	E
1	部门	销售数量			
2	销售1部	6435			
3	销售2部	5625			
4	销售3部	5634			
5	销售4部	4621			
6	平均销量	5578			

图 6-8

知识精讲

　　本例公式中首先使用 AVERAGE 函数计算平均销售量，然后使用 INT 函数进行取整。

6.3.4　使用 ROUND 函数将数字按指定位数舍入

　　ROUND 函数用于按照指定的位数对数值进行四舍五入。下面将详细介绍 ROUND 函数的语法结构以及使用 ROUND 函数将数字按指定位数舍入的方法。

1. 语法结构

ROUND(number, num_digits)
ROUND 函数具有以下参数。
number：要四舍五入的数字。
num_digits：要进行四舍五入的位数，按此位数对 number 参数进行四舍五入。

2. 应用举例

　　本例将使用 ROUND 函数将总销售额按 2 位小数的形式进行舍入，下面详细介绍其操作方法。

第1步　选择 D2 单元格，在编辑栏中输入函数 "=ROUND(B2*C2,2)"。

第2步　按 Enter 键，系统会以 2 位小数的形式返回总销售额。

第3步　选中 D2 单元格，向下拖动进行公式填充，即可以 2 位小数的形式计算出其他人员的总销售额，如图 6-9 所示。

	A	B	C	D	E	F
D2			fx	=ROUND(B2*C2, 2)		
1	姓名	销售件数	销售单价	总销售额		
2	韩千叶	453	213.14	96552.42		
3	柳辰飞	357	542.54	193686.78		
4	夏舒征	367	342.13	125561.71		
5	慕容冲	378	213.45	80684.1		
6	萧合凰	397	248.56	98678.32		
7	阮停	853	264.42	225550.26		
8	西粼宿	357	234.65	83770.05		

图 6-9

6.3.5　使用 ROUNDUP 函数计算人均销售额

　　ROUNDUP 函数用于按照指定的位数对数值进行向上舍入。下面将详细介绍 ROUNDUP 函数的语法结构以及使用 ROUNDUP 函数计算人均销售额的方法。

1. 语法结构

ROUNDUP(number, num_digits)

ROUNDUP 函数具有以下参数。

number：需要向上舍入的任意实数。

num_digits：四舍五入后的数字的位数。

2. 应用举例

本例将使用 ROUNDUP 函数对数值进行向上的四舍五入，下面详细介绍其操作方法。

第 1 步　选择 D2 单元格，在编辑栏中输入公式 "=ROUNDUP((B2/C2),2)"。

第 2 步　按 Enter 键，系统会自动在 D2 单元格内计算出人均销售额，并对小数点后两位进行舍入。

第 3 步　选中 D2 单元格，向下拖动填充公式至其他单元格，即可完成计算人均销售额的操作，如图 6-10 所示。

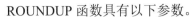

	A	B	C	D	E	F
1	商品	销售额	销售人员	人均销售额		
2	商品1	1027	2	513.5		
3	商品2	1028	3	342.67		
4	商品3	1029	4	257.25		
5	商品4	1030	5	206		
6	商品5	1031	6	171.84		
7	商品6	1032	7	147.43		
8	商品7	1033	8	129.13		
9	商品8	1034	9	114.89		

图 6-10

6.4　阶乘与随机数

使用阶乘可以计算出一组不同的项目有多少种排列组合方法；同时为了模拟实际情况，经常需要由计算机自动生成一些数据，这时就可以运用随机数来计算。本节将列举一些涉及阶乘与随机数的数学函数的应用案例，并对其进行详细的讲解。

6.4.1　使用 COMBIN 函数确定所有可能的组合数目

COMBIN 函数用于返回一组对象所有可能的组合数目。下面将详细介绍 COMBIN 函数的语法结构以及使用 COMBIN 函数确定所有可能的组合数目的操作方法。

1. 语法结构

COMBIN(number, number_chosen)

COMBIN 函数具有以下参数。

number：项目的数量。

number_chosen：每一组合中项目的数量。

2. 应用举例

COMBIN 函数用于计算从给定数目的对象集合中提取若干对象的组合数目，利用 COMBIN 函数可以确定一组对象所有可能的组合数目。下面以统计从 10 面旗(6 面红旗，4 面黄旗)中取出 4 面红旗和 3 面黄旗的组合数目为例，具体介绍使用 COMBIN 函数确定所有可能的组合数目的方法。

第1步 选择 D2 单元格，在编辑栏中输入公式 "=COMBIN(A2,4)*COMBIN(B2,3)"。

第2步 按 Enter 键，即可计算出从 10 面旗中取出 4 面红旗和 3 面黄旗的组合数目为 60，如图 6-11 所示。

D2			fx	=COMBIN(A2,4)*COMBIN(B2,3)		
	A	B	C	D	E	F	G
1	红旗	黄旗	要求	组合数			
2	6	4	4红3黄	60			
3							

图 6-11

6.4.2 使用 FACT 函数计算数字的阶乘

FACT 函数用于计算数字的阶乘。下面将详细介绍 FACT 函数的语法结构以及使用 FACT 函数计算数字阶乘的方法。

1. 语法结构

FACT(number)

FACT 函数具有以下参数。

number：要计算其阶乘的非负数。如果 number 不是整数，则截尾取整。

2. 应用举例

本例将使用 FACT 函数计算数字的阶乘，下面详细介绍其操作方法。

第1步 选择 B2 单元格，在编辑栏中输入函数 "=FACT(A2)"。

第2步 按 Enter 键，即可计算出正数值 1 的阶乘值为 1。

第3步 选中 B2 单元格，向下拖动进行公式填充，即可计算出其他正数值的阶乘值，如图 6-12 所示。

B2			fx	=FACT(A2)		
	A	B	C	D	E
1	正值数	阶乘数			
2	1	1			
3	5	120			
4	10	3628800			
5	15	1307674368000			
6	20	2432902008176640000			
7					

图 6-12

6.4.3　使用 MULTINOMIAL 函数解决分组问题

MULTINOMIAL 函数用于返回参数和的阶乘与各参数阶乘乘积的比值。下面将详细介绍 MULTINOMIAL 函数的语法结构以及使用 MULTINOMIAL 函数解决分组问题的操作方法。

1. 语法结构

MULTINOMIAL(number1[, number2, …])

MULTINOMIAL 函数具有以下参数。

number1：要进行计算的第 1 个数字，可以是直接输入的数字或单元格引用。

number2, …：要进行计算的第 2 到 255 个数字，可以是直接输入的数字或单元格引用。

2. 应用举例

本例将使用 MULTINOMIAL 函数计算将 15 人分为 3 组，每组人数分别为 4、5、6 时的分组方案数目，下面详细介绍其操作方法。

第 1 步　选择 D2 单元格，在编辑栏中输入公式 "=MULTINOMIAL(B3,B4,B5)"。

第 2 步　按 Enter 键，即可计算出将 15 人分为 3 组共有多少种分组方案，如图 6-13 所示。

图 6-13

6.4.4　使用 RAND 函数随机创建彩票号码

RAND 函数用于返回大于等于 0 及小于 1 的均匀分布随机实数，每次计算工作表时都将返回一个新的随机实数。下面将详细介绍 RAND 函数的语法结构以及使用 RAND 函数随机创建彩票号码的方法。

1. 语法结构

RAND()

RAND 函数没有参数。

2. 应用举例

本例将使用 RAND 函数自动生成彩票号码，下面详细介绍其操作方法。

第 1 步　选择 D3 单元格，在编辑栏中输入公式 "=INT(RAND()*($B$3-$A$3)+$A$3)"。

第2步 按 Enter 键，即可计算出第一位号码。

第3步 选中 D3 单元格，向右拖动进行公式填充，可以快速计算出全部彩票号码，如图 6-14 所示。

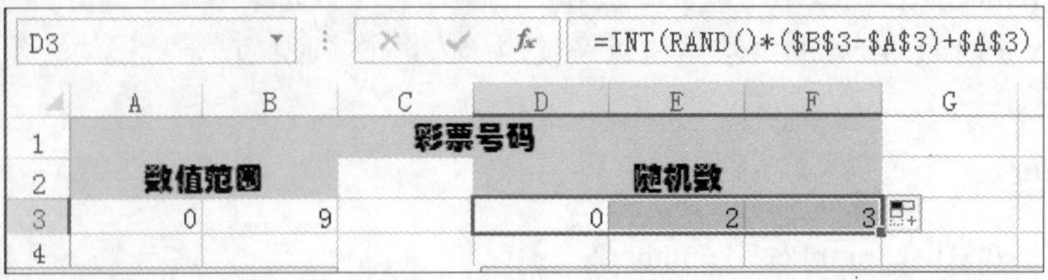

图 6-14

第4步 每次按 F9 键，将会得到另一个随机的彩票号码，这样即可完成使用 RAND 函数随机创建彩票号码的操作。

6.4.5 使用 SUMPRODUCT 函数计算参保人数

SUMPRODUCT 函数用于在给定的几组数组中，将数组间对应的元素相乘，并返回乘积之和。下面将详细介绍 SUMPRODUCT 函数的语法结构及使用 SUMPRODUCT 函数计算参保人数的方法。

1. 语法结构

SUMPRODUCT(array1[, array2, array3, …])
SUMPRODUCT 函数具有以下参数。
array1：要进行相乘并求和的第 1 个数组参数。
array2, array3, …：要进行相乘并求和的第 2 到 255 个数组参数。

2. 应用举例

本例将使用 SUMPRODUCT 函数计算参保人数，下面详细介绍其操作方法。

第1步 选择 E2 单元格，在编辑栏中输入公式 "=SUMPRODUCT((C2:C11="是")*1)"。

第2步 按 Enter 键，即可计算出参保人数，如图 6-15 所示。

图 6-15

6.5 指数与对数

在数学和三角函数中，涉及指数与对数的函数有 EXP 函数、LN 函数、LOG 函数、LOG10 函数和 POWER 函数等。本节将列举一些涉及指数与对数的数学函数的应用案例，并对其进行详细的讲解。

6.5.1 使用 EXP 函数返回 e 的 n 次方

EXP 函数用于计算 e 的 n 次幂，常数 e 等于 2.71828182845904，是自然对数的底数。下面将详细介绍 EXP 函数的语法结构以及使用 EXP 函数返回 e 的 n 次方的方法。

1. 语法结构

EXP(number)
EXP 函数具有以下参数。
number：应用于底数 e 的指数。

2. 应用举例

本例将使用 EXP 函数返回 e 的 n 次方，下面详细介绍其操作方法。

第 1 步 选中 B2 单元格，在编辑栏中输入函数 "=EXP(A2)"。
第 2 步 按 Enter 键，即可计算出 e 的 4 次幂。
第 3 步 选中 B2 单元格，向下拖动进行公式填充，即可计算出 e 的其他次幂，如图 6-16 所示。

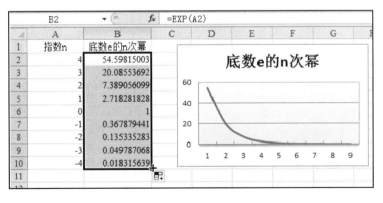

图 6-16

6.5.2 使用 LN 函数计算均衡修正项

LN 函数用于返回一个数的自然对数。自然对数以常数项 e (2.71828182845904)为底。LN 函数是 EXP 函数的反函数。下面将详细介绍 LN 函数的语法结构以及使用 LN 函数计算均衡修正项的方法。

1. 语法结构

LN(number)

LN 函数具有以下参数。

number：想要计算其自然对数的正实数。

2. 应用举例

在市场指数方程中，必须有均衡修正项。均衡修正项为 ECM=ln(price)−4.9203×ln(index)。其中，ln(price)表示股票价格的对数，ln(index)表示市场指数的对数。本例已知股票价格为 3 元，市场指数值为 1500，计算均衡修正项。下面详细介绍其操作方法。

第 1 步 选择 C2 单元格，在编辑栏中输入公式 "=LN(A2)−4.9203*LN(B2)"。

第 2 步 按 Enter 键，即可计算出均衡修正项，如图 6-17 所示。

C2		▼	:	✕ ✓ fx	=LN(A2)-4.9203*LN(B2)	
◢	A	B	C	D	E	F
1	**股票价格**	**市场指数**	**均衡修正项**			
2	3	1500	−34.884626			
3						
4						

图 6-17

6.5.3 使用 LOG 函数计算无噪信道传输能力

LOG 函数用于按所指定的底数返回一个数的对数。下面将详细介绍 LOG 函数的语法结构以及使用 LOG 函数计算无噪信道传输能力的方法。

1. 语法结构

LOG(number[, base])

LOG 函数具有以下参数。

number：要计算其对数的正实数。

base：对数的底数。如果省略底数，假定其值为 10。

2. 应用举例

在离散的信道容量计算中，无噪信道传输能力用奈奎斯特公式计算：$C=2H\log_2 N$(bps)。其中，H 为信道的带宽，即信道传输上、下限频率的差值，单位是 Hz；N 为一个码元所取的离散值个数。本例中，一个电话信号信道的带宽为 32Hz，码元为 8，要计算无噪信道传输能力。下面详细介绍其操作方法。

第 1 步 选择 C2 单元格，在编辑栏中输入公式 "=2*A2*LOG(B2,2)"。

第 2 步 按 Enter 键，即可返回计算结果，如图 6-18 所示。

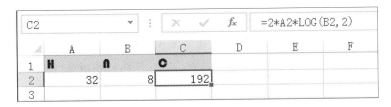

图 6-18

6.5.4　使用 LOG10 函数计算分贝数

LOG10 函数用于计算以 10 为底数的对数值。下面将详细介绍 LOG10 函数的语法结构以及使用 LOG10 函数计算分贝数的方法。

1. 语法结构

LOG10(number)

LOG10 函数具有以下参数。

number：想要计算其常用对数的正实数。

2. 应用举例

信噪比(S/N)通常用分贝(dB)表示，分贝数=10×log10(S/N)。本例中，已知 S/N=1000，要计算分贝数。下面详细介绍其操作方法。

第 1 步　选中 B2 单元格，在编辑栏中输入公式"=10*LOG10(A2)"。

第 2 步　按 Enter 键，即可返回计算结果，如图 6-19 所示。

B2		▼	:	✕	✓	f_x	=10*LOG10(A2)	
◢	A	B		C	D	E	F	
1	S/N	分贝数						
2	1000	30						
3								

图 6-19

6.5.5　使用 POWER 函数计算数字的乘幂

POWER 函数用于返回给定数字的乘幂。用户可以用"^"运算符代替 POWER 函数来表示对底数乘方的幂次，例如 5^2。下面将详细介绍 POWER 函数的语法结构以及使用 POWER 函数计算数字乘幂的方法。

1. 语法结构

POWER(number, power)

POWER 函数具有以下参数。

number：底数，可以为任意实数。

power(必需)：指数，底数按该指数次幂乘方。

2. 应用举例

本例将使用POWER函数计算数字的乘幂，下面详细介绍其操作方法。

第1步 选择C2单元格，在编辑栏中输入函数"=POWER(A2,B2)"。

第2步 按Enter键，即可计算出底数为2、指数为5的方根值为32。

第3步 选中 C2 单元格，向下拖动进行公式填充，即可计算出其他指定底数和指数的方根值，如图 6-20 所示。

C2	▼ : × ✓ f_x	=POWER(A2,B2)			
	A	B	C	D	E	F
1	底数	指数	方根值			
2	2	5	32			
3	6	9	10077696			
4						

图 6-20

6.6 三角函数计算

Excel 中的三角函数主要应用于几何运算中，使用三角函数可以对数值进行正切、反切、正弦以及余弦等计算。本节将列举一些常用的三角函数的应用案例，并对其进行详细的讲解。

6.6.1 使用 ACOS 函数计算反余弦值

ACOS 函数用于返回数字的反余弦值。反余弦值是角度，它的余弦值为数字。返回的角度值以弧度表示，范围是 0 到 pi。下面将详细介绍 ACOS 函数的语法结构以及使用 ACOS 函数计算反余弦值的方法。

1. 语法结构

ACOS(number)

ACOS 函数具有以下参数。

number：角度的余弦值，必须介于−1 到 1 之间。

2. 应用举例

本例将使用 ACOS 函数进行反余弦值的计算，下面详细介绍其操作方法。

第1步 选择C2 单元格，在编辑栏中输入公式"=ROUND(ACOS(B2),2)"。

第2步 按 Enter 键，在 C2 单元格中，系统会自动计算出反余弦值。

第3步 选中 C2 单元格，向下拖动填充公式至其他单元格，即可完成计算反余弦值的操作，如图 6-21 所示。

图 6-21

智慧锦囊

若要用度表示反余弦值，可将结果再乘以 180/PI()或用 DEGREES 函数表示。

6.6.2　使用 ATAN2 函数计算射击目标的方位角

ATAN2 函数用于返回给定的 x 及 y 坐标值的反正切值。反正切的角度值等于 x 轴与通过原点和给定坐标点(x_num, y_num)的直线之间的夹角。结果以弧度表示并介于-pi 到 pi 之间(不包括-pi)。下面将详细介绍 ATAN2 函数的语法结构以及使用 ATAN2 函数计算射击目标的方位角的方法。

1．语法结构

ATAN2(x_num, y_num)
ATAN2 函数具有以下参数。
x_num：给定点的 x 坐标。
y_num：给定点的 y 坐标。

2．应用举例

在本例中，某炮兵连进行演习，已知目标在炮弹发射点向北 8 公里、向东 5 公里处，现要知道目标的方位角来进行射击训练。下面详细介绍其操作方法。

第 1 步 选择 C2 单元格，在编辑栏中输入公式"=DEGREES(ATAN2(A2,B2))"。

第 2 步 按 Enter 键，系统将返回射击目标的方位角，如图 6-22 所示。

图 6-22

知识精讲

本例公式中首先使用 ATAN2 函数计算出方位角的反正切值，也就是弧度，然后使用 DEGREES 函数将其转换为角度。

6.6.3　使用 ATANH 函数计算反双曲正切值

ATANH 函数用于返回参数的反双曲正切值，参数必须介于-1 到 1 之间(除去-1 和 1)。下面将详细介绍 ATANH 函数的语法结构以及使用 ATANH 函数计算反双曲正切值的方法。

1. 语法结构

ATANH(number)
ATANH 函数具有以下参数。
number：-1 到 1 之间的任意实数。

2. 应用举例

本例将使用 ATANH 函数进行反双曲正切值的计算，下面详细介绍其操作方法。

第1步　选择 C2 单元格，在编辑栏中输入公式 "=ATANH(B2)"。

第2步　按 Enter 键，在 C2 单元格中，系统会自动计算出反双曲正切值。

第3步　选中 C2 单元格，向下填充公式至其他单元格，即可完成计算反双曲正切值的操作，如图 6-23 所示。

	A	B	C
1	弧度	双曲正切值	反双曲正切值
2	0.785	0.655794203	0.785398163
3	1.571	0.917152336	1.570796327
4	2.356	0.98219338	2.35619449
5	3.142	0.996272076	3.141592654
6	4.712	0.999838614	4.71238898
7	6.283	0.999993025	6.283185307

图 6-23

6.6.4　使用 ASIN 函数计算数字的反正弦值

ASIN 函数用于返回指定数值的反正弦值，即弧度，范围为-pi/2 到 pi/2。若要用度表示反正弦值，需将结果再乘以 180/PI( )或用 DEGREES 函数表示。下面将详细介绍 ASIN 函数的语法结构以及使用 ASIN 函数计算数字的反正弦值的方法。

1. 语法结构

ASIN(number)

ASIN 函数具有以下参数。

number：角度的正弦值，必须介于-1 到 1 之间。

2. 应用举例

本例将使用 ASIN 函数计算数字的反正弦值，下面详细介绍其操作方法。

第 1 步 选择 B2 单元格，在编辑栏中输入函数“=ASIN(A2)”。

第 2 步 按 Enter 键，即可计算出正弦值-1 的反正弦值为-1.5708。

第 3 步 选中 B2 单元格，向下拖动进行公式填充，即可计算出其他正弦值的反正弦值，如图 6-24 所示。

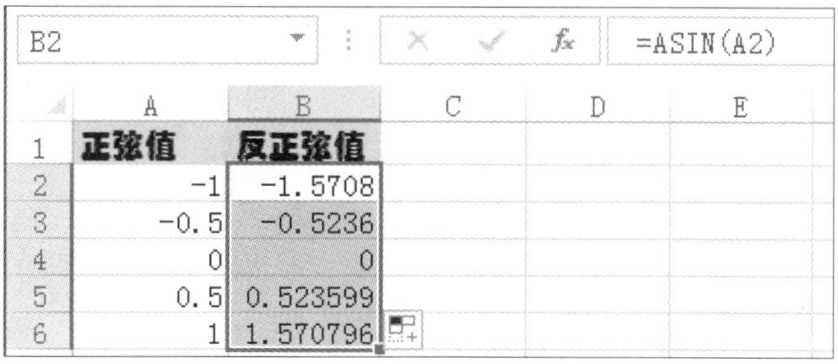

B2　=ASIN(A2)

	A	B	C	D	E
1	正弦值	反正弦值			
2	-1	-1.5708			
3	-0.5	-0.5236			
4	0	0			
5	0.5	0.523599			
6	1	1.570796			

图 6-24

6.6.5　使用 COS 函数计算直角三角形中锐角的邻边长度

COS 函数用于返回给定角度的余弦值。下面将详细介绍 COS 函数的语法结构以及使用 COS 函数计算直角三角形中锐角的邻边长度的方法。

1. 语法结构

COS(number)

COS 函数具有以下参数。

number：想要求余弦的角度，以弧度表示。如果角度是以度表示的，则可将其乘以 PI()/180 或使用 RADIANS 函数将其转换成弧度。

2. 应用举例

本例将使用 COS 函数计算直角三角形中锐角的邻边长度，下面详细介绍其操作方法。

第 1 步 选择 C2 单元格，在编辑栏中输入函数“=A2*COS(RADIANS(B2))”。

第 2 步 按 Enter 键，即可计算出该角相邻的直角边长度，如图 6-25 所示。

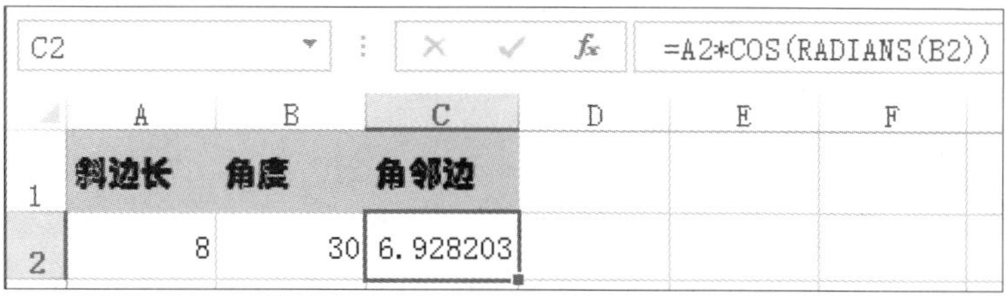

C2　=A2*COS(RADIANS(B2))

	A	B	C	D	E	F
1	斜边长	角度	角邻边			
2	8	30	6.928203			

图 6-25

知识精讲

　　在直角三角形中，某锐角相邻的直角边长度等于该角的余弦值乘以斜边长，因此本例中首先使用 RADIANS 函数将该角的角度转换为弧度值，然后使用 COS 函数计算出其余弦值，最后乘以斜边长即可得到该角相邻的直角边长度。

6.6.6　使用 DEGREES 函数计算扇形运动场角度

　　DEGREES 函数用于将弧度转换为角度。下面将详细介绍 DEGREES 函数的语法结构以及使用 DEGREES 函数计算扇形运动场角度的方法。

1. 语法结构

DEGREES(angle)
DEGREES 函数具有以下参数。
angle：待转换的弧度角。

2. 应用举例

　　在本例中，已知某扇形运动场，测得大致弧长为 300 米，半径为 200 米，要使用 DEGREES 函数计算出该扇形场地的角度。下面详细介绍其操作方法。

第1步 选择 C2 单元格，在编辑栏中输入公式"=DEGREES(A2/B2)"。
第2步 按 Enter 键，即可计算出扇形场地的角度，如图 6-26 所示。

C2			▼	:	×	✓	fx	=DEGREES(A2/B2)

▲	A	B	C	D	E	F
1	弧长	半径	角度			
2	300	200	85.94367			
3						

图 6-26

6.6.7　使用 RADIANS 函数计算弧长

　　RADIANS 函数用于将角度转换为弧度，下面将详细介绍 RADIANS 函数的语法结构以及使用 RADIANS 函数计算弧长的方法。

1. 语法结构

RADIANS(angle)
RADIANS 函数具有以下参数。
angle：需要转换成弧度的角度。

2. 应用举例

　　在本例中，已知扇形会议厅角度为 120 度，半径为 25 米，要使用 RADIANS 函数求出会议厅最后一排长度即弧长，弧长公式为 $L=\theta R$。下面详细介绍其操作方法。

第1步　选择 C2 单元格，在编辑栏中输入公式 "=RADIANS(A2)*B2"。

第2步　按 Enter 键，即可返回会议厅最后一排长度，如图 6-27 所示。

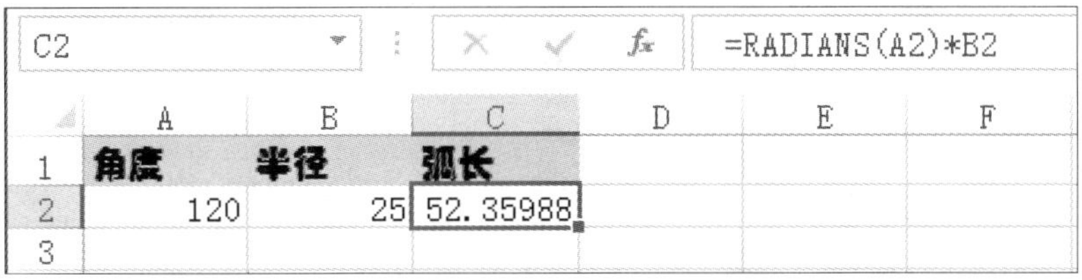

图 6-27

6.6.8　使用 SIN 函数计算指定角度的正弦值

SIN 函数用于返回给定角度的正弦值。下面将详细介绍 SIN 函数的语法结构以及使用 SIN 函数计算指定角度的正弦值的方法。

1. 语法结构

SIN(number)

SIN 函数具有以下参数。

number：需要求正弦的角度，以弧度表示。如果参数的单位是度，则可以乘以 PI()/180 或使用 RADIANS 函数将其转换为弧度。

2. 应用举例

在已知角度的情况下，使用 SIN 函数可以方便快速地计算出其正弦值。下面将详细介绍本例的操作方法。

第1步　选择 B2 单元格，在编辑栏中输入函数 "=RADIANS(A2)"。

第2步　按 Enter 键，即可将 15 度转换为弧度值 0.261799388。

第3步　选中 B2 单元格，向下拖动进行公式填充，即可将其他角度转换为弧度值，如图 6-28 所示。

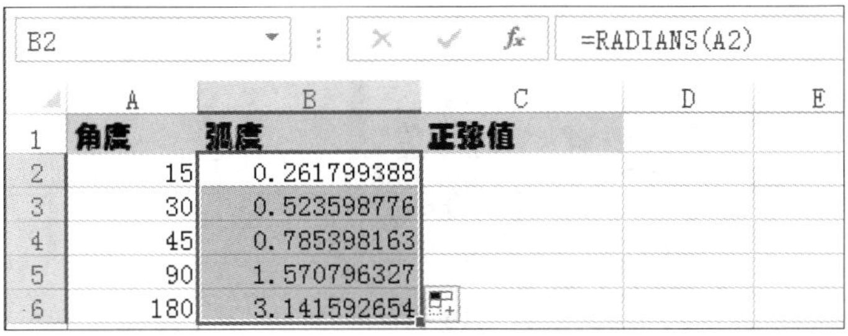

图 6-28

第4步　选择 C2 单元格，在编辑栏中输入函数 "=SIN(B2)"。

第5步　按 Enter 键，即可计算出 15 度对应的正弦值 0.258819045。

第6步　选中 C2 单元格，向下拖动进行公式填充，即可计算出其他角度对应的正弦值，如图 6-29 所示。

C2 =SIN(B2)

	A	B	C
1	角度	弧度	正弦值
2	15	0.261799388	0.258819045
3	30	0.523598776	0.5
4	45	0.785398163	0.707106781
5	90	1.570796327	1
6	180	3.141592654	1.22515E-16

图 6-29

6.6.9 使用 TAN 函数计算给定角度的正切值

TAN 函数用于返回给定角度的正切值。下面将详细介绍 TAN 函数的语法结构以及使用 TAN 函数计算给定角度的正切值的方法。

1. 语法结构

TAN(number)

TAN 函数具有以下参数。

number：要求正切的角度，以弧度表示。如果参数的单位是度，则可以乘以 PI()/180 或使用 RADIANS 函数将其转换为弧度。

2. 应用举例

在已知角度的前提下，使用 TAN 函数，可以正确计算出该角度的正切值，下面详细介绍具体操作方法。

第 1 步 选择 B2 单元格，在编辑栏中输入公式“=TAN(A2)”。

第 2 步 按 Enter 键，在 B2 单元格中，系统会自动计算出正切值。

第 3 步 选中 B2 单元格，向下填充公式至其他单元格，即可完成计算给定角度的正切值的操作，如图 6-30 所示。

B2 =TAN(A2)

	A	B
1	弧度	正切值
2	1.047197551	1.732050808
3	1.0466	1.729663074
4	1.04766	1.733902086
5	1.0456	1.725678231
6	1.04516	1.723929254

图 6-30

6.6.10 使用 TANH 函数计算双曲正切值

TANH 函数用于返回任意实数的双曲正切值。下面将详细介绍 TANH 函数的语法结构以及使用 TANH 函数计算双曲正切值的方法。

1. 语法结构

TANH(number)

TANH 函数具有以下参数。

number：任意实数。

2. 应用举例

在已知弧度的情况下，使用 TANH 函数可以计算双曲正切值，下面详细介绍其操作方法。

第 1 步 选择 B2 单元格，在编辑栏中输入公式"=TANH(A2)"。

第 2 步 按 Enter 键，在 B2 单元格中，系统会自动计算出双曲正切值。

第 3 步 选中 B2 单元格，向下填充公式至其他单元格，即可完成计算双曲正切值的操作，如图 6-31 所示。

B2		⋮ × ✓ *fx*	=TANH(A2)		
◢	A	B	C	D	
1	弧度	双曲正切值			
2	0.785	0.655794203			
3	1.571	0.917152336			
4	2.356	0.98219338			
5	3.142	0.996272076			
6	4.712	0.999838614			
7	6.283	0.999993025			

图 6-31

6.7　其他数学与三角函数

在数学与三角函数中，还有 PI 函数、ROMAN 函数、SQRTPI 函数和 SUBTOTAL 函数等一些其他函数。本节将列举一些其他数学与三角函数的应用案例，并对其进行详细的讲解。

6.7.1　使用 PI 函数计算圆周长

PI 函数用于返回数字 3.14159265358979，即数学常量 pi，精确到小数点后 14 位。下面将详细介绍 PI 函数的语法结构以及使用 PI 函数计算圆周长的方法。

1. 语法结构

PI()

PI 函数没有参数。

2. 应用举例

在本例中，已知一个圆形喷泉，半径 5 米，需要在四周接环形管子，求管子的长度。下面详细介绍其操作方法。

第1步 选择 B2 单元格，在编辑栏中输入公式 "=2*PI()*A2"。

第2步 按 Enter 键，即可计算出管子的长度，如图 6-32 所示。

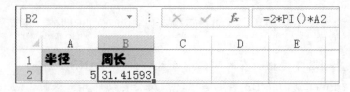

图 6-32

6.7.2 使用 ROMAN 函数将阿拉伯数字转为罗马数字

ROMAN 函数用于将阿拉伯数字转换为文本形式的罗马数字。下面将详细介绍 ROMAN 函数的语法结构以及使用 ROMAN 函数将阿拉伯数字转换为罗马数字的方法。

1. 语法结构

ROMAN(number[, form])

ROMAN 函数具有以下参数。

number：要转换的阿拉伯数字。

form：一个数字，指定所需的罗马数字类型。罗马数字的样式范围可以从经典到简化，随着 form 值的增加趋于简单。表 6-2 列出了 form 参数的取值情况。

表 6-2　form 的取值与转换类型

form 参数值	类　　型
0 或省略	经典
1	更简明
2	比 1 更简明
3	比 2 更简明
4	简化
TRUE	经典
FALSE	简化

2. 应用举例

本例将使用 ROMAN 函数将指定的阿拉伯数字转换为满足条件的罗马数字，下面详细介绍其操作方法。

第1步 选择 C2 单元格，在编辑栏中输入公式 "=ROMAN(A2,0)"。

第 2 步 按 Enter 键，即可将阿拉伯数字 499 转换为罗马数字，如图 6-33 所示。

C2　=ROMAN(A2,0)

	A	B	C	D	E
1	阿拉伯数字	转换条件	对应的罗马数字		
2	499	0	CDXCIX		
3	499	1			
4	499	2			
5	499	3			
6	499	4			

图 6-33

第 3 步 在 C3、C4、C5 和 C6 单元格中，分别输入公式“=ROMAN(A3,1)”“=ROMAN(A4,2)”“=ROMAN(A5,3)”和“=ROMAN(A6,4)”，并按 Enter 键，即可将阿拉伯数字转换为指定形式的罗马数字，如图 6-34 所示。

C6　=ROMAN(A6,4)

	A	B	C	D	E
1	阿拉伯数字	转换条件	对应的罗马数字		
2	499	0	CDXCIX		
3	499	1	LDVLIV		
4	499	2	XDIX		
5	499	3	VDIV		
6	499	4	ID		

图 6-34

6.7.3　使用 SUBTOTAL 函数汇总员工工资情况

SUBTOTAL 函数用于返回列表或数据库中的分类汇总。一般情况下，在 Excel 应用程序中，切换到【数据】选项卡，在【分级显示】组中单击【分类汇总】按钮更便于创建带有分类汇总的列表。一旦创建了分类汇总列表，就可以通过编辑 SUBTOTAL 函数对该列表进行修改。下面将详细介绍 SUBTOTAL 函数的语法结构以及使用 SUBTOTAL 函数计算数据表中员工的年薪总和的方法。

1. 语法结构

SUBTOTAL(function_num,ref1[,ref2,…])

SUBTOTAL 函数具有以下参数。

function_num：要对列表或数据库进行的汇总方式，该参数为 1 到 11(包含隐藏值)或 101 到 111(忽略隐藏值)之间的数字。表 6-3 列出了 function_num 参数的取值情况。

ref1：要对其进行分类汇总计算的第一个命名区域或引用。

ref2,…：要对其进行分类汇总计算的第 2 到 254 个命名区域或引用。

表 6-3 function_num 参数的取值与对应函数

function_num(包含隐藏值)	function_num(忽略隐藏值)	对应函数	函数功能
1	101	AVERAGE	统计平均值
2	102	COUNT	统计数值单元格数
3	103	COUNTA	统计非空单元格数
4	104	MAX	统计最大值
5	105	MIN	统计最小值
6	106	PRODUCT	求积
7	107	STDEV	统计标准偏差
8	108	STDEVP	统计总体标准偏差
9	109	SUM	求和
10	110	VAR	统计方差
11	111	VARP	统计总体方差

2. 应用举例

本例将使用 SUBTOTAL 函数汇总某部门员工工资情况，下面详细介绍其操作方法。

第 1 步 工作表数据区域 A1:D14 包含 14 行，其中第 2、4、5、7、8、9、10、11、12 行被隐藏。选择 F2 单元格，在编辑栏中输入公式 "=SUBTOTAL(109,D3:D14)"。

第 2 步 按 Enter 键，即可计算出图中显示的 4 行数据中销售部员工的年薪总和，如图 6-35 所示。

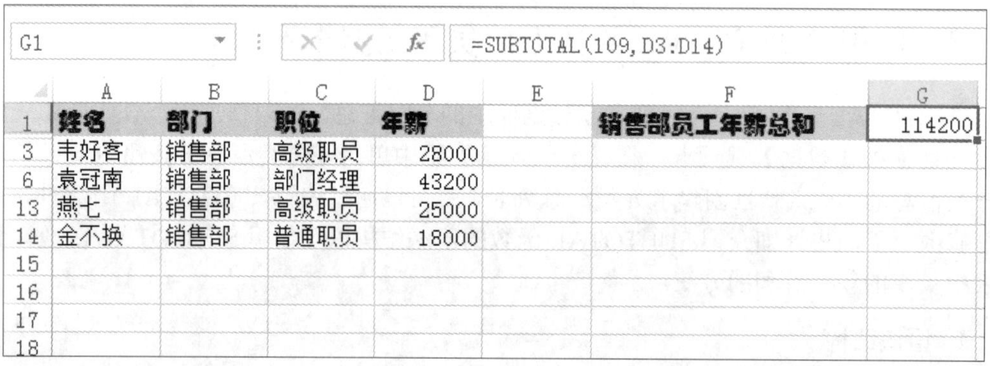

图 6-35

6.8 实践案例与上机指导

通过本章的学习，读者基本可以掌握数学与三角函数的基本知识以及一些常见的操作方法。下面通过练习操作，以达到巩固学习、拓展提高的目的。

6.8.1 使用 MROUND 函数计算车次

MROUND 函数用于将参数按指定的基数舍入到最接近的数字。本例将使用 MROUND 函数计算商品的运送车次，运送规则为：每 50 件商品装一车，如果最后剩余的商品数量大于等于 25 件，则可以再派一辆车运送；否则，将剩余商品通过人工送达，即不使用车辆运送，不计车次。下面详细介绍其操作方法。

素材文件 配套素材\第 6 章\素材文件\6.8.1 素材.xlsx
效果文件 配套素材\第 6 章\效果文件\计算车次.xlsx

第 1 步 打开素材文件，选择 B3 单元格，在编辑栏中输入公式 "=MROUND(B1,B2)/B2"。

第 2 步 按 Enter 键，即可计算出商品运送车次，如图 6-36 所示。

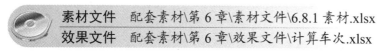

图 6-36

6.8.2 计算四项比赛对局总次数

有四项比赛项目，都是两人一局比赛，要求根据人数计算所有项目需要进行多少次比赛。下面详细介绍其操作方法。

素材文件 配套素材\第 6 章\素材文件\6.8.2 素材.xlsx
效果文件 配套素材\第 6 章\效果文件\对局总次数.xlsx

第 1 步 打开素材文件，选择 B6 单元格，在编辑栏中输入公式 "=SUM(COMBIN(B2:B5,2))"。

第 2 步 按 Ctrl+Shift+Enter 组合键，即可计算出四项比赛对局总次数，如图 6-37 所示。

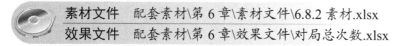

图 6-37

知识精讲

本例中 COMBIN 函数利用了数组参数，表示对多个数据同时计算组合次数，然后利用 SUM 函数汇总。COMBIN 函数的第一参数是区域时，表示分别对区域中每个单元格进行组合运算。如果第二参数使用区域或者数组，则表示对第一个参数按不同的数量进行分别组合，如 "= SUM(COMBIN(10,{2,3,4}))"。

如果 COBMIN 函数需要使用两个数组参数，则两个数组参数的大小必须一致。

6.8.3　随机抽取中奖号码

RANDBETWEEN 函数与 RAND 函数同样是随机函数，但 RANDBETWEEN 函数可以指定某个范围，并在范围内随机返回数据。下面详细介绍随机抽取中奖号码的操作方法。

素材文件　配套素材\第 6 章\素材文件\ 6.8.3 素材.xlsx
效果文件　配套素材\第 6 章\效果文件\抽取中奖号码.xlsx

第 1 步　打开素材文件，选择 C2 单元格，在编辑栏中输入公式 "=RANDBETWEEN (B2,B6)"。

第 2 步　按 Enter 键，在 C2 单元格中，系统会随机返回一个在 1001 与 1005 之间的数值，如图 6-38 所示。

| C2 | | ▼ | ⋮ | ✕ | ✓ | *fx* | =RANDBETWEEN(B2,B6) |

◢	A	B	C	D	E
1	姓名	所持号码	抽奖结果		
2	柳婵诗	1001			
3	顾莫言	1002			
4	任水寒	1003	1001		
5	金磨针	1004			
6	丁玲珑	1005			

图 6-38

6.9　思考与练习

一、填空题

如果要将一个数字舍入到最接近的整数，或者要将一个数字舍入为 10 的倍数以简化一个近似的量，那么可以使用一些涉及_____的函数。

二、判断题

使用阶乘可以计算出一组不同的项目有多少种排列组合方法；同时为了模拟实际情况，

经常需要由计算机自动生成一些数据，这时就可以运用随机数来计算。　　　（　　）

三、思考题

1. 如何使用 ABS 函数计算两地的温差？

2. 如何使用 SUM 函数计算学生总分成绩？

第 7 章

财 务 函 数

本章要点

- 常用的财务函数
- 折旧值计算函数
- 投资计算函数
- 本金与利息函数
- 收益率函数
- 债券与证券函数

本章主要内容

本章主要介绍财务函数方面的基本知识，同时还讲解折旧值计算函数、投资计算函数、本金与利息函数、收益率函数和债券与证券函数方面一些常用函数的应用。通过本章的学习，读者可以掌握财务函数方面的知识，为深入学习 Excel 2013 公式、函数、图表与数据分析知识奠定基础。

7.1 常用的财务函数

Excel 中附带了许多财务函数，这些函数的功能非常强大，可以帮助用户完成企业及个人财务管理，可以使用这些函数来计算贷款的逐月还款额、投资活动的内部返还率以及资产年度折旧率等项目。

表 7-1 中列出了常用的财务函数。

表 7-1 常用的财务函数

函　数	说　明
ACCRINT	返回定期支付利息的债券的应计利息
ACCRINTM	返回在到期日支付利息的债券的应计利息
AMORDEGRC	返回每个记账期的折旧值
AMORLINC	返回每个记账期的折旧值
COUPDAYBS	返回从付息期开始到成交日之间的天数
COUPDAYS	返回包含成交日的付息天数
COUPDAYSNC	返回从成交日到下一付息日之间的天数
COUPNCD	返回成交日之后的下一个付息日
COUPNUM	返回成交日和到期日之间的应付利息次数
CUMIPMT	返回两个付款期之间累积支付的利息
COUPPCD	返回成交日之前的上一付息日
DB	使用固定余额递减法，返回一笔资产在给定期间的折旧值
DDB	使用双倍余额递减法，返回一笔资产在给定期间的折旧值
DISC	返回债券的贴现率
DOLLARDE	将以分数表示的价格转换为以小数表示的价格
DOLLARFR	将以小数表示的价格转换为以分数表示的价格
DURATION	返回定期支付利息的债券的每年期限
EFFECT	返回年有效利率
FV	返回一笔投资的未来值
FVSCHEDULE	返回应用一系列复利率计算的初始本金的未来值
INTRATE	返回完全投资型债券的利率
IPMT	返回一笔投资在给定期间内的利息偿还额
IRR	返回一系列现金流的内部收益率
ISPMT	计算特定投资期内要支付的利息
MDURATION	返回假设面值为¥100 的有价证券的 Macauley 修正期限

函　　数	说　　明
MIRR	返回正和负现金流以不同利率进行计算的内部收益率
NOMINAL	返回年度的名义利率
NPER	返回投资的期数
NPV	返回基于一系列定期的现金流和贴现率计算的投资的净现值
ODDFPRICE	返回每张票面为¥100且第一期为奇数的债券的现价
ODDFYIELD	返回第一期为奇数的债券的收益
ODDLPRICE	返回每张票面为¥100且最后一期为奇数的债券的现价
ODDLYIELD	返回最后一期为奇数的债券的收益
PMT	返回年金的定期支付金额
PPMT	返回一笔投资在给定期间内偿还的本金
PRICE	返回每张票面为¥100且定期支付利息的债券的现价
PRICEDISC	返回每张票面为¥100的已贴现债券的现价
PRICEMAT	返回每张票面为¥100且在到期日支付利息的债券的现价
PV	返回投资的现值
RATE	返回年金的各期利率
RECEIVED	返回完全投资型债券在到期日收回的金额
SLN	返回固定资产的每期线性折旧费
SYD	返回某项固定资产按年限总和折旧法计算的每期折旧金额
TBILLEQ	返回国库券的等价债券收益
TBILLYIELD	返回面值为¥100的国库券的价格
VDB	使用余额递减法，返回一笔资产在给定期间或部分期间内的折旧值
XIRR	返回一组现金流的内部收益率，这些现金流不一定定期发生
XNPV	返回一组现金流的净现值，这些现金流不一定定期发生
YIELD	返回定期支付利息的债券的收益
YIELDDISC	返回已贴现债券的年收益，例如，短期国库券
YIELDMAT	返回在到期日支付利息的债券的年收益

7.2　折旧值计算函数

折旧值计算函数是用来计算固定资产折旧值的一类函数。本节将列举一些进行折旧值
计算的财务函数的应用案例，并对其进行详细的讲解。

7.2.1 使用 AMORDEGRC 函数计算第一时期的折旧值

AMORDEGRC 函数用于返回每个结算期间的折旧值。该函数主要为法国会计系统提供。如果某项资产是在该结算期的中期购入的，则按直线折旧法计算。该函数与 AMORLINC 函数很相似，不同之处在于该函数中用于计算的折旧系数取决于资产的寿命。下面将详细介绍 AMORDEGRC 函数的语法结构以及使用 AMORDEGRC 函数计算第一时期的折旧值的方法。

1. 语法结构

AMORDEGRC(cost, date_purchased, first_period, salvage, period, rate[, basis])
AMORDEGRC 函数具有以下参数。

cost：资产原值。

date_purchased：购入资产的日期。

first_period：第一个期间结束时的日期。

salvage：资产在使用寿命结束时的残值。

period：计算折旧值的期间。

rate：折旧率。

basis：使用的年基准。表 7-2 中列出了 basis 参数的取值。

表 7-2　basis 参数的取值

basis 参数值	说　明
0 或省略	一年以 360 天为准(NASD 方法)
1	用实际天数除以该年的实际天数，即 365 或 366
3	一年以 365 天为准
4	一年以 360 天为准(欧洲方法)

此函数的折旧系数如表 7-3 所示。

表 7-3　AMORDEGRC 函数的折旧系数

资产的生命周期(1/rate)	折旧系数
3 到 4 年	1.5
5 到 6 年	2
6 年以上	2.5

2. 应用举例

某工厂在 2015 年 1 月 20 日引进一批设备，购买价格为 12 万欧元，第一时期结束的日期为 2016 年 8 月 19 日，折旧期间为 1 年，设备残值为 3.6 万欧元，折旧率为 10%，现在要求使用 AMORDEGRC 函数计算第一时期的折旧值。下面详细介绍其操作方法。

第 1 步　选择 B10 单元格，在编辑栏中输入公式 "=AMORDEGRC(B2,B3,B4,B5,B6,

B7,B8)"。

第 2 步　按 Enter 键，即可计算出结果，如图 7-1 所示。

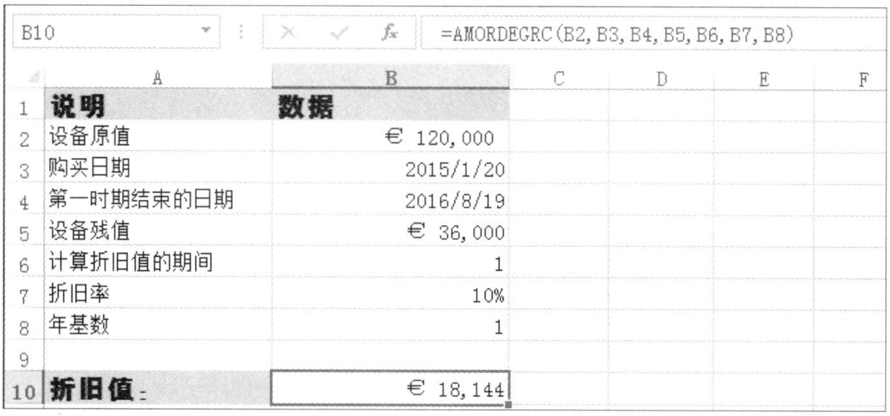

图 7-1

7.2.2　使用 AMORLINC 函数计算第一时期的折旧值

AMORLINC 函数用于返回每个结算期间的折旧值，该函数为法国会计系统提供。如果某项资产是在结算期间的中期购入的，则按线性折旧法计算。下面将详细介绍 AMORLINC 函数的语法结构以及使用 AMORLINC 函数计算第一时期的折旧值的方法。

1. 语法结构

AMORLINC(cost, date_purchased, first_period, salvage, period, rate[, basis])
AMORLINC 函数具有以下参数。

cost：资产原值。

date_purchased：购入资产的日期。

first_period：第一个期间结束时的日期。

salvage(必)：资产在使用寿命结束时的残值。

period：计算折旧值的期间。

rate：折旧率。

basis：要使用的年基准。

2. 应用举例

某工厂在 2015 年 1 月 20 日引进一批设备，购买价格为 12 万欧元，第一时期结束的日期为 2016 年 8 月 19 日，折旧期间为 1 年，设备的残值为 3.6 万欧元，折旧率为 10%，现在要求使用 AMORLINC 函数计算第一时期的折旧值。下面详细介绍其操作方法。

第 1 步　选择 B10 单元格，在编辑栏中输入公式"＝AMORLINC(B2,B3,B4,B5,B6,B7,B8)"。

第 2 步　按 Enter 键，即可计算出结果，如图 7-2 所示。

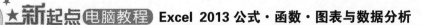

	A	B	C	D	E	F
1	**说明**	**数据**				
2	设备原值	€ 120,000				
3	购买日期	2015/1/20				
4	第一时期结束的日期	2016/8/19				
5	设备残值	€ 36,000				
6	计算折旧值的期间	1				
7	折旧率	10%				
8	年基数	1				
9						
10	**折旧值**	€ 12,000				

B10 的编辑栏: `=AMORLINC(B2,B3,B4,B5,B6,B7,B8)`

图 7-2

7.2.3 使用 DB 函数计算每年的折旧值

DB 函数用于使用固定余额递减法，计算一笔资产在给定期间内的折旧值。下面将详细介绍 DB 函数的语法结构以及使用 DB 函数计算每年的折旧值的方法。

1. 语法结构

DB(cost, salvage, life, period[, month])
DB 函数具有以下参数。
cost：资产原值。
salvage：资产在折旧期末的价值(有时也称为资产残值)。
life：资产的折旧期数。
period：需要计算折旧值的期间。必须使用与 life 相同的单位。
month：第一年的月份数，如省略，则假设为 12。

2. 应用举例

本例将使用 DB 函数计算每年的折旧值，下面详细介绍其操作方法。

第 1 步 录入固定资产的原值、可使用年限、残值等数据到工作表中，并输入要求解的各年限。

第 2 步 选择 B5 单元格，在编辑栏中输入公式 "=DB($B$2,$D$2,$C$2,A5,$E$2)" 。

第 3 步 按 Enter 键，即可计算出该项固定资产第 1 年的折旧额。

第 4 步 选中 B5 单元格，向下拖动进行公式填充，即可计算出各个年限的折旧额，如图 7-3 所示。

智慧锦囊

　　固定余额递减法是一种加速折旧法，即在预计的使用年限内将后期折旧的一部分移到前期，使前期折旧额大于后期折旧额。

图 7-3

7.2.4　使用 SLN 函数计算线性折旧值

SLN 函数用于返回某项资产在一个期间中的线性折旧值。下面将详细介绍 SLN 函数的语法结构以及使用 SLN 函数计算线性折旧值的方法。

1. 语法结构

SLN(cost, salvage, life)

SLN 函数具有以下参数。

cost：资产原值。

salvage：资产在折旧期末的价值(有时也称为资产残值)。

life：资产的折旧期数。

2. 应用举例

某人购买一台跑步机，购买价格为 2.8 万元，使用寿命为 4 年，资产残值为 9000 元，计算平均每年的折旧金额。下面详细介绍其操作方法。

第 1 步　选择 C6 单元格，在编辑栏中输入公式 "=SLN(B2,B3,B4)"。

第 2 步　按 Enter 键，即可计算出每年的折旧金额，如图 7-4 所示。

图 7-4

智慧锦囊

　　SLN 函数使用线性折旧法求折旧值，所以不要考虑计算折旧值的期间。但是函数的返回结果会随着折旧的年度单位或月度单位变化。

7.2.5 使用 SYD 函数按年限总和折旧法计算折旧值

　　SYD 函数用于返回某项资产按年限总和折旧法计算的指定期间的折旧值。下面将详细介绍 SYD 函数的语法结构以及使用 SYD 函数按年限总和折旧法计算折旧值的方法。

1. 语法结构

SYD(cost, salvage, life, per)

SYD 函数具有以下参数。

cost：资产原值。

salvage：资产在折旧期末的价值(有时也称为资产残值)。

life：资产的折旧期数。

per：折旧期间，其单位与 life 相同。

2. 应用举例

　　假设某公司在第一年的 3 月份购买了一台新机器，价值为 15 万元，使用寿命为 5 年，估计残值为 1 万元，现在要求使用年限总和折旧法计算每年的折旧值。下面详细介绍其操作方法。

　　第 1 步 选择 D2 单元格，在编辑栏中输入公式 "=SYD($B$2,$B$3,$B$4,C2)"。

　　第 2 步 按 Enter 键，即可计算出第一年的折旧值。

　　第 3 步 选中 D2 单元格，向下拖动进行公式填充，即可计算出其他年限的折旧值，如图 7-5 所示。

D2		fx	=SYD($B$2,$B$3,$B$4,C2)		
	A	B	C	D	E	F
1	说明	数据	年限	折旧值		
2	购买原值	￥150,000	1	￥46,667		
3	残值	￥10,000	2	￥37,333		
4	使用寿命	5	3	￥28,000		
5			4	￥18,667		
6			5	￥9,333		

图 7-5

7.2.6 使用 VDB 函数按余额递减法计算房屋折旧值

　　VDB 函数用于使用双倍余额递减法或其他指定的方法，返回指定的任何期间内(包括部分期间)的资产折旧值。函数 VDB 代表可变余额递减法。下面将详细介绍 VDB 函数的语法结构以及使用 VDB 函数按余额递减法计算房屋折旧值的方法。

1. 语法结构

VDB(cost, salvage, life, start_period, end_period[, factor, no_switch])

VDB 函数具有以下参数。

cost：资产原值。

salvage：资产在折旧期末的价值(有时也称为资产残值)。此值可以是 0。

life：资产的折旧期数。

start_period：进行折旧计算的起始期间。必须使用与 life 相同的单位。

end_period：进行折旧计算的截止期间。必须使用与 life 相同的单位。

factor：余额递减速率。如果 factor 被省略，则假设为 2(双倍余额递减法)。如果不想使用双倍余额递减法，可更改 factor 的值。

no_switch：一逻辑值，指定当折旧值大于余额递减计算值时，是否转用直线折旧法。

2. 应用举例

在给定条件充足的情况下，使用 VDB 函数可以准确地计算出房屋的折旧值，下面详细介绍其操作方法。

第 1 步 选择 B7 单元格，在编辑栏中输入公式"=VDB(B2,B3,B4,B5,B6)"。

第 2 步 按 Enter 键，在 B7 单元格中，系统会自动计算出房屋折旧值，如图 7-6 所示。

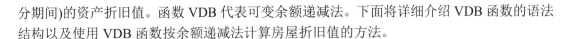

图 7-6

7.3　投资计算函数

投资计算函数是用于计算投资与收益的一类函数，最常见的投资评价方法包括净现值法、回收期法和内含报酬率法等。本节将列举一些进行投资计算的财务函数的应用案例，并对其进行详细的讲解。

7.3.1 使用 FV 函数计算存款加利息数

FV 函数用于基于固定利率及等额分期付款方式，返回某项投资的未来值。下面将详细介绍 FV 函数的语法结构以及使用 FV 函数计算存款加利息数的方法。

1. 语法结构

FV(rate,nper,pmt[,pv,type])

FV 函数具有以下参数。

rate：各期利率。

nper：年金的付款总期数。

pmt：各期所应支付的金额，其数值在整个年金期间保持不变。通常，pmt 包括本金和利息，但不包括其他费用或税款。如果省略 pmt，则必须包括 pv 参数。

pv：现值，或一系列未来付款的当前值的累积和。如果省略 pv，则假设其值为 0，并且必须包括 pmt 参数。

type：投资类型，使用数字 0 或 1，用以指定各期的付款时间是在期初还是期末。如果省略 type，则假设其值为 0。

2. 应用举例

本例中的工作表给出了用户的存款、利率以及存款年限等信息，要求计算存款加利息。下面详细介绍其操作方法。

第 1 步 选择 E2 单元格，在编辑栏中输入公式"=FV(B2,D2,−C2,0)"。

第 2 步 按 Enter 键，即可计算出第一个人的存款加利息数。

第 3 步 选中 E2 单元格，向下拖动进行公式填充，即可计算出其他人员的存款加利息数，如图 7-7 所示。

	A	B	C	D	E
				fx	=FV(B2,D2,−C2,0)
1	姓名	利率	每年存款	存款年限	存款加利息
2	秦水支	15.00%	62600	5	￥422,073.07
3	李念儿	13.50%	66400	8	￥862,717.37
4	文彩依	12.80%	59300	9	￥906,422.42
5	柳婵诗	11.80%	68300	6	￥551,475.48
6	顾莫言	14.20%	48800	5	￥323,854.52
7	任水寒	12.10%	49300	5	￥313,818.27
8	金磨针	10.50%	65200	3	￥216,856.83

图 7-7

7.3.2 使用 NPER 函数计算存款达到 1 万元需要几个月

NPER 函数用于基于固定利率及等额分期付款方式，返回某项投资的总期数，下面将详细介绍 NPER 函数的语法结构以及使用 NPER 函数根据利息和存款数计算存款达到 1 万元需要几个月的方法。

1. 语法结构

NPER(rate,pmt,pv[,fv,type])

NPER 函数具有以下参数。

rate：各期利率。

pmt：各期所应支付的金额，其数值在整个年金期间保持不变。通常，pmt 包括本金和利息，但不包括其他费用或税款。

pv：现值，或一系列未来付款的当前值的累积和。

fv：未来值，或在最后一次付款后希望得到的现金余额。如果省略 fv，则假设其值为 0。

type：投资类型，使用数字 0 或 1，用以指定各期的付款时间是在期初还是期末。

2. 应用举例

本例中年利息为 14.72%，假设存款为 1000 元，要计算存款到达 1 万元时需要多少个月。下面详细介绍其操作方法。

第 1 步　选择 D2 单元格，在编辑栏中输入公式 "=NPER(A2,0,-B2,C2)*12"。

第 2 步　按 Enter 键，即可计算出需要多少个月才能达到 1 万元，如图 7-8 所示。

图 7-8

知识精讲

因为 NPER 函数的结果为年，所以本例公式中要将其乘以 12 转换成月数。

7.3.3　使用 NPV 函数计算某项投资的净现值

NPV 函数用于通过使用贴现率以及一系列未来支出(负值)和收入(正值)，返回一项投资的净现值。下面将详细介绍 NPV 函数的语法结构以及使用 NPV 函数计算某项投资的净现值的方法。

1. 语法结构

NPV(rate,value1[,value2,…])

NPV 函数具有以下参数。

rate：某一期间的贴现率。

value1：现金流的第 1 个参数。

value2, …：现金流的第 2 到 254 个参数。

2. 应用举例

在给定条件充足的情况下，使用 NPV 函数可以快速计算投资的净现值，下面详细介绍其操作方法。

第 1 步 选择 D3 单元格，在编辑栏中输入公式 "=NPV(C3,A2,-B3,A4,-B5)"。

第 2 步 按 Enter 键，即可计算出投资的净现值，如图 7-9 所示。

	A	B	C	D	E	F
D3				=NPV(A3, A2, -B3, A4, -B5)		
1	收入金额	支出金额	贴现率	净现值		
2	86000					
3		75000				
4	30000		6%	¥24,521.14		
5		19000				

图 7-9

7.3.4 使用 PV 函数计算贷款买车的贷款额

PV 函数用于返回投资的现值，即一系列未来付款的当前值的累积和。例如，借入方的借入款即为贷出方贷款的现值。下面将详细介绍 PV 函数的语法结构以及使用 PV 函数计算贷款买车的贷款额的方法。

1. 语法结构

PV(rate, nper, pmt[, fv, type])
PV 函数具有以下参数。

rate：各期利率。例如，如果按 10% 的年利率借入一笔贷款来购买汽车，并按月偿还贷款，则月利率为 10%/12(即 0.83%)。可以在公式中输入 10%/12 或 0.83% 作为 rate 的值。

nper：年金的付款总期数。例如，对于一笔 4 年期按月偿还的汽车贷款，共有 4×12(即 48)个偿款期。可以在公式中输入 48 作为 nper 的值。

pmt：各期所应支付的金额，其数值在整个年金期间保持不变。通常，pmt 包括本金和利息，但不包括其他费用或税款。例如，¥10000 的年利率为 12% 的 4 年期汽车贷款的月偿还额为 ¥263.33。可以在公式中输入 -263.33 作为 pmt 的值。如果省略 pmt，则必须包含 fv 参数。

fv：未来值，或在最后一次支付后希望得到的现金余额。如果省略 fv，则假设其值为 0。可以根据保守估计的利率来决定每月的存款额。如果省略 fv，则必须包含 pmt 参数。

type：投资类型，使用数字 0 或 1，用以指定各期的付款时间是在期初还是期末。

2. 应用举例

在给定条件充足的情况下，使用 PV 函数可以快速计算贷款买车的贷款额，下面详细介绍其操作方法。

第 1 步 选择 B5 单元格，在编辑栏中输入公式 "=PV(B3/12，B2*12，-B4)"。

第 2 步 按 Enter 键，在 B5 单元格中，系统会自动计算出贷款买车的贷款额，如

图 7-10 所示。

图 7-10

7.3.5　使用 XNPV 函数计算未必定期发生的投资净现值

XNPV 函数用于返回一组不定期现金流的净现值。下面将详细介绍 XNPV 函数的语法结构以及使用 XNPV 函数计算未必定期发生的投资净现值的方法。

1. 语法结构

XNPV(rate, values, dates)

XNPV 函数具有以下参数。

rate：应用于现金流的贴现率。

values：与 dates 中的支付时间相对应的一系列现金流。首期支付是可选的，并与投资开始时的成本或支付有关。如果第一个值是成本或支付，则它必须是负值。所有后续支付都基于 365 天/年贴现。数值系列必须至少要包含一个正数和一个负数。

dates：与现金流支付相对应的支付日期表。第一个支付日期代表支付表的开始日期。其他所有日期应迟于该日期，但可按任何顺序排列。

2. 应用举例

在给定条件充足的情况下，使用 XNPV 函数可以快速计算未必定期发生的投资净现值，下面详细介绍其操作方法。

第 1 步　选择 D3 单元格，在编辑栏中输入公式 "=XNPV(C3,B2:B5,A2:A5)"。

第 2 步　按 Enter 键，在 D3 单元格中，系统会自动计算出未必定期发生的投资净现值，如图 7-11 所示。

日期	流动资金	贴现率	净现值
	=XNPV(C3,B2:B5,A2:A5)		
2015年3月	60000		
2015年8月	−50000		
2015年9月	70000	6%	31098.04
2015年11月	−50000		

图 7-11

7.4 本金与利息函数

在现代社会，企业要发展只靠自有资金通常是不行的，还需要通过向银行贷款等方式来筹集多种渠道的资金。如果企业向银行贷款，那么可以通过使用本金与利息函数来进行相关计算，从而选择最佳的贷款方案。本节将列举一些本金与利息函数的应用案例，并对其进行详细的讲解。

7.4.1 使用 EFFECT 函数将名义年利率转换为实际年利率

EFFECT 函数用于利用给定的名义年利率和每年的复利期数，计算有效的年利率。下面将详细介绍 EFFECT 函数的语法结构以及使用 EFFECT 函数将名义年利率转换为实际年利率的方法。

1. 语法结构

EFFECT(nominal_rate, npery)
EFFECT 函数具有以下参数。
nominal_rate：名义利率。
npery：每年的复利期数。

2. 应用举例

本例将使用 EFFECT 函数将名义年利率转换为实际年利率。例如，名义年利率为 8%，复利计算期数为 4，即每年复合 4 次，每季度复合 1 次。下面详细介绍其操作方法。

第 1 步 选择 B3 单元格，在编辑栏中输入公式 "=EFFECT(B1,B2)"。

第 2 步 按 Enter 键，即可将名义年利率转换为实际年利率，如图 7-12 所示。

B3		✕ ✓ ƒx	=EFFECT(B1,B2)		
	A	B	C	D	E
1	名义年利率	8%			
2	复利计算期数	4			
3	实际年利率	8.24%			

图 7-12

7.4.2 使用 IPMT 函数计算在给定期间内的支付利息

IPMT 函数用于基于固定利率及等额分期付款方式，返回给定期间内对投资的利息偿还额。下面将详细介绍 IPMT 函数的语法结构以及使用 IPMT 函数计算在给定期间内的支付利息的方法。

1. 语法结构

IPMT(rate, per, nper, pv[, fv, type])

IPMT 函数具有以下参数。

rate：贷款的各期利率。

per：用于计算其利息数额的期数，必须在 1 到 nper 之间。

nper：年金的付款总期数。

pv：现值，或一系列未来付款的当前值的累积和。

fv：未来值，或在最后一次付款后希望得到的现金余额。如果省略 fv，则假设其值为 0(例如，一笔贷款的未来值即为 0)。

type：付款类型，使用数字 0 或 1，用以指定各期的付款时间是在期初还是期末。如果省略 type，则假设其值为 0。

知识精讲

应确认所指定的 rate 和 nper 单位的一致性。对于所有参数，支出的款项，如银行存款，表示为负数；收入的款项，如股息收入，表示为正数。

2. 应用举例

在给定条件充足的情况下，使用 IPMT 函数可以快速方便地计算贷款在给定期间内的支付利息，下面详细介绍其操作方法。

第 1 步 选择 B5 单元格，在编辑栏中输入公式"=IPMT(B4/12,1,B3*12,B2)"。

第 2 步 按 Enter 键，在 B5 单元格中，系统会自动计算出在给定期间内的支付利息，如图 7-13 所示。

B5		f_x	=IPMT(B4/12,1,B3*12,B2)	
	A		B	C
1	支付利息			
2	贷款金额		450000	
3	贷款年限		15	
4	年利率		8%	
5	利息		¥-3,000.00	

图 7-13

7.4.3　使用 NOMINAL 函数计算某债券的名义年利率

NOMINAL 函数用于基于给定的实际利率和年复利期数，返回名义年利率。下面将详细介绍 NOMINAL 函数的语法结构以及使用 NOMINAL 函数计算某债券的名义年利率的方法。

1. 语法结构

NOMINAL(effect_rate, npery)
NOMINAL 函数具有以下参数。
effect_rate：实际利率。
npery：每年的复利期数。

2. 应用举例

本例将使用 NOMINAL 函数计算某债券的名义年利率。例如，某债券的年利率为 8.75%，每年的复利期数为 5，要求债券的名义年利率。下面详细介绍其操作方法。

第1步 选择 B4 单元格，在编辑栏中输入公式 "=NOMINAL(B1,B2)"。
第2步 按 Enter 键，即可计算出该债券的名义年利率为 8.46%，如图 7-14 所示。

B4		：	✕ ✓ f_x	=NOMINAL(B1,B2)		
▲	A			B	C	D
1	债券实际利率			8.75%		
2	债券每年的复利期数			5		
3						
4	债券名义年利率			8.46%		
5						

图 7-14

7.4.4　使用 PMT 函数计算贷款的每月分期付款额

PMT 函数用于基于固定利率及等额分期付款方式，返回贷款的每期付款额。下面将详细介绍 PMT 函数的语法结构以及使用 PMT 函数计算贷款的每月分期付款额的方法。

1. 语法结构

PMT(rate, nper, pv[, fv, type])
PMT 函数具有以下参数。
rate：贷款利率。
nper：该项贷款的付款总数。
pv：现值，或一系列未来付款的当前值的累积和，也称为本金。
fv：未来值，或在最后一次付款后希望得到的现金余额。如果省略 fv，则假设其值为 0，也就是一笔贷款的未来值为 0。
type：付款类型，使用数字 0 或 1，用以指定各期的付款时间是在期初还是期末。

2. 应用举例

在给定条件充足的情况下，使用 PMT 函数可以快速方便地计算贷款的分期付款额，下面详细介绍其操作方法。

第1步 选择 B5 单元格，在编辑栏中输入公式 "=PMT(B4/12,B3*12,B2)"。

第 2 步 按 Enter 键，在 B5 单元格中，系统会自动计算出每个月的分期付款额，如图 7-15 所示。

B5				f_x	=PMT(B4/12,B3*12,B2)	
	A		B			C
1	**每月分期付款额**					
2	贷款金额		320000			
3	贷款年限		15			
4	年利率		12%			
5	分期付款额		¥-3,840.54			

图 7-15

7.4.5　使用 RATE 函数计算贷款年利率

RATE 函数用于返回年金的各期利率。下面将详细介绍 RATE 函数的语法结构以及使用 RATE 函数计算贷款年利率的方法。

1. 语法结构

RATE(nper, pmt, pv[, fv, type, guess])

RATE 函数具有以下参数。

nper：年金的付款总期数。

pmt：各期所应支付的金额，其数值在整个年金期间保持不变。通常，pmt 包括本金和利息，但不包括其他费用或税款。如果省略 pmt，则必须包含 fv 参数。

pv：现值，或一系列未来付款的当前值的累积和。

fv：未来值，或在最后一次付款后希望得到的现金余额。如果省略 fv，则假设其值为 0。

type：投资类型，使用数字 0 或 1，用以指定各期的付款时间是在期初还是期末。

guess：预期利率。

知识精讲

应确认所指定的 guess 和 nper 单位的一致性，对于年利率为 10% 的 5 年期贷款，如果按月支付，guess 为 10%/12，nper 为 5×12；如果按年支付，guess 为 10%，nper 为 5。

2. 应用举例

在给定条件充足的情况下，使用 RATE 函数可以快速地计算贷款年利率，下面详细介绍其操作方法。

第 1 步 选择 B5 单元格，在编辑栏中输入公式 "=RATE(B3*12,-B4,B2)*12"。

第 2 步 按 Enter 键，在 B5 单元格中，系统会自动计算出贷款年利率，如图 7-16 所示。

图 7-16

7.5　收益率函数

收益率函数是用于计算内部资金流量回报率的函数。本节将列举一些进行收益率计算的财务函数的应用案例，并对其进行详细的讲解。

7.5.1　使用 IRR 函数计算某项投资的内部收益率

IRR 函数用于返回由数值代表的一组现金流的内部收益率。下面将详细介绍 IRR 函数的语法结构以及使用 IRR 函数计算某项投资的内部收益率的方法。

1. 语法结构

IRR(values[, guess])
IRR 函数具有以下参数。
values：进行计算的数组或单元格的引用，即用来计算内部收益率的数字。
guess：对函数 IRR 计算结果的估计值。

2. 应用举例

内部收益率是指支出和收入以固定时间间隔发生的一笔投资所获得的利率。如果准备计算某项投资的内部收益率，那么需要使用 IRR 函数来实现。本例表格中显示了某项投资的年贴现率、初期投资金额，以及预计今后 3 年内的收益额，现在要计算该项投资的内部收益率。下面详细介绍其操作方法。

第 1 步　选择 B7 单元格，在编辑栏中输入公式"=IRR(B2:B5,B1)"。
第 2 步　按 Enter 键，即可计算出投资的内部收益率，如图 7-17 所示。

图 7-17

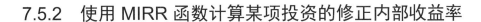

7.5.2 使用 MIRR 函数计算某项投资的修正内部收益率

MIRR 函数用于返回某一连续期间内现金流的修正内部收益率。MIRR 函数同时考虑了投资的成本和现金再投资的收益率。下面将详细介绍 MIRR 函数的语法结构以及使用 MIRR 函数计算某项投资的修正内部收益率的方法。

1. 语法结构

MIRR(values, finance_rate, reinvest_rate)

MIRR 函数具有以下参数。

values：要进行计算的一个数组或对包含数字的单元格的引用，即用来计算返回的内部收益率的数字。

finance_rate：现金流中使用的资金支付的利率。

reinvest_rate：将现金流再投资的收益率。

知识精讲

MIRR 函数根据输入值的次序来解释现金的次序。所以，务必按照实际的顺序输入支出和收入数额，并使用正确的正负号(现金流入用正值，现金流出用负值)。

2. 应用举例

MIRR 函数同时考虑了投资的成本和现金再投资的收益率，例如对于贷款再投资的问题，需要考虑到贷款的利率、再投资的收益率以及投资收益金额来计算该项投资的修正内部收益率。例如，现贷款 100000 元用于某项投资，本例表格中显示了贷款利率、再投资收益率以及预计今后 3 年内的收益率，要求计算该项投资的修正内部收益率。下面详细介绍其操作方法。

第 1 步 选择 E2 单元格，在编辑栏中输入公式"=MIRR(B3:B6,B1,B2)"。

第 2 步 按 Enter 键，即可计算出投资的修正内部收益率，如图 7-18 所示。

E2				f_x	=MIRR(B3:B6,B2)	
	A	B	C	D	E	F
1	贷款利率	7%				
2	再投资收益率	15%		内部收益率	-2%	
3	贷款金额	-100000				
4	第1年收益	18000				
5	第2年收益	26000				
6	第3年收益	40000				

图 7-18

7.5.3 使用 XIRR 函数计算未必定期发生的现金流的内部收益率

XIRR 函数用于返回一组不一定定期发生的现金流的内部收益率。下面将详细介绍

XIRR 函数的语法结构以及使用 XIRR 函数计算未必定期发生的现金流的内部收益率的方法。

1. 语法结构

XIRR(values, dates[, guess])
XIRR 函数具有以下参数。

values：与 dates 中的支付时间相对应的一系列现金流。首期支付是可选的，并与投资开始时的成本或支付有关。如果第一个值是成本或支付，则它必须是负值。所有后续支付都基于 365 天/年贴现。值系列中必须包含至少一个正值和一个负值。

dates：与现金流支付相对应的支付日期表。日期可按任何顺序排列。应使用 DATE 函数输入日期，或者将日期作为其他公式或函数的结果输入。例如，使用函数 DATE(2008,5,23) 输入 2008 年 5 月 23 日。如果日期以文本形式输入，则会出现问题。

guess：对 XIRR 函数计算结果的估计值。

2. 应用举例

本例将使用 XIRR 函数计算未必定期发生的现金流的内部收益率。例如，在本例表格中，B2:B6 为现金流发生日期，C2:C6 为现金流量，可以按照以下方法求出内部收益率。

第 1 步 选择 E2 单元格，在编辑栏中输入公式"=XIRR(C2:C6,B2:B6)"。

第 2 步 按 Enter 键，即可计算出未必定期发生的现金流的内部收益率，如图 7-19 所示。

	A	B	C	D	E
			f_x =XIRR(C2:C6,B2:B6)		
1	编号	日期	现金流量		内部收益率
2	1	2015年3月	¥4,500.00		-48.91%
3	2	2015年5月	¥-3,500.00		
4	3	2015年8月	¥1,500.00		
5	4	2015年10月	¥2,500.00		
6	5	2015年11月	¥-4,000.00		

图 7-19

7.6 债券与证券函数

Excel 2013 提供了许多债券与证券函数，运用这些函数可以较方便地进行各种类型的债券与证券分析。本节将列举一些进行债券与证券计算的财务函数的应用案例，并对其进行详细的讲解。

7.6.1 使用 ACCRINT 函数计算定期付息债券应计利息

ACCRINT 函数用于返回定期付息证券的应计利息。下面将详细介绍 ACCRINT 函数的语法结构以及使用 ACCRINT 函数计算定期付息债券应计利息的方法。

1. 语法结构

ACCRINT(issue, first_interest, settlement, rate, par, frequency[, basis, calc_method])

ACCRINT 函数具有以下参数。

issue：有价证券的发行日。

first_interest：有价证券的首次计息日。

settlement：有价证券的结算日。有价证券的结算日是指在发行日之后，有价证券卖给购买者的日期。

rate：有价证券的年息票利率。

par：证券的票面值。如果省略此参数，则 accrint 使用¥1000。

frequency：年付息次数。如果按年支付，frequency = 1；按半年期支付，frequency=2；按季支付，frequency=4。

basis：要使用的日计数基准类型。

calc_method：一个逻辑值，指定当结算日期晚于首次计息日期时用于计算总应计利息的方法。如果值为 TRUE(1)，则返回从发行日到结算日的总应计利息。如果值为 FALSE(0)，则返回从首次计息日到结算日的应计利息。如果省略此参数，则默认为 TRUE。

2. 应用举例

某企业于 2015 年 1 月 1 日分别购买了 A 和 B 两种债券。首次计息日均为 2016 年 1 月 1 日，按年付息，A 债券的票面利率为 1%，面值为 2000 元，日计数基准为 1；B 债券的票面利率为 3%，面值为 12000 元，日计数基准为 2。要求计算这两种债券的应计利息。下面详细介绍其操作方法。

第 1 步 选择 B10 单元格，在编辑栏中输入公式"=ACCRINT(B2,B3,B4,B5,B6,B7,B8)"。

第 2 步 按 Enter 键，即可计算出 A 债券的应计利息。

第 3 步 将 B10 单元格中的公式向右填充到 C10 单元格中，即可计算出 B 债券的应计利息，如图 7-20 所示。

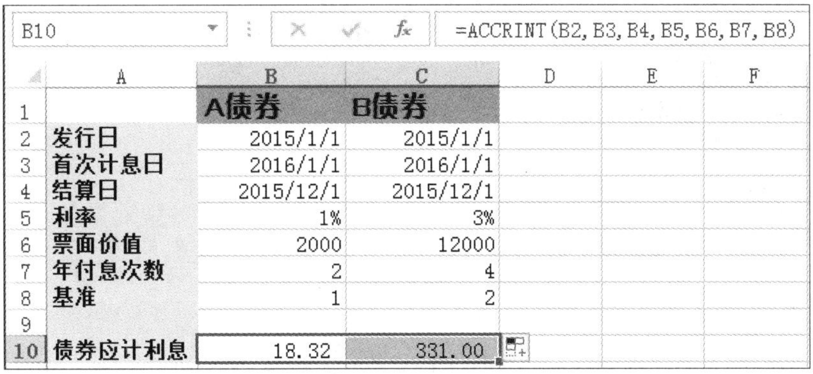

	A	B	C	D	E	F
		A债券	**B债券**			
1						
2	发行日	2015/1/1	2015/1/1			
3	首次计息日	2016/1/1	2016/1/1			
4	结算日	2015/12/1	2015/12/1			
5	利率	1%	3%			
6	票面价值	2000	12000			
7	年付息次数	2	4			
8	基准	1	2			
9						
10	债券应计利息	18.32	331.00			

B10 =ACCRINT(B2,B3,B4,B5,B6,B7,B8)

图 7-20

7.6.2　使用 COUPDAYBS 函数计算当前付息期内截止到结算日的天数

COUPDAYBS 函数用于计算结算日所在的付息期的天数。下面将详细介绍 COUPDAYBS 函数的语法结构以及使用 COUPDAYBS 函数计算当前付息期内截止到结算日的天数的方法。

1. 语法结构

COUPDAYBS(settlement, maturity, frequency[, basis])
COUPDAYBS 函数具有以下参数。

settlement：有价证券的结算日。有价证券的结算日是指在发行日之后，有价证券卖给购买者的日期。

maturity：有价证券的到期日。到期日是指有价证券有效期截止时的日期。

frequency：年付息次数。如果按年支付，frequency =1；按半年期支付，frequency=2；按季支付，frequency=4。

basis：要使用的日计数基准类型。

2. 应用举例

已知某两个有价证券的交易情况：A 证券每年付息一次，B 证券每季度付息一次。两种证券的结算日均为 2015 年 1 月 1 日，到期日为 2023 年 8 月 1 日，日计数基准为 2，要求计算当前付息期内截止到结算日的天数。下面详细介绍其操作方法。

第 1 步　选择 B7 单元格，在编辑栏中输入公式 "=COUPDAYBS(B2,B3,B4,B5)"。

第 2 步　按 Enter 键，即可计算出 A 证券当前付息期内截止到结算日的天数。

第 3 步　将 B7 单元格中的公式向右填充到 C7 单元格中，即可计算出 B 证券当前付息期内截止到结算日的天数，如图 7-21 所示。

B7		✕ ✓ fx	=COUPDAYBS(B2,B3,B4,B5)		
	A	B	C	D	E
1		A证券	B证券		
2	结算日	2015/1/1	2015/1/1		
3	到期日	2023/8/1	2023/8/1		
4	年付息次数	1	4		
5	基准	2	2		
6					
7	当前付息期内截止到结算日的天数	153	61		
8					

图 7-21

7.6.3　使用 DISC 函数计算有价证券的贴现率

DISC 函数用于返回有价证券的贴现率。下面将详细介绍 DISC 函数的语法结构以及使用 DISC 函数计算有价证券的贴现率的方法。

1. 语法结构

DISC(settlement, maturity, pr, redemption[, basis])
DISC 函数具有以下参数。

settlement：有价证券的结算日。有价证券的结算日是指在发行日之后，有价证券卖给购买者的日期。

maturity：有价证券的到期日。到期日是指有价证券有效期截止时的日期。

pr：有价证券的价格(按面值为¥100 计算)。

redemption：面值为¥100 的有价证券的清偿价值。

basis：要使用的日计数基准类型。

2. 应用举例

本例将使用 DISC 函数计算有价证券的贴现率，下面详细介绍其操作方法。

第 1 步　选择 E1 单元格，在编辑栏中输入公式"=DISC(B1,B2,B3,B4,B5)"。

第 2 步　按 Enter 键，即可计算有价证券的贴现率，如图 7-22 所示。

	A	B	C	D	E
	E1		fx	=DISC(B1,B2,B3,B4,B5)	
1	成交日	2015年10月1日		**有价证券的贴现率**	8.21%
2	到期日	2016年5月11日			
3	有价证券价格	95			
4	清偿价值	100			
5	日计数基准	1			

图 7-22

7.6.4　使用 INTRATE 函数计算一次性付息证券的利率

INTRATE 函数用于返回完全投资型证券的利率。下面将详细介绍函数 INTRATE 的语法结构以及使用 INTRATE 函数计算一次性付息证券的利率的方法。

1. 语法结构

INTRATE(settlement, maturity, investment, redemption[, basis])
INTRATE 函数具有以下参数。

settlement：有价证券的结算日。有价证券的结算日是指在发行日之后，有价证券卖给购买者的日期。

maturity：有价证券的到期日。到期日是指有价证券有效期截止时的日期。

investment：有价证券的投资额。

redemption：有价证券到期时的兑换值。

basis：要使用的日计数基准类型。

2. 应用举例

本例将使用 INTRATE 函数计算一次性付息证券的利率，下面详细介绍其操作方法。

第 1 步 选择 E1 单元格，在编辑栏中输入公式"=INTRATE(B1,B2,B3,B4,B5)"。

第 2 步 按 Enter 键，即可计算出一次性付息证券的利率，如图 7-23 所示。

	A	B	C	D	E
	E1			=INTRATE(B1,B2,B3,B4,B5)	
1	成交日	2015年10月1日		一次性付息证券的利率	18.24%
2	到期日	2016年5月11日			
3	投资额	18000			
4	清偿价值	20000			
5	日计数基准	1			

图 7-23

7.6.5 使用 YIELD 函数计算有价证券的收益率

YIELD 函数可以返回定期付息有价证券的收益率，是用于计算债券收益率的函数。下面将详细介绍 YIELD 函数的语法结构以及使用 YIELD 函数计算有价证券的收益率的方法。

1. 语法结构

YIELD(settlement, maturity, rate, pr, redemption, frequency[, basis])

YIELD 函数具有以下参数。

settlement：有价证券的结算日。有价证券的结算日是指在发行日之后，有价证券卖给购买者的日期。

maturity：有价证券的到期日。到期日是指有价证券有效期截止时的日期。

rate：有价证券的年息票利率。

pr：有价证券的价格(按面值为¥100 计算)。

redemption：面值为¥100 的有价证券的清偿价值。

frequency：年付息次数。如果按年支付，frequency=1；按半年期支付，frequency=2；按季支付，frequency=4。

basis：要使用的日计数基准类型。

2. 应用举例

某人于 2015 年 11 月 19 日购买了 A、B 两种债券，到期日均为 2018 年 12 月 30 日，按年付息；日计数基准为 2；A 债券票面利率为 5%，成交价格为 97 元；B 债券票面利率为 6%，成交价格为 90 元；清偿价值均为 100 元。若该人一直持有该债券至到期日，要求计算这两种债券的到期收益率。下面详细介绍其操作方法。

第 1 步 选择 B10 单元格，在编辑栏中输入公式"=YIELD(B2,B3,B4,B5,B6,B7,B8)"。

第 2 步 按 Enter 键，即可计算出 A 债券的收益率。

第 3 步 将 B10 单元格中的公式向右填充到 C10 单元格中，即可计算出 B 债券的收益率，如图 7-24 所示。

图 7-24

7.7 实践案例与上机指导

通过本章的学习，读者基本可以掌握财务函数的基本知识以及一些常见的操作方法。下面通过练习操作，以达到巩固学习、拓展提高的目的。

7.7.1 计算汽车的折旧值

DDB 函数用于使用双倍余额递减法或其他指定方法，计算一笔资产在给定期间内的折旧值。在给定条件充足的情况下，使用 DDB 函数可以准确地计算出汽车的折旧值。

本例中某人购买一辆汽车，购买价格为 16 万元，折旧期限为 5 年，资产的残值为 2.8 万元，折旧率为 1.5，要求使用 DDB 函数计算该汽车在每一年的折旧值。下面详细介绍其操作方法。

> 素材文件　配套素材\第 7 章\素材文件\7.7.1 素材.xlsx
> 效果文件　配套素材\第 7 章\效果文件\计算汽车的折旧值.xlsx

第 1 步 打开素材文件，选择 D2 单元格，在编辑栏中输入公式 "=DDB($B$2,$B$3, $B$4,C2,$B$5)"。

第 2 步 按 Enter 键，即可计算出汽车第一年的折旧值。

第 3 步 将 D2 单元格中的公式向下填充，直到 D6 单元格，即可计算出其他年限的折旧值，如图 7-25 所示。

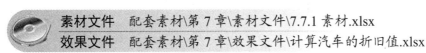

图 7-25

7.7.2 计算贷款每期返还的本金金额

PPMT 函数用于基于固定利率及等额分期付款方式,返回投资在某一给定期间内的本金偿还额。在给定条件充足的情况下,使用 PPMT 函数可以算出贷款每期返还的本金金额。

本例中某人 2005 年年底向银行贷款 120 万元,该银行的贷款月利率为 0.22%,要求月末还款,一年内还清贷款,要求计算此人每月应返还的本金金额。下面详细介绍其操作方法。

 素材文件 配套素材\第 7 章\素材文件\7.7.2 素材.xlsx
效果文件 配套素材\第 7 章\效果文件\每期返还的本金金额.xlsx

第 1 步 打开素材文件,选择 B7 单元格,在编辑栏中输入公式 "=PPMT($B$2,A7,12,$B$1,0,0)"。
第 2 步 按 Enter 键,即可计算出此人 1 月应还的本金金额。
第 3 步 将 B7 单元格中的公式向下填充,直到 B11 单元格,即可计算出其他月份的还款本金金额,如图 7-26 所示。

B7	fx	=PPMT($B$2,A7,12,$B$1,0,0)		
	A	B	C	D	E
1	贷款金额	¥1,200,000		
2	月利率	0.22%		
3	支付次数	12		
4	支付方式	月末		
5				
6	月份	**应还本金金额**		
7	1	-¥98,795.76		
8	2	-¥99,013.11		
9	3	-¥99,230.94		
10	4	-¥99,449.25		
11	5	-¥99,668.04		

图 7-26

7.7.3 计算投资期内所支付的利息

ISPMT 函数用于计算特定投资期内要支付的利息。在给定条件充足的情况下,使用 ISPMT 函数可以快速方便地计算投资期内所支付的利息。

本例中某企业为扩大规模,从银行贷款 110 万元,年利率为 4.5%,期限 6 年,要求计算该公司每年支付的利息。下面详细介绍其操作方法。

 素材文件 配套素材\第 7 章\素材文件\7.7.3 素材.xlsx
效果文件 配套素材\第 7 章\效果文件\投资期内所支付的利息.xlsx

第 1 步 打开素材文件,选择 B6 单元格,输入公式 "=ISPMT($B$2,A6,6,$B$1)"。
第 2 步 按 Enter 键,即可计算出公司第一年应支付的利息金额。
第 3 步 将 B6 单元格中的公式向下填充,直到 B11 单元格,即可计算出其他年份应付的利息金额，如图 7-27 所示。

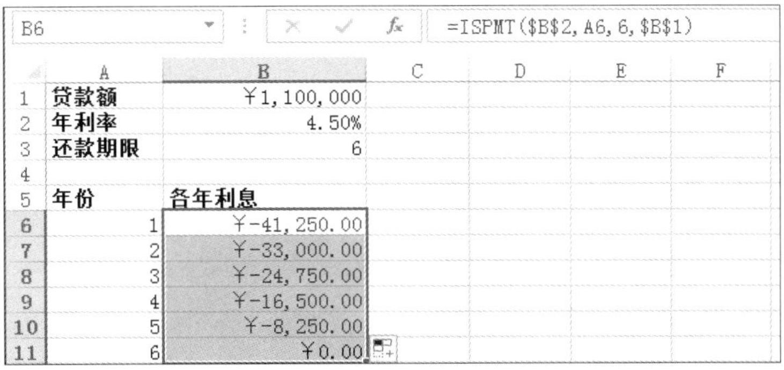

图 7-27

7.8　思考与练习

一、填空题

1. 投资计算函数是用于计算投资与收益的一类函数，最常见的投资评价方法包括_____、_____和内含报酬率法等。

2. _____函数是用来计算固定资产折旧值的一类函数。

二、判断题

1. 收益率函数是用于计算内部资金流量回报率的函数。 　　　　　　　　( )

2. 如果企业向银行贷款，那么可以通过使用证券计算函数来进行相关计算，从而选择最佳的贷款方案。 　　　　　　　　　　　( )

第 **8** 章

统 计 函 数

本章要点

- 常用的统计函数
- 平均值函数
- 数理统计函数
- 条目统计函数
- 最大值与最小值函数

本章主要内容

　　本章主要介绍统计函数的基本知识，同时还讲解平均值函数、数理统计函数、条目统计函数和最大值与最小值函数方面一些常用函数的应用。通过本章的学习，读者可以掌握统计函数方面的知识，为深入学习 Excel 2013 公式、函数、图表与数据分析知识奠定基础。

8.1 常用的统计函数

随着信息化时代的到来，越来越多的数据信息被存放在数据库中。灵活地运用统计函数，对存储在数据库中的数据信息进行分类统计就显得尤为重要。Excel 提供了多种统计函数，如表 8-1 所示。

表 8-1 常用的统计函数

函 数	说 明
AVERAGE	返回其参数的平均值
AVERAGEIF	返回区域中满足给定条件的所有单元格的平均值(算术平均值)
AVERAGEIFS	返回满足多个条件的所有单元格的平均值(算术平均值)
BINOMDIST	返回一元二项式分布的概率值
COUNT	计算参数列表中数字的个数
COUNTA	计算参数列表中值的个数
COUNTBLANK	计算区域内空白单元格的数量
COUNTIF	计算区域中满足给定条件的单元格的数量
COUNTIFS	计算区域内符合多个条件的单元格的数量
DEVSQ	返回偏差的平方和
EXPONDIST	返回指数分布
GEOMEAN	返回几何平均值
GROWTH	返回沿指数趋势的值
KURT	返回数据集的峰值
LARGE	返回数据集中第 k 个最大值
MAX	返回参数列表中的最大值
MAXA	返回参数列表中的最大值，包括数字、文本和逻辑值
MIN	返回参数列表中的最小值
MINA	返回参数列表中的最小值，包括数字、文本和逻辑值
MODE	返回在数据集内出现次数最多的值
SMALL	返回数据集中的第 k 个最小值
TRIMMEAN	返回数据集的内部平均值

8.2　平均值函数

在日常生活中，经常会使用平均值函数来进行统计分析。本节将列举一些进行平均值计算的统计函数的应用案例，并对其进行详细的讲解。

8.2.1　使用 AVERAGE 函数计算人均销售额

AVERAGE 函数用于返回参数的平均值(算术平均值)。下面将详细介绍 AVERAGE 函数的语法结构以及使用 AVERAGE 函数计算人均销售额的方法。

1. 语法结构

AVERAGE(number1[, number2, …])

AVERAGE 函数具有以下参数。

number：要计算平均值的第一个数字、单元格引用或单元格区域。

number2,…：要计算平均值的其他数字、单元格引用或单元格区域，最多可包含 255 个。

2. 应用举例

使用 AVERAGE 函数可以快速计算出销售额的平均值，下面详细介绍其操作方法。

第 1 步 选择 B9 单元格，在编辑栏中输入公式“=AVERAGE(B2:B8)”。

第 2 步 按 Enter 键，在 B9 单元格中，系统会自动计算出人均销售额，如图 8-1 所示。

B9　=AVERAGE(B2:B8)

	A	B	C
1	员工姓名	销售额	
2	苏普	7000	
3	江城子	8000	
4	柳长街	9000	
5	韦好客	7000	
6	袁冠南	7000	
7	燕七	9000	
8	金不换	9000	
9	人均销售额	8000	

图 8-1

8.2.2　使用 AVERAGEA 函数求包含文本值的平均值

AVERAGEA 函数用于计算参数列表中数值的平均值(算术平均值)。下面将详细介绍 AVERAGEA 函数的语法结构以及使用 AVERAGEA 函数求包含文本值的平均值的方法。

1. 语法结构

AVERAGEA(value1[, value1,…])

AVERAGEA 函数具有以下参数。

value1：要计算非空值的平均值的第 1 个数字，可以是直接输入的数字、单元格引用或数组。

value2,…：要计算非空值的平均值的第 2 到 255 个数字，可以是直接输入的数字、单元格引用或数组。

2. 应用举例

使用 AVERAGE 函数求平均值，其参数必须为数字，它忽略了文本和逻辑值；如果准备求包含文本值的平均值，那么需要使用 AVERAGEA 函数。下面将详细介绍使用 AVERAGEA 函数求包含文本值的平均值的操作方法。

第 1 步 选择 D2 单元格，在编辑栏中输入公式"=AVERAGEA (B2:B10)"。

第 2 步 按 Enter 键，即可使用 AVERAGEA 函数统计出平均工资，如图 8-2 所示。

	A	B	C	D	E	F	G
1	**姓名**	**工资**		**平均工资**			
2	柳兰歌	500		567.3333333			
3	秦水支	700					
4	李念儿	800					
5	文彩依	请假					
6	柳婵诗	650					
7	顾莫言	706					
8	任水寒	请假					
9	金磨针	850					
10	丁玲珑	900					

D2 =AVERAGEA(B2:B10)

图 8-2

8.2.3 使用 AVERAGEIF 函数求每季度平均支出金额

AVERAGEIF 函数用于返回某个区域内满足给定条件的所有单元格的平均值(算术平均值)。下面将详细介绍 AVERAGEIF 函数的语法结构以及使用 AVERAGEIF 函数求每季度平均支出金额的方法。

1. 语法结构

AVERAGEIF(range,criteria[, average_range])

AVERAGEIF 函数具有以下参数。

range：要计算平均值的一个或多个单元格，其中包括数字或包含数字的名称、数组或引用。

criteria：数字、表达式、单元格引用或文本形式的条件，用于定义要对哪些单元格计算平均值。例如，条件可以表示为 32、"32"、">32"、"苹果" 或 B4。

average_range：要计算平均值的实际单元格集。如果省略，则使用 range。

2. 应用举例

在本例中，工作表中有每季度的收入和支出金额，现要使用 AVERAGEIF 函数求出每季度平均支出金额，下面详细介绍其操作方法。

第1步 选择 E2 单元格，在编辑栏中输入公式 "=AVERAGEIF(B2:B9,"支出",C2)"。

第2步 按 Enter 键，即可计算出每季度平均支出金额，如图 8-3 所示。

E2		▼	⋮	×	✓	f_x	=AVERAGEIF(B2:B9,"支出",C2)	
	A	B	C	D	E	F
1	季度	收支	金额		每季度平均支出	
2	一季度	收入	856		868.5	
3	一季度	支出	853			
4	二季度	收入	854			
5	二季度	支出	878			
6	三季度	收入	873			
7	三季度	支出	865			
8	四季度	收入	869			
9	四季度	支出	878			

图 8-3

8.2.4　使用 AVERAGEIFS 函数计算满足多重条件的数据的平均值

AVERAGEIFS 函数用于返回满足多重条件的所有单元格的平均值(算术平均值)。下面将详细介绍 AVERAGEIFS 函数的语法结构以及使用 AVERAGEIFS 函数计算满足多重条件的数据的平均值的方法。

1. 语法结构

AVERAGEIFS(average_range,criteria_range1,criteria1[,criteria_range2,criteria2,…])

AVERAGEIFS 函数具有以下参数。

average_range：要计算平均值的一个或多个单元格，其中包括数字或包含数字的名称、数组或引用。

criteria_range1, criteria_range2,…：计算关联条件的第 1 到 127 个区域。

criteria1, criteria2, …：数字、表达式、单元格引用或文本形式的第 1 到 127 个条件，用于定义将对哪些单元格求平均值。例如，条件可以表示为 32、"32"、">32"、"苹果"或 B4。

2. 应用举例

AVERAGEIFS 函数主要用于计算满足多个给定条件的所有单元格的平均值，使用 AVERAGEIFS 函数可以方便地计算出销售额大于 6000 元的女员工平均销售额，下面详细介绍其操作方法。

第1步 选择 F1 单元格，在编辑栏中输入公式 "=AVERAGEIFS(C2:C9,B2:B9,"女",C2:C9,">6000")"。

第2步 按 Enter 键，在 F1 单元格中，系统会自动计算出销售额大于 6000 元的女员工平均销售额，如图 8-4 所示。

F1 =AVERAGEIFS(C2:C9,B2:B9,"女",C2:C9,">6000")

姓名	性别	销售额	销售额大于6000的女员工平均销售额	7600
秦水支	女	8000		
李念儿	男	5000		
文彩依	男	7000		
柳婵诗	女	5000		
顾莫言	男	8000		
任水寒	女	7000		
金磨针	女	7800		
丁玲珑	男	8000		

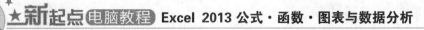

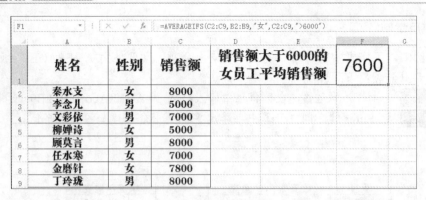

图 8-4

8.2.5 使用 GEOMEAN 函数计算销售量的几何平均值

GEOMEAN 函数用于返回正数数组或区域的几何平均值。下面将详细介绍 GEOMEAN 函数的语法结构以及使用 GEOMEAN 函数计算销售量的几何平均值的方法。

1. 语法结构

GEOMEAN(number1[,number2,…])

GEOMEAN 函数具有以下参数。

number1：要计算几何平均值的第 1 个数字，可以是直接输入的数字、单元格引用或数组。

number2,…：要计算几何平均值的第 2 到 255 个数字，可以是直接输入的数字、单元格引用或数组。

智慧锦囊

如果参数为错误值或为不能转换为数字的文本，将会导致错误。如果任何数据点小于 0，GEOMEAN 函数将返回错误值“#NUM!”。

2. 应用举例

本例将使用 GEOMEAN 函数计算当前工作表中销售量的几何平均值，下面详细介绍其操作方法。

第 1 步 选择 B9 单元格，在编辑栏中输入公式“=GEOMEAN(B2:B7)”。

第 2 步 按 Enter 键，即可计算出上半年销售量的几何平均值，如图 8-5 所示。

D2 =GEOMEAN(B2:B7)

月份	销售量		上半年销量几何平均值
1	13625		20616.44041
2	13652		
3	45325		
4	43256		
5	13652		
6	15423		

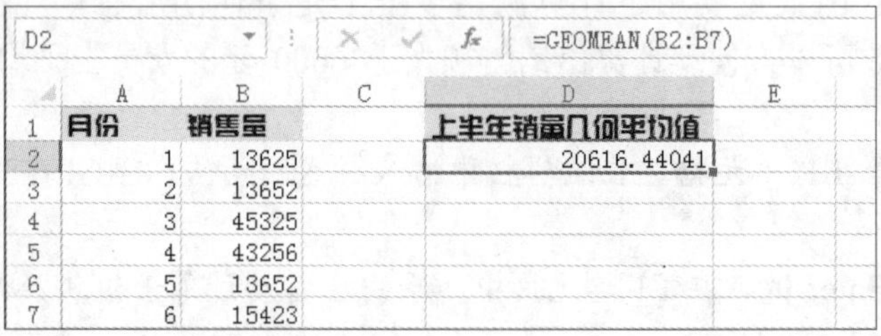

图 8-5

8.2.6 使用 TRIMMEAN 函数进行评分统计

TRIMMEAN 函数用于返回数据集的内部平均值。TRIMMEAN 函数先从数据集的头部和尾部除去一定百分比的数据点，然后再求平均值。当希望在分析中剔除一部分数据的计算时，可以使用此函数。下面将详细介绍 TRIMMEAN 函数的语法结构以及使用 TRIMMEAN 函数进行评分统计的操作方法。

1. 语法结构

TRIMMEAN(array,percent)

TRIMMEAN 函数具有以下参数。

array：要进行整理并求平均值的数组或数值区域。

percent：计算时所要除去的数据点的比例。例如，如果 percent =0.2，在 20 个数据点的集合中，就要除去 4 个数据点(20×0.2)：头部除去 2 个，尾部除去 2 个。

2. 应用举例

本例中，学校要举行一次演讲比赛，采用 5 个评委进行打分，然后去掉一个最高分，一个最低分，最后计算每个选手的平均分。下面详细介绍其操作方法。

第 1 步 选择 H2 单元格，在编辑栏中输入公式“=TRIMMEAN(C2:G2,0.4)”。

第 2 步 按 Enter 键，即可计算出选手“韦好客”的最后得分。

第 3 步 选中 H2 单元格，向下拖动复制公式，即可计算出其他选手的最后得分，如图 8-6 所示。

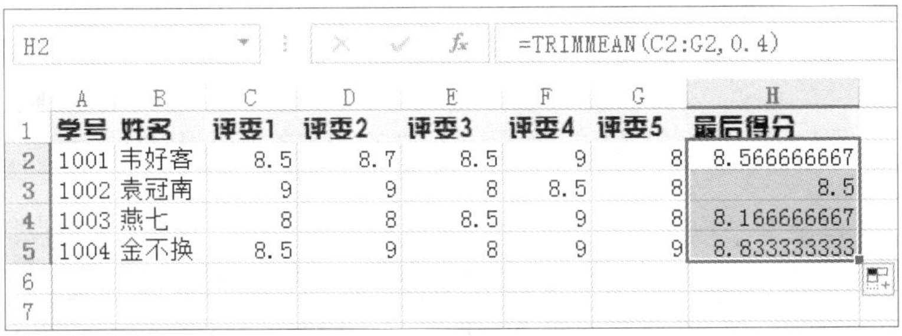

H2 =TRIMMEAN(C2:G2,0.4)

学号	姓名	评委1	评委2	评委3	评委4	评委5	最后得分
1001	韦好客	8.5	8.7	8.5	9	8	8.566666667
1002	袁冠南	9	9	8	8.5	8	8.5
1003	燕七	8	8	8.5	9	8	8.166666667
1004	金不换	8.5	9	8	9	9	8.833333333

图 8-6

8.2.7 使用 MEDIAN 函数计算中间成绩

MEDIAN 函数用于返回给定数值的中值，中值是指在一组数值中居于中间的数值。下面将详细介绍 MEDIAN 函数的语法结构以及使用 MEDIAN 函数计算中间成绩的方法。

1. 语法结构

MEDIAN(number1[,number2,…])

MEDIAN 函数具有以下参数。

number1,number2,…：要计算中值的第 1 到 255 个数字。

2. 应用举例

本例将计算成绩的中间值，即大于该值和小于该值的成绩数目相等。下面详细介绍其操作方法。

第1步 选择 D2 单元格，在编辑栏中输入公式"=MEDIAN(B2:B11)"。

第2步 按 Enter 键，即可计算出中间成绩，如图 8-7 所示。

	A	B	C	D	E	F	G
					fx	=MEDIAN(B2:B11)	
1	试跑次数	成绩(秒)		中间成绩			
2	第1次	11.48		12.7			
3	第2次	11.44					
4	第3次	13.78					
5	第4次	13.21					
6	第5次	12.7					
7	第6次	12.7					
8	第7次	12.78					
9	第8次	12.88					
10	第9次	11.48					
11	第10次	12					

图 8-7

8.3 数理统计函数

数理统计函数用于以有效的方式收集、整理和分析数据，并在此基础上对随机性问题做出系统判断，对数据进行相关的概率分步统计，从而进行回归分析。本节将列举一些进行数理统计计算的统计函数的应用案例，并对其进行详细的讲解。

8.3.1 使用 FORECAST 函数预测未来指定日期的天气

FORECAST 函数用于根据已有的数值计算或预测未来值。此预测值为基于给定的 x 值推导出的 y 值。已知的数值为已有的 x 值和 y 值，再利用线性回归对新值进行预测。可以使用该函数对未来销售额、库存需求或消费趋势进行预测。下面将详细介绍 FORECAST 函数的语法结构以及使用 FORECAST 函数预测未来指定日期的天气的方法。

1. 语法结构

FORECAST(x,known_y's,known_x's)。

FORECAST 函数具有以下参数。

x：需要进行值预测的数据点。

known_y's：因变量数组或数据区域。

known_x's：自变量数组或数据区域。

2. 应用举例

使用 FORECAST 函数可以预测未来指定日期的天气，下面详细介绍其操作方法。

第 1 步　选择 B8 单元格，在编辑栏中输入公式"=FORECAST(A8,B2:B7,A2:A7)"。

第 2 步　按 Enter 键，在 B8 单元格中，系统会自动预测出未来指定日期的天气，如图 8-8 所示。

B8		× ✓ fx	=FORECAST(A8,B2:B7,A2:A7)		
	A	B		C	D
1	日期（日）	最高温度（℃）			
2	19	2			
3	20	1			
4	21	−3			
5	22	−3			
6	23	0			
7	24	−3			
8	25	−3.8			

图 8-8

8.3.2　使用 FREQUENCY 函数统计每个分数段的人员个数

FREQUENCY 函数用于计算数值在某个区域内的出现频率，然后返回一个垂直数组。下面将详细介绍 FREQUENCY 函数的语法结构以及使用 FREQUENCY 函数统计每个分数段的人员个数的方法。

1. 语法结构

FREQUENCY(data_array, bins_array)

FREQUENCY 函数具有以下参数。

data_array：一个值数组或对一组数值的引用，要为它计算频率。如果 data_array 中不包含任何数值，FREQUENCY 函数将返回一个零数组。

bins_array：一个区间数组或对区间的引用，该区间用于对 data_array 中的数值进行分组。如果 bins_array 中不包含任何数值，FREQUENCY 函数返回的值与 data_array 中的元素个数相等。

2. 应用举例

在本例中，要计算 10 个人中有几个人的成绩在 60 分以下，有几个人的成绩在 60 分到 70 分之间，有几个人的成绩在 70 分到 90 分之间，以及有几个人的成绩超过 90 分。下面详细介绍其操作方法。

第 1 步　选择 E2:E5 单元格区域，在编辑栏中输入公式"=FREQUENCY(B2:B11,D2:D5)"。

第 2 步　按 Ctrl+Shift+Enter 组合键，即可计算出每个分数段的人员个数，如图 8-9 所示。

	A	B	C	D	E	F	G	H
E2				fx	{=FREQUENCY(B2:B11,D2:D5)}			
1	姓名	成绩		分数段	人数			
2	韩千叶	72		60	2			
3	柳辰飞	63		70	2			
4	夏舒征	84		90	3			
5	慕容冲	94		超过90	3			
6	萧合凰	96						
7	阮停	69						
8	西燚宿	58						
9	孙祈钒	59						
10	狄云	80						
11	丁典	98						

图 8-9

 **知识精讲**

本例公式利用 D2:D4 区域的分数段对 B2:B11 区域的成绩计算频率分布。D2:D4 区域必须是数值,而公式是多单元格数组公式,且数组的元素个数比分数段多一个,所以分段条件是三个,但频率计算结果占用四个单元格。

计算多个区间的频率时,必须以多单元格数组公式形式输入,不能在第一个单元格中输入公式后再填充公式。

8.3.3 使用 GROWTH 函数预测下一年的销量

GROWTH 函数用于根据现有的数据预测指数增长值。根据现有的 x 值和 y 值,GROWTH 函数返回一组新的 x 值对应的 y 值。可以使用 GROWTH 函数来拟合满足现有 x 值和 y 值的指数曲线。下面将详细介绍 GROWTH 函数的语法结构以及使用 GROWTH 函数预测下一年的销量的方法。

1. 语法结构

GROWTH(known_y's[,known_x's,new_x's,const])
GROWTH 函数具有以下参数。
known_y's:满足指数回归拟合曲线 y=b*m^x 的一组已知的 y 值。

➢ 如果数组 known_y's 在单独一列中,则 known_x's 的每一列被视为一个独立的变量。

➢ 如果数组 known_y's 在单独一行中,则 known_x's 的每一行被视为一个独立的变量。

➢ 如果 known_y's 中的任何数为零或为负数,GROWTH 函数将返回错误值 "#NUM!"。

known_x's:满足指数回归拟合曲线 y=b*m^x 的一组已知的 x 值。

➢ 数组 known_x's 可以包含一组或多组变量。如果仅使用一个变量,那么只要 known_x's 和 known_y's 具有相同的维数,则它们可以是任何形状的区域。如果用到多个变量,则 known_y's 必须为向量。

➢ 如果省略 known_x's,则假设该数组为{1,2,3,…},其大小与 known_y's 相同。

new_x's：需通过 GROWTH 函数返回的对应 y 值的一组新 x 值。

➤　new_x's 与 known_x's 一样，对每个自变量必须包括单独的一列(或一行)。因此，如果 known_y's 是单列的，known_x's 和 new_x's 应该有同样的列数。如果 known_y's 是单行的，known_x's 和 new_x's 应该有同样的行数。

➤　如果省略 new_x's，则假设它和 known_x's 相同。

➤　如果 known_x's 与 new_x's 都被省略，则假设它们为数组{1,2,3,…}，其大小与 known_y's 相同。

const：一逻辑值，用于指定是否将常量 b 强制设为 1。

➤　如果 const 为 TRUE 或省略，b 将按正常计算。

➤　如果 const 为 FALSE，b 将设为 1，m 值将被调整以满足 $y=m^x$。

2. 应用举例

GROWTH 函数主要用于根据现有的数据计算或预测指数的增长值，通过使用 GROWTH 函数可以预测下一年的销量，下面详细介绍其操作方法。

第 1 步　选择 B6 单元格，在编辑栏中输入公式 "=GROWTH(B2:B5,A2:A5,A6)"。

第 2 步　按 Enter 键，在 B6 单元格中，系统会自动预测出下一年的销量，如图 8-10 所示。

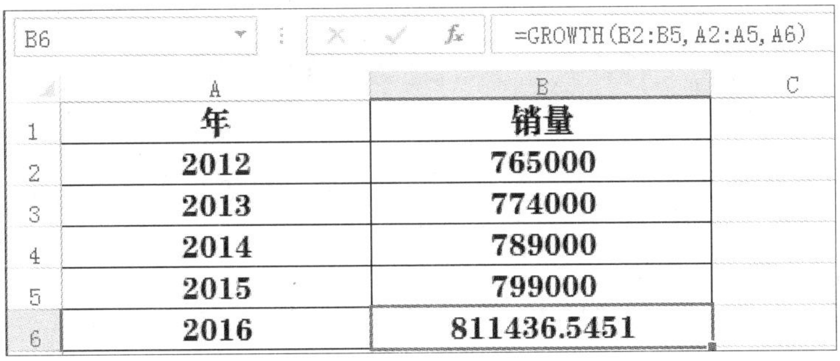

A	B	C
年	销量	
2012	765000	
2013	774000	
2014	789000	
2015	799000	
2016	811436.5451	

B6　＝GROWTH(B2:B5,A2:A5,A6)

图 8-10

8.3.4　使用 MODE.SNGL 函数统计配套生产最佳产量值

MODE.SNGL 函数用于返回在某一数组或数据区域中出现频率最多的数值。下面将详细介绍 MODE.SNGL 函数的语法结构以及使用 MODE.SNGL 函数统计配套生产最佳产量值的方法。

1. 语法结构

MODE.SNGL(number1[,number2,…])

MODE.SNGL 函数具有以下参数。

number1：用于计算众数的第 1 个参数。

number2,…：用于计算众数的第 2 到 255 个参数，也可以用单一数组或对某个数组的引用来代替用逗号分隔的参数。

2. 应用举例

本例通过使用 MODE.SNGL 函数来统计出配套生产最佳产量值，下面详细介绍其操作方法。

第 1 步　选择 C6 单元格，在编辑栏中输入公式"=MODE.SNGL(B2:D5)"。

第 2 步　按 Enter 键，在 C6 单元格中，系统会自动统计出配套生产的最佳产量，如图 8-11 所示。

C6			fx	=MODE.SNGL(B2:D5)	
	A	B	C	D	E
1		一月	二月	三月	
2	生产车间	1000	1050	950	
3	喷涂车间	1100	1000	1020	
4	组装车间	1050	1100	1000	
5	包装车间	1000	1000	1050	
6	最佳产量值		1000		

图 8-11

8.4　条目统计函数

条目统计函数用于统计记录数据等。本节将列举一些进行条目统计计算的统计函数的应用案例，并对其进行详细的讲解。

8.4.1　使用 COUNT 函数统计生产车间异常机台个数

COUNT 函数用于计算包含数字的单元格的个数以及参数列表中数字的个数。使用 COUNT 函数可以获取单元格区域或数字数组中数字字段的输入项的个数。下面将详细介绍 COUNT 函数的语法结构以及使用 COUNT 函数统计生产车间异常机台个数的方法。

1. 语法结构

COUNT(value1[,value2,…])

COUNT 函数具有以下参数。

value1：要计算其中数字个数的第一项、单元格引用或区域。

value2,…：要计算其中数字个数的其他项、单元格引用或区域，最多可包含 255 个。

2. 应用举例

本例的工作表中给出生产中途因停电、待料、修机等各种因素所造成的机台产量异常的情况，现在需要统计出因各种情况造成停机的机台数量。下面详细介绍其操作方法。

第 1 步　选择 F2 单元格，在编辑栏中输入公式"=COUNT(C2:C11)"。

第 2 步　按 Enter 键，即可统计出生产车间异常机台个数，如图 8-12 所示。

	A	B	C	D	E	F	G	H
1	机台	产量	停机时间(分钟)	停机原因		生产异常机台数		
2	1#	642	—			3		
3	2#	793	—					
4	3#	610	20	修机				
5	4#	765	—					
6	5#	605	80	待料				
7	6#	795	—					
8	7#	689	—					
9	8#	400	120	修机				
10	9#	755	—					
11	10#	756	—					

F2 = COUNT(C2:C11)

图 8-12

8.4.2　使用 COUNTA 函数统计出勤异常人数

COUNTA 函数用于计算区域中不为空的单元格的个数。下面将详细介绍 COUNTA 函数的语法结构以及使用 COUNTA 函数统计出勤异常人数的方法。

1. 语法结构

COUNTA(value1[,value2,…])

COUNTA 函数具有以下参数。

value1：要计数的值的第一个参数。

value2,…：要计数的值的其他参数，最多可包含 255 个参数。

2. 应用举例

COUNTA 函数主要用于统计非空值的个数，所以使用 COUNTA 函数可以方便地统计出一个时间段内出勤异常的人数，下面详细介绍其操作方法。

第 1 步　选择 D2 单元格，在编辑栏中输入公式 "=COUNTA(B2:B11)"。

第 2 步　按 Enter 键，在 D2 单元格中，系统会自动统计出出勤异常的人数，如图 8-13 所示。

	A	B	C	D	E	F	G
1	姓名	异常状况		异常人数			
2	韩千叶			3			
3	柳辰飞	迟到					
4	夏舒征						
5	慕容冲	请假					
6	萧合凰						
7	阮停						
8	西澍宿						
9	孙祈钒	旷课					
10	狄云						
11	丁典						

D2 = COUNTA(B2:B11)

图 8-13

 知识精讲

本例通过使用 COUNTA 函数统计 B2:B11 区域的非空单元格个数来计算出勤异常人数。如果在函数中引用同一单元格两次，COUNTA 函数也会计算两次。例如，在公式 "=COUNTA(C1:C4,A1:C1)" 中，如果 C1 单元格非空，将会被计算两次。

8.4.3 使用 COUNTBLANK 函数统计未检验完成的产品数

COUNTBLANK 函数用于计算指定单元格区域中空白单元格的个数。下面将详细介绍 COUNTBLANK 函数的语法结构以及使用 COUNTBLANK 函数统计未检验完成的产品数的方法。

1. 语法结构

COUNTBLANK(range)

COUNTBLANK 函数具有以下参数。

range：需要计算其中空白单元格个数的区域。

2. 应用举例

本例将使用 COUNTBLANK 函数统计未检验完成的产品数，下面详细介绍其操作方法。

第 1 步 选择 D2 单元格，在编辑栏中输入公式 "=COUNTBLANK(B2:B11)"。

第 2 步 按 Enter 键，即可统计未检验完成的产品数，如图 8-14 所示。

	D2		▼	:	×	✓	*fx*	=COUNTBLANK(B2:B11)	
	A	B	C	D	E	F	G
1	抽样产品	检验结果		未检验完成数			
2	A	合格		3			
3	B						
4	C	不合格					
5	D	合格					
6	E	合格					
7	F						
8	G	不合格					
9	H	不合格					
10	I	合格					
11	J						

图 8-14

智慧锦囊

使用 COUNTBLANK 函数统计数据时，即使单元格中含有返回值为空文本("")的公式，该单元格也会计算在内，但包含零值的单元格不计算在内。

8.4.4 使用 COUNTIF 函数统计不及格的学生人数

COUNTIF 函数用于对区域中满足单个指定条件的单元格进行计数，也可以对大于或小于某一指定数字的所有单元格进行计数。下面将详细介绍 COUNTIF 函数的语法结构以及使用 COUNTIF 函数统计不及格的学生人数的方法。

1. 语法结构

COUNTIF(range,criteria)
COUNTIF 函数具有以下参数。

range：要对其进行计数的一个或多个单元格，其中包括数字或名称、数组或包含数字的引用。

criteria：用于定义将对哪些单元格进行计数的数字、表达式、单元格引用或文本字符串。例如，条件可以表示为 32、">32"、B4、"苹果"或"32"。

2. 应用举例

本例将使用 COUNTIF 函数统计不及格的学生人数，下面详细介绍其操作方法。

第 1 步 选择 C5 单元格，在编辑栏中输入公式 "=COUNTIF(B2:B8,"<60")"。

第 2 步 按 Enter 键，在 C5 单元格中，系统会自动统计出数学不及格的学生人数，如图 8-15 所示。

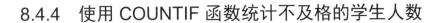

C5		f_x	=COUNTIF(B2:B8,"<60")		
	A	B	C	D	E
1	学生姓名	数学成绩			
2	秦水支	90	不及格人数		
3	李念儿	58			
4	文彩依	62			
5	柳婵诗	43	2		
6	顾莫言	88			
7	任水寒	79			
8	金磨针	60			

图 8-15

智慧锦囊

使用 COUNTIF 函数统计数据时，可以在条件中使用通配符、问号 "?" 和星号 "*"。问号匹配任意单个字符，星号匹配任意一串字符。如果要查找实际的问号或星号，请在该字符前输入波形符 "~"。

8.4.5 使用 COUNTIFS 函数统计 A 班成绩优秀的学生数

COUNTIFS 函数用于将条件应用于跨多个区域的单元格，并计算符合所有条件的单元格数目。下面将详细介绍 COUNTIFS 函数的语法结构以及使用 COUNTIFS 函数统计满足多个条件的记录数目的方法。

1. 语法结构

COUNTIFS(criteria_range1, criteria1[,criteria_range2,criteria2,…])

COUNTIFS 函数具有以下参数。

criteria range1：计算关联条件的第一个区域。

criteria1：条件，形式为数字、表达式、单元格引用或文本，可用来定义将对哪些单元格进行计数。例如，条件可以表示为 32、">32"、B4、"苹果" 或 "32"。

criteria _range2, criteria2,…：附加的区域及其关联条件，最多允许 127 个区域/条件对。

2. 应用举例

本例要求以成绩 85 分以上即为优秀为基础，使用 COUNTIFS 函数，快速地将 A 班成绩优秀的学生人数统计出来。下面详细介绍其操作方法。

第 1 步 选择 D6 单元格，在编辑栏中输入公式 "=COUNTIFS(B2:B8,">85",C2:C8,"A班")"。

第 2 步 按 Enter 键，在 D6 单元格中，系统会自动统计出 A 班语文成绩优秀的学生人数，如图 8-16 所示。

	A	B	C	D
	学生姓名	语文成绩	所在班级	
1				
2	秦水支	99	A班	
3	李念儿	80	B班	统计人数
4	文彩依	86	B班	
5	柳婵诗	75	A班	
6	顾莫言	60	A班	
7	任水寒	56	B班	2
8	金磨针	89	A班	

图 8-16

8.5 最大值与最小值函数

最大值与最小值函数用于统计数据中的大小值等。本节将列举一些进行最大值与最小值计算的统计函数的应用案例，并对其进行详细的讲解。

8.5.1 使用 LARGE 函数提取销售季军的销售额

LARGE 函数用于返回数据集中第 k 个最大值。使用此函数可以根据相对标准来选择数值。例如，可以使用函数 LARGE 得到第一名、第二名或第三名的得分。下面将详细介绍

LARGE 函数的语法结构以及使用 LARGE 函数提取销售季军的销售额的方法。

1. 语法结构

LARGE(array,k)

LARGE 函数具有以下参数。

array：确定第 k 个最大值的数组或数据区域。

k：返回值在数组或数据单元格区域中的位置(从大到小排)。

2. 应用举例

本例将使用 LARGE 函数提取销售季军的销售额，下面详细介绍其操作方法。

第 1 步 选择 B8 单元格，在编辑栏中输入公式 "=LARGE(B2:B7,3)"。

第 2 步 按 Enter 键，在 B8 单元格中，系统会自动提取出销售季军的销售额，如图 8-17 所示。

B8	▼	:	✕	✓	fx	=LARGE(B2:B7,3)	

⊿	A	B	C	D
1	销售员	销售额		
2	江城子	2200		
3	柳长街	2300		
4	韦好客	3200		
5	袁冠南	5400		
6	燕七	5200		
7	金不换	2900		
8	销售季军销售额	3200		

图 8-17

8.5.2 使用 MAX 函数统计销售额中的最大值

MAX 函数用于返回一组值中的最大值。下面将详细介绍 MAX 函数的语法结构以及使用 MAX 函数统计销售额中的最大值的方法。

1. 语法结构

MAX(number1[,number2,…])

MAX 函数具有以下参数。

number1：要返回最大值的第 1 个数字，可以是直接输入的数字、单元格引用或数组。

number2,…：要返回最大值的第 2 到 255 个数字，可以是直接输入的数字、单元格引用或数组。

2. 应用举例

使用 MAX 函数可以计算出一组数据中的最大值，下面将详细介绍统计销售额中的最大值的操作方法。

第 1 步 选择 B7 单元格，在编辑栏中输入公式 "=MAX(B2:B6)"。

第 2 步 按 Enter 键，在 B7 单元格中，系统会自动计算出销售额中的最大值，如图 8-18 所示。

B7 =MAX(B2:B6)

	A	B	C
1	姓名	销售额	
2	江城子	8000	
3	柳长街	5000	
4	韦好客	6000	
5	袁冠南	9000	
6	燕七	7000	
7	销售额最大值	9000	

图 8-18

8.5.3 使用 MAXA 函数计算已上报销售额中的最大值

MAXA 函数用于返回参数列表中的最大值。下面将详细介绍 MAXA 函数的语法结构以及使用 MAXA 函数计算已上报销售额中的最大值的方法。

1. 语法结构

MAXA(value1[,value2,…])

MAXA 函数具有以下参数。

value1：要从中找出最大值的第 1 个数值参数。

value2,…：要从中找出最大值的第 2 到 255 个数值参数。

2. 应用举例

MAXA 函数用于返回一组非空值中的最大值，下面将详细介绍使用 MAXA 函数计算已上报销售额中的最大值的操作方法。

第 1 步 选择 B8 单元格，在编辑栏中输入公式“=MAXA(B2:B7)”。

第 2 步 按 Enter 键，在 B8 单元格中，系统会自动计算出已上报销售额中的最大值，如图 8-19 所示。

B8 =MAXA(B2:B7)

	A	B	C	D
1	姓名	上报的销售额		
2	江城子	5000		
3	柳长街			
4	韦好客	6000		
5	袁冠南			
6	燕七	3000		
7	金不换	2000		
8	最大值	6000		

图 8-19

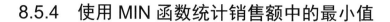

8.5.4　使用 MIN 函数统计销售额中的最小值

MIN 函数用于返回一组值中的最小值。下面将详细介绍 MIN 函数的语法结构以及使用 MIN 函数统计销售额中的最小值的操作方法。

1. 语法结构

MIN(number1[,number2,⋯])

MIN 函数具有以下参数。

number1,number2,⋯：要从中查找最小值的第 1 到 255 个数字。

智慧锦囊

MIN 函数中的参数可以是数字或者包含数字的名称、数组或引用。如果参数中不含数字，则 MIN 函数返回 0。如果参数为错误值或为不能转换为数字的文本，将会导致错误。

2. 应用举例

本例将使用 MIN 函数统计销售额中的最小值，下面详细介绍其操作方法。

第 1 步　选择 B7 单元格，在编辑栏中输入公式"=MIN(B2:B6)"。

第 2 步　按 Enter 键，在 B7 单元格中，系统会自动计算出销售额中的最小值，如图 8-20 所示。

B7		fx	=MIN(B2:B6)	
	A	B	C	D
1	姓名	销售额		
2	江城子	6000		
3	柳长街	5000		
4	韦好客	8000		
5	袁冠南	2000		
6	燕七	9000		
7	销售额最小值	2000		

图 8-20

8.5.5　使用 SMALL 函数提取最后一名的销售额

SMALL 函数用于返回数据集中第 k 个最小值。使用此函数可以返回数据集中特定位置上的数值。下面将详细介绍 SMALL 函数的语法结构以及使用 SMALL 函数提取最后一名的销售额的方法。

1. 语法结构

SMALL(array,k)

SMALL 函数具有以下参数。

array：要找到第 k 个最小值的数组或数字型数据区域。

k：要返回的数据在数组或数据区域里的位置(从小到大)。

2. 应用举例

本例将使用 SMALL 函数提取最后一名的销售额，下面详细介绍其操作方法。

第 1 步 选择 B8 单元格，在编辑栏中输入公式"=SMALL(B2:B7,1)"。

第 2 步 按 Enter 键，在 B8 单元格中，系统会自动提取出销售员最后一名的销售额，如图 8-21 所示。

B8	:	× ✓ fx	=SMALL(B2:B7,1)	
	A		B	C
1	销售员		销售额	
2	江城子		2200	
3	柳长街		2300	
4	韦好客		3200	
5	袁冠南		5400	
6	燕七		5200	
7	金不换		2900	
8	最后一名销售额		2200	

图 8-21

智慧锦囊

　　SMALL 函数的第二参数不能是负数，也不能大于第一参数中的数值个数，否则将产生错误值。如果 SMALL 函数的第二参数是小数，会将其截尾取整再参与计算。

8.6　实践案例与上机指导

　　通过本章的学习，读者基本可以掌握统计函数的基本知识以及一些常见的操作方法。下面通过练习操作，以达到巩固学习、拓展提高的目的。

8.6.1　根据总成绩对考生进行排名

　　RANK.AVG 函数主要用于返回一个数值在一组数字中的排位。使用 RANK.AVG 函数可以对考生成绩进行排名，下面详细介绍其操作方法。

> **素材文件**　配套素材\第 8 章\素材文件\考生成绩.xlsx
> **效果文件**　配套素材\第 8 章\效果文件\考生成绩排名.xlsx

第 1 步 打开素材文件，选择 F2 单元格，在编辑栏中输入公式"=RANK.AVG(E2,

$E$2:$E$11)"。

第 2 步　按 Enter 键，在 F2 单元格中，系统会自动对该考生进行排名。

第 3 步　选中 F2 单元格，向下填充公式至其他单元格，即可完成根据总成绩对考生进行排名的操作，如图 8-22 所示。

F2				f_x	=RANK.AVG(E2,$E$2:$E$11)			
	A	B	C	D	E	F	G	H	I
1	考生姓名	数学成绩	语文成绩	英语成绩	总成绩	排名			
2	萧合凰	85	66	133	284	8			
3	阮停	137	119	102	358	1			
4	西凫宿	94	143	89	326	3			
5	孙祈钒	53	60	137	250	10			
6	狄云	70	111	110	291	7			
7	丁典	133	101	83	317	4			
8	花错	94	123	85	302	5			
9	顾西风	60	119	102	281	9			
10	统月	111	143	89	343	2			
11	苏普	98	60	137	295	6			

图 8-22

8.6.2　计算单日最高销售金额

在本例中，每日售出多个产品，且每天销售的产品不一致，现需计算单日最高销售金额。下面详细介绍其操作方法。

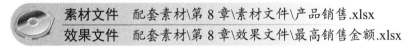

素材文件　配套素材\第 8 章\素材文件\产品销售.xlsx
效果文件　配套素材\第 8 章\效果文件\最高销售金额.xlsx

第 1 步　打开素材文件，选择 E2 单元格，在编辑栏中输入公式"=MAX(SUMIF(A2:A11, A2:A11,C2:C11))"。

第 2 步　按 Ctrl+Shift+Enter 组合键，在 E2 单元格中，系统会自动计算出单日最高销售金额，如图 8-23 所示。

E2				f_x	{=MAX(SUMIF(A2:A11, A2:A11,C2:C11))}		
	A	B	C	D	E	F	G
1	日期	产品	金额		单日最大销售金额		
2	2015/1/1	电话	80		2190		
3	2015/1/1	电饭锅	65				
4	2015/1/2	热水器	220				
5	2015/1/2	电视	450				
6	2015/1/3	洗衣机	890				
7	2015/1/3	电话	80				
8	2015/1/3	吸尘器	140				
9	2015/1/4	电视	450				
10	2015/1/4	显示器	1350				
11	2015/1/4	手表	420				
12							

图 8-23

知识精讲

本例首先利用 SUMIF 函数汇总每一天的销售金额,然后通过 MAX 函数提取最大值,从而取得单日最高销售金额。

本例重点在于汇总每日的销售金额,生成一个内存数组。这个数组中每日的销售金额将出现多次,但并不影响 MAX 函数的最大值。

8.6.3 计算平均成绩(忽略缺考人员)

本例将所有人的成绩计算出平均值,结果保持两位小数,并忽略其中的缺考人员。下面详细介绍其操作方法。

 素材文件 配套素材\第 8 章\素材文件\学生成绩.xlsx
效果文件 配套素材\第 8 章\效果文件\计算平均成绩.xlsx

第 1 步 打开素材文件,选择 D2 单元格,在编辑栏中输入公式 "=ROUND(AVERAGE(B2:B10),2)"。

第 2 步 按 Enter 键,在 D2 单元格中,系统会计算出 B 列中所有人员的平均成绩,如图 8-24 所示。

	A	B	C	D	E	F
1	**姓名**	**成绩**		**平均成绩**		
2	顾西风	98		81.86		
3	统月	缺考				
4	苏普	89				
5	江城子	57				
6	柳长街	53				
7	韦好客	91				
8	袁冠南	缺考				
9	燕七	88				
10	金不换	97				

D2 單元格 公式栏:=ROUND(AVERAGE(B2:B10),2)

图 8-24

 知识精讲

本例公式通过 AVERAGE 函数计算平均分,并将缺考人员忽略不计,然后使用 ROUND 函数将结果保留两位小数。

8.7　思考与练习

一、填空题

1. 数理统计函数用于以有效的方式收集、整理和分析数据，并在此基础上对问题做出系统判断，对数据进行相关的概率分步统计，从而进行_____分析。

2. _____函数用于统计记录数据等。

3. _____函数用于返回参数的平均值(算术平均值)。

4. MEDIAN 函数用于返回给定数值的_____，即在一组数值中_____的数值。

5. _____函数用于返回数据集中第 k 个最大值。使用此函数可以根据相对标准来选择数值。

二、判断题

1. 最大值与最小值函数用于统计数据中的大小值等。　　　　　　　　(　)

2. AVERAGEA 函数用于计算参数列表中数值的平均值(算术平均值)。(　)

3. AVERAGEIF 函数用于返回满足多重条件的所有单元格的平均值(算术平均值)。

　　　　　　　　　　　　　　　　　　　　　　　　　　　　　(　)

4. COUNT 函数用于计算包含数字的单元格的个数以及参数列表中数字的个数。使用 COUNT 函数可以获取单元格区域或数字数组中数字字段的输入项的个数。(　)

5. MAXA 函数用于返回一组值中的最大值。　　　　　　　　　　　(　)

6. SMALL 函数用于返回数据集中第 k 个最小值。使用此函数可以返回数据集中特定位置上的数值。　　　　　　　　　　　　　　　　　　　　　(　)

第 9 章

查找与引用函数

本章主要内容

本章主要介绍查找与引用函数方面的基本知识，同时还讲解普通查询、引用查询和引用表中数据方面一些常用函数的应用。通过本章的学习，读者可以掌握查找与引用函数方面的知识，为深入学习 Excel 2013 公式、函数、图表与数据分析知识奠定基础。

9.1　查找与引用函数概述

当需要在数据清单或表格中查找特定数值，或者需要查找某一单元格的引用时，可以使用查找与引用函数。例如，如果需要在表格中查找与第一列中的值相匹配的数值，可以使用 VLOOKUP 函数。

Excel 2013 中提供的查找与引用函数共有 18 种，如表 9-1 所示。

表 9-1　查找与引用函数

函　数	说　明
ADDRESS	以文本形式将引用值返回到工作表的单个单元格
AREAS	返回引用中涉及的区域个数
CHOOSE	从值的列表中选择值
COLUMN	返回引用的列标
COLUMNS	返回引用中包含的列数
GETPIVOTDATA	提取存储在数据透视表中的数据
HLOOKUP	查找数组的首行，并返回指定单元格的值
HYPERLINK	创建快捷方式或链接，以便打开存储在硬盘、网络服务器或 Internet 上的文档
INDEX	使用索引从引用或数组中选择值
INDIRECT	返回由文本值指定的引用
LOOKUP	在向量或数组中查找值
MATCH	在引用或数组中查找值
OFFSET	从给定引用中返回引用偏移量
ROW	返回引用的行号
ROWS	返回引用中包含的行数
RTD	从支持 COM 自动化的程序中检索实时数据
TRANSPOSE	返回数组的转置
VLOOKUP	在数组第一列中查找，然后在行之间移动以返回单元格的值

9.2　普通查询

在工作表中，常常需要查找一些特定的数值，这时就需要用户使用查找函数，从而有利于方便地查询资料。本节将介绍一些进行普通查询的查找与引用函数的应用案例。

9.2.1　使用 CHOOSE 函数标注热销产品

CHOOSE 函数用于从给定的参数中返回指定的值。下面将详细介绍 CHOOSE 函数的语法结构以及使用 CHOOSE 函数标注热销产品的方法。

1. 语法结构

CHOOSE(index_num, value1[, value2, …])

CHOOSE 函数具有以下参数。

index_num：指定所选定的值参数。index_num 必须为 1 到 254 之间的数字，或者为公式或对包含 1 到 254 之间某个数字的单元格的引用。

➢ 如果 index_num 为 1，CHOOSE 函数返回 value1；如果为 2，CHOOSE 函数返回 value2，以此类推。

➢ 如果 index_num 小于 1 或大于列表中最后一个值的序号，CHOOSE 函数返回错误值 "#VALUE!"。

➢ 如果 index_num 为小数，则在使用前将被截尾取整。

value1, value2, …：值参数，其个数介于 1 到 254 之间。函数 CHOOSE 基于 index_num 从这些值参数中选择一个数值或一项要执行的操作。参数可以为数字、单元格引用、已定义名称、公式、函数或文本。

2. 应用举例

CHOOSE 函数可用于从列表中提取某个值，使用 CHOOSE 函数配合 IF 函数即可标注热销产品，下面详细介绍其操作方法。

第 1 步 选择 C2 单元格，在编辑栏中输入公式 "=CHOOSE(IF(B2>15000,1,2),"热销","")"。

第 2 步 按 Enter 键，在 C2 单元格中，系统会自动标记出该商品是否热销。

第 3 步 选中 C2 单元格，向下拖动填充公式至其他单元格，即可完成标注热销产品的操作，如图 9-1 所示。

C2		ƒ_x =CHOOSE(IF(B2>15000,1,2),"热销","")		
	A	B	C	D
1	产品	销量	标注	
2	产品1	18971	热销	
3	产品2	19542	热销	
4	产品3	13021		
5	产品4	12561		
6	产品5	15024	热销	

图 9-1

9.2.2 使用 HLOOKUP 函数查找某业务员在某季度的销量

HLOOKUP 函数用于在表格或数值数组的首行查找指定的数值，并在表格或数组中指定行的同一列中返回一个数值。下面将详细介绍 HLOOKUP 函数的语法结构以及使用 HLOOKUP 函数查找某业务员在某季度销量的方法。

1. 语法结构

HLOOKUP(lookup_value, table_array, row_index_num[, range_lookup])

HLOOKUP 函数具有以下参数。

lookup_value：需要在数据表的第一行中进行查找的数值。lookup_value 可以为数值、引用或文本字符串。

table_array：需要在其中查找数据的信息表。可以使用对区域或区域名称的引用。table_array 的第一行的数值可以为文本、数字或逻辑值。

row_index_num：table_array 中待返回的匹配值的行序号。row_index_num 为 1 时，返回 table_array 第一行的数值；row_index_num 为 2 时，返回 table_array 第二行的数值；以此类推。如果 row_index_num 小于 1，则 HLOOKUP 返回错误值"#VALUE!"；如果 row_index_num 大于 table_array 的行数，则 HLOOKUP 返回错误值"#REF!"。

range_lookup：一逻辑值，指明 HLOOKUP 函数查找时是精确匹配还是近似匹配如果 range_lookup 为 TRUE 或省略，则返回近似匹配值。也就是说，如果找不到精确匹配值，则返回小于 lookup_value 的最大数值。如果 range_lookup 为 FALSE，HLOOKUP 函数将查找精确匹配值，如果找不到，则返回错误值"#N/A"。

2. 应用举例

HLOOKUP 函数用于在区域或数组的首行查找指定的值，使用 HLOOKUP 可以查找某业务员在某季度的销量，下面详细介绍其操作方法。

第 1 步 选择 I2 单元格，在编辑栏中输入公式"=HLOOKUP(G2,A1:E9,MATCH (H2,A:A,0),0)"。

第 2 步 按 Enter 键，在 I2 单元格中，系统会计算出在 G2:H2 区域中指定的业务员在指定季度中的销量，如图 9-2 所示。

I2				f_x	=HLOOKUP(G2,A1:E9,MATCH(H2,A:A,0),0)					
▲	A	B	C	D	E	F	G	H	I	J	K
1	业务员	一季度	二季度	三季度	四季度		季度	业务员	销量		
2	甲	363	250	268	254		二季度	戊	382		
3	乙	212	371	316	395						
4	丙	203	314	298	389						
5	丁	272	387	218	353						
6	戊	370	382	202	283						
7	己	258	202	210	229						
8	庚	349	265	393	231						
9	辛	248	362	274	285						

图 9-2

知识精讲

本例公式使用 HLOOKUP 函数在 A1:E9 区域中查找季度名，找到后返回业务员在 A 列的排位所对应列的值，本例为精确查找。

9.2.3 使用 LOOKUP 函数查找信息(向量型)

LOOKUP 函数用于从单行、单列区域或从一个数组中返回值。LOOKUP 函数有两种语法格式：向量型和数组型。

向量是只含有一行或一列的区域。LOOKUP 的向量形式在单行区域或单列区域中查找值，然后返回第二个单行区域或单列区域中相同位置的值。下面将详细介绍向量型 LOOKUP 函数的语法结构以及使用向量型 LOOKUP 函数查找信息的方法。

1. 语法结构

LOOKUP(lookup_value, lookup_vector[, result_vector])

向量型 LOOKUP 函数具有以下参数。

lookup_value：LOOKUP 在第一个向量中搜索的值。lookup_value 可以是数字、文本、逻辑值、名称或对值的引用。

lookup_vector：只包含一行或一列的区域。lookup_vector 中的值可以是文本、数字或逻辑值。lookup_vector 中的值必须按升序排列：…, -2, -1, 0, 1, 2, …, A-Z, FALSE, TRUE。否则，LOOKUP 可能无法返回正确的值。文本不区分大小写。

result_vector：只包含一行或一列的区域。result_vector 参数必须与 lookup_vector 参数大小相同。

智慧锦囊

> 如果 LOOKUP 函数找不到 lookup_value，则该函数会与 lookup_vector 中小于或等于 lookup_value 的最大值进行匹配。

2. 应用举例

本例中，工作表中 A 列是身份证号，B 列是姓名，资料以姓名升序排列，现需查找 E2 单元格的姓名对应的身份证号。下面详细介绍其操作方法。

第 1 步 选择 E4 单元格，在编辑栏中输入公式 "=LOOKUP(E2,B2:B9,A2:A9)"。

第 2 步 按 Enter 键，系统会提取出 E2 单元格中的姓名对应的身份证号，如图 9-3 所示。

E4	▼	:	×	✓	fx	=LOOKUP(E2,B2:B9,A2:A9)	
	A	B	C	D	E	F	
1	身份证号	姓名	性别		姓名		
2	1303012003080905⑩	钱	男		吴		
3	1303012003080905⑩	孙	女		身份证号		
4	1303012003080905⑩	王	男		131302991229124		
5	131302991229124	吴	女				
6	1303012003080905⑩	伍	男				
7	5110251985031961⑨	赵	男				
8	4325022005123021⑪	郑	男				
9	1305021987052931⑥	周	女				

图 9-3

9.2.4 使用 LOOKUP 函数查找信息(数组型)

LOOKUP 函数的数组形式用于在数组的第一行或第一列中查找指定数值，然后返回最后一行或最后一列中相同位置处的数值。下面将详细介绍数组型 LOOKUP 函数的语法结构以及使用数组型 LOOKUP 函数查找信息的方法。

1. 语法结构

LOOKUP(lookup_value, array)

数组型 LOOKUP 函数具有以下参数。

lookup_value：LOOKUP 函数在数组中搜索的值。lookup_value 可以是数字、文本、逻辑值、名称或对值的引用。

➢ 如果 LOOKUP 找不到 lookup_value 的值，它会使用数组中小于或等于 lookup_value 的最大值。

➢ 如果 lookup_value 的值小于第一行或第一列中的最小值(取决于数组维度)，LOOKUP 会返回错误值 "#N/A"。

array：包含要与 lookup_value 进行比较的文本、数字或逻辑值的单元格区域。

2. 应用举例

本例中，已知某公司 2015 年上半年每月的销售总额，要求根据税率基准表计算每月的应交税额。下面详细介绍其操作方法。

第 1 步 选择 C3 单元格，在编辑栏中输入公式 "=IF(B3<$A$12,0,LOOKUP(B3,$A$12:$C$18))*B3"。

第 2 步 按 Enter 键，系统会提取出第一个月应交的税额。

第 3 步 选中 C3 单元格，向下拖动进行公式填充，即可提取出其他月份应交的税额，如图 9-4 所示。

C3		fx	=IF(B3<$A$12,0,LOOKUP(B3,$A$12:$C$18))*B3			
	A	B	C	D	E	F
1	**每月应交税额**					
2	月份	销售收入（元）	应交税额			
3	1月	1850	0			
4	2月	4580	366.4			
5	3月	9560	1147.2			
6	4月	15620	2499.2			
7	5月	21500	4300			
8	6月	56200	19810.5			
9						
10	**税率基准表**					
11	收入下限（元）	收入上限（元）	税率			
12	2000	5000	8.00%			
13	5001	10000	12.00%			
14	10001	20000	16.00%			
15	20001	30000	20.00%			
16	30001	40000	25.00%			
17	40001	50000	30.00%			
18	50001		35.25%			

图 9-4

知识精讲

本例首先通过 IF 函数判断每月销售收入，如果在 2000 元以下，则税率为 0，如果在 2000 元以上，则使用 LOOKUP 函数在税率基准表中进行查询，最后乘以销售收入得到每月应交的税额。

9.2.5 使用 VLOOKUP 函数对岗位考核成绩进行评定

VLOOKUP 函数用于在表格或数组的首列查找指定的数值，并由此返回表格或数组当前行中其他列的值。下面将详细介绍 VLOOKUP 函数的语法结构以及使用 VLOOKUP 函数对岗位考核成绩进行评定的方法。

1. 语法结构

VLOOKUP(lookup_value, table_array, col_index_num[, range_lookup])

VLOOKUP 函数具有以下参数。

lookup_value：要在表格或数组的第一列中搜索的值。lookup_value 参数可以为值或引用。如果为 lookup_value 参数提供的值小于 table_array 参数第一列中的最小值，则 VLOOKUP 将返回错误值"#N/A"。

table_array：两列或多列数据。使用对区域或区域名称的引用。table_array 第一列中的值是由 lookup_value 搜索的值。这些值可以是文本、数字或逻辑值，不区分大小写。

col_index_num：table_array 参数中待返回的匹配值的列号。col_index_num 参数为 1 时，返回 table_array 第一列中的值；col_index_num 为 2 时，返回 table_array 第二列中的值；以此类推。

如果 col_index_num 参数：

➢ 小于 1，则 VLOOKUP 返回错误值"#VALUE!"。

➢ 大于 table_array 的列数，则 VLOOKUP 返回错误值"#REF!"。

range_lookup：一个逻辑值，指定希望 VLOOKUP 查找精确匹配值还是近似匹配值。

➢ 如果 range_lookup 为 TRUE 或被省略，则返回精确匹配值或近似匹配值。如果找不到精确匹配值，则返回小于 lookup_value 的最大值。table_array 第一列中的值必须按升序排列；否则，VLOOKUP 可能无法返回正确的值。

➢ 如果 range_lookup 为 FALSE，VLOOKUP 将只查找精确匹配值。在此情况下，table_array 第一列中的值不需要排序。如果 table_array 第一列中有两个或更多值与 lookup_value 匹配，则使用第一个找到的值。如果找不到精确匹配值，则返回错误值"#N/A"。

2. 应用举例

VLOOKUP 函数用于在指定区域的首列查找指定的值，返回该区域中与指定值同行的其他列的值。使用 VLOOKUP 函数可以对岗位考核成绩进行评定，下面详细介绍其操作方法。

第1步 选择 C2 单元格，在编辑栏中输入公式 "=VLOOKUP(B2,{0,"不及格";60,"及格";75,"良";85,"优秀"},2)"。

第2步 按 Enter 键，在 C2 单元格中，系统会自动对该员工的考核成绩进行评定。

第3步 选中 C2 单元格，向下填充公式至其他单元格，即可完成对岗位考核成绩进行评定的操作，如图 9-5 所示。

C2		fx	=VLOOKUP(B2,{0,"不及格";60,"及格";75,"良";85,"优秀"},2)	
	A	B	C	D
1	员工姓名	考核成绩	评定	
2	李念儿	86	优秀	
3	文彩依	75	良	
4	柳婵诗	60	及格	
5	顾莫言	58	不及格	
6	任水寒	92	优秀	
7	金磨针	87	优秀	
8	丁玲珑	65	及格	

图 9-5

9.3 引 用 查 询

在查找数据时，除了普通查询之外，有时也需要进行适当的引用才能够查找到所要的信息。本节将列举一些进行引用查询的查找与引用函数的应用案例，并对其进行详细的讲解。

9.3.1 使用 INDEX 函数快速提取员工编号

INDEX 函数用于返回指定的行与列交叉处的单元格引用。如果引用由不连续的选定区域组成，可以选择某一选定区域。下面将详细介绍 INDEX 函数的语法结构以及使用 INDEX 函数快速提取员工编号的方法。

1. 语法结构

INDEX(reference, row_num[, column_num, area_num])

INDEX 函数具有以下参数。

reference：对一个或多个单元格区域的引用。

➢ 如果为引用输入一个不连续的区域，必须用括号括起来。

➢ 如果引用中的每个区域只包含一行或一列，则相应的参数 row_num 或 column_num 分别为可选项。例如，对于单行的引用，用户可以使用函数 INDEX(reference,,column_num)。

row_num：引用中某行的行号，函数从该行返回一个引用。

column_num：引用中某列的列标，函数从该列返回一个引用。

area_num：选择引用中的一个区域，从中返回 row_num 和 column_num 的交叉区域。

选中或输入的第一个区域序号为 1，第二个为 2，以此类推。如果省略 area_num，则 INDEX 函数使用区域 1。

2．应用举例

INDEX 函数用于返回单元格区域或数组中行列交叉位置上的值，使用 INDEX 函数即可快速提取员工编号，下面详细介绍其操作方法。

第 1 步 选择 D4 单元格，在编辑栏中输入公式 "=INDEX(A1:A7,MATCH(D1,B1:B7,0))"。

第 2 步 按 Enter 键，在 D4 单元格中，系统会自动提取出该员工的员工编号，如图 9-6 所示。

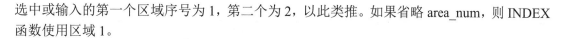

图 9-6

9.3.2 使用 MATCH 函数不区分大小写提取成绩

MATCH 函数用于在单元格区域中搜索指定项，然后返回该项在单元格区域中的相对位置。下面将详细介绍 MATCH 函数的语法结构以及使用 MATCH 函数不区分大小写提取成绩的方法。

1．语法结构

MATCH(lookup_value, lookup_array[, match_type])

MATCH 函数具有以下参数。

lookup_value：需要在 lookup_array 中查找的值。例如，如果要在电话簿中查找某人的电话号码，则应该将姓名作为查找值，但实际上需要的是电话号码。lookup_value 参数可以为值(数字、文本或逻辑值)或对数字、文本或逻辑值的单元格引用。

lookup_array：要搜索的单元格区域。

match_type：查找方式，用于指定精确查找或模糊查找，取值为-1、0 或 1。表 9-2 列出了 MATCH 函数在 match_type 参数取不同值时的返回值。

表 9-2　参数 match_type 与 MATCH 函数的返回值

match_type 参数值	MATCH 函数返回值
1 或省略	MATCH 函数会查找小于或等于 lookup_value 的最大值。lookup_array 参数中的值必须按升序排列

match_type 参数值	MATCH 函数返回值
0	MATCH 函数会查找等于 lookup_value 的第一个值。lookup_array 参数中的值可以按任何顺序排列
−1	MATCH 函数会查找大于或等于 lookup_value 的最小值。lookup_array 参数中的值必须按降序排列

2. 应用举例

MATCH 函数用于返回指定数据的相对位置，使用 MATCH 函数配合 INDEX 函数，可以在不区分大小写的情况下提取成绩，下面详细介绍其操作方法。

第1步 选择 C5 单元格，在编辑栏中输入公式 "=INDEX(B2:B6,MATCH(C1,A2:A6,0))"。

第2步 按 Enter 键，在 C5 单元格中，系统会自动提取出成绩，如图 9-7 所示。

C5		▼	:	×	✓	fx	=INDEX(B2:B6,MATCH(C1,A2:A6,0))	
	A	B	C	D				
1	姓名	成绩						
2	andy	80	LAU					
3	lee	90						
4	lau	120						
5	chio	124	120					
6	iori	100						

图 9-7

9.3.3 使用 OFFSET 函数根据指定姓名和科目查询成绩

OFFSET 函数用于以指定的引用为参照系，通过给定偏移量得到新的引用。返回的引用可以为一个单元格或单元格区域，并可以指定返回的行数或列数。下面将详细介绍 OFFSET 函数的语法结构以及使用 OFFSET 函数根据指定姓名和科目查询成绩的方法。

1. 语法结构

OFFSET(reference, rows, cols[, height, width])

OFFSET 函数具有以下参数。

reference：作为偏移量参照系的引用区域。reference 必须为对单元格或相连单元格区域的引用；否则，OFFSET 返回错误值 "#VALUE!"。

rows：相对于偏移量参照系的左上角单元格上(下)偏移的行数。如果使用 5 作为参数 rows，则说明目标引用区域的左上角单元格比 reference 低 5 行。行数可为正数(代表在起始引用的下方)或负数(代表在起始引用的上方)。

cols：相对于偏移量参照系的左上角单元格左(右)偏移的列数。如果使用 5 作为参数

cols，则说明目标引用区域的左上角的单元格比 reference 靠右 5 列。列数可为正数(代表在起始引用的右边)或负数(代表在起始引用的左边)。

height：高度，即所要返回的引用区域的行数。height 必须为正数。

width：宽度，即所要返回的引用区域的列数。width 必须为正数。

2. 应用举例

使用 OFFSET 函数配合 MATCH 函数可以根据指定姓名和科目查询成绩，下面详细介绍其操作方法。

第 1 步 选择 F2 单元格，在编辑栏中输入公式 "=OFFSET(A1,MATCH(F1,A2:A9,0),MATCH(G1,B1:D1,0))"。

第 2 步 按 Enter 键，在 F2 单元格中，系统会根据指定的姓名与科目找出相应单元格的值，如图 9-8 所示。

| F2 | ▼ | ⋮ | × | ✓ | fx | =OFFSET(A1,MATCH(F1,A2:A9,0), MATCH(G1,B1:D1,0)) |

▲	A	B	C	D	E	F	G	H
1	姓名	语文	数学	地理		柳婵诗	数学	
2	秦水支	82	46	89		72		
3	李念儿	68	46	94				
4	文彩依	57	50	88				
5	柳婵诗	57	72	94				
6	顾莫言	63	76	63				
7	任水寒	97	96	96				
8	金磨针	92	47	85				
9	丁玲珑	87	46	43				

图 9-8

知识精讲

本例公式使用 MATCH 函数计算 F1 单元格中的姓名在 A 列的排位，以及 G1 单元格中的科目在第 1 行的排位，然后分别作为 OFFSET 函数的行偏移与列偏移，从而引用目标数据。

9.3.4 使用 TRANSPOSE 函数转换数据区域

TRANSPOSE 函数用于转置数据区域的行列位置，使用 TRANSPOSE 函数可以将表格中的纵向数据转换为横向数据。下面详细介绍 TRANSPOSE 函数的语法结构以及使用 TRANSPOSE 函数转换数据区域的方法。

1. 语法结构

TRANSPOSE(array)
TRANSPOSE 函数具有以下参数。

array：需要进行转置的数组或工作表中的单元格区域。所谓数组的转置就是，将数组的第一行作为新数组的第一列，将数组的第二行作为新数组的第二列，以此类推。

2. 应用举例

本例将使用 TRANSPOSE 函数转换数据区域，下面详细介绍其操作方法。

第 1 步 选择 A8:F10 单元格区域，在编辑栏中输入公式 "=TRANSPOSE(A1:C6)"。

第 2 步 按 Ctrl+Shift+Enter 组合键，在 A8:F10 单元格区域中，系统会自动将表中原有的纵向数据转换为横向显示的数据，如图 9-9 所示。

A8			f_x	{=TRANSPOSE(A1:C6)}	
	A	B	C	D	E	F
1	员工编号	员工姓名	员工业绩			
2	A1001	王怡	12000			
3	A1002	赵尔	13000			
4	A1003	刘伞	16000			
5	A1004	钱思	15000			
6	A1005	孙武	17000			
7						
8	员工编号	A1001	A1002	A1003	A1004	A1005
9	员工姓名	王怡	赵尔	刘伞	钱思	孙武
10	员工业绩	12000	13000	16000	15000	17000

图 9-9

智慧锦囊

在使用 TRANSPOSE 函数转换数据区域的时候，用户需要注意的是，如果在被转换的数据中包含日期格式的数据，用户需要将转换的目标单元格区域中的单元格设置为日期格式，否则在使用 TRANSPOSE 函数转换数据之后，返回的日期结果会显示为序列号。

9.4 引用表中数据

在查找与引用函数中，引用表中数据的函数主要有 ADDRESS 函数、AREAS 函数、COLUMNS 函数、HYPERLINK 函数和 ROW 函数等。本节将列举其中一些查找与引用函数的应用案例，并对其进行详细的讲解。

9.4.1 使用 ADDRESS 函数定位年会抽奖号码位置

ADDRESS 函数用于按照给定的行号和列标，建立文本类型的单元格地址。下面将详细介绍 ADDRESS 函数的语法结构以及使用 ADDRESS 函数定位年会抽奖号码位置的方法。

1. 语法结构

ADDRESS(row_num, column_num[, abs_num, a1, sheet_text])

ADDRESS 函数具有以下参数。

row_num：在单元格引用中使用的行号。

column_num：在单元格引用中使用的列标。

abs_num：指定要返回的引用类型。表 9-3 中列出了 abs_num 参数的取值及其作用。

a1：用于指定 A1 或 R1C1 引用样式的逻辑值。如果 A1 为 TRUE 或省略，ADDRESS 函数返回 A1 样式的引用；如果 A1 为 FALSE，ADDRESS 函数返回 R1C1 样式的引用。

sheet_text：一个文本，指定作为外部引用的工作表的名称，如果省略该参数，则不使用任何工作表名。

表 9-3　abs_num 参数的取值及其作用

abs_num 参数值	返回的引用类型
1 或省略	绝对引用行和列
2	绝对引用行号，相对引用列标
3	相对引用行号，绝对引用列标
4	相对引用行和列

智慧锦囊

如果 abs_num 的数字范围超出了 1 到 4 的范围，则会显示错误值 "#VALUE!"。

2. 应用举例

使用 ADDRESS 函数可以定位指定的单元格位置，下面将详细介绍使用 ADDRESS 函数定位年会抽奖号码位置的方法。

第 1 步　选择 D5 单元格，在编辑栏中输入公式 "=ADDRESS(5,1,1)"。

第 2 步　按 Enter 键，在 D5 单元格中，系统会自动定位中奖号码所在的员工编号的位置，如图 9-10 所示。

D5		▾	:	× ✓	fx	=ADDRESS(5,1,1)	
▲	A	B	C	D		E	
1	员工编号	摇奖号码	中奖号码	员工编号所在单元格			
2	1001	A5684					
3	1002	A5685					
4	1003	A5686					
5	1004	A5687	A5687	$A$5			
6	1005	A5688					
7	1006	A5689					
8	1007	A5690					

图 9-10

9.4.2 使用 AREAS 函数统计选手组别数量

AREAS 函数用于返回引用中包含的区域个数。区域表示连续的单元格区域或某个单元格。下面将详细介绍 AREAS 函数的语法结构以及使用 AREAS 函数统计选手组别数量的方法。

1. 语法结构

AREAS(reference)
AREAS 函数具有以下参数。

reference：对某个单元格或单元格区域的引用，也可以引用多个区域。如果需要将几个引用指定为一个参数，则必须用括号括起来，以免 Excel 将逗号视为字段分隔符。

智慧锦囊

在引用多个单元格区域时，区域间要用逗号隔开，而且整个 reference 参数必须用"()"括起来，否则会出现错误结果。

2. 应用举例

本例以公司开运动会为例，使用 AREAS 函数可以快速统计出共有几个组别的选手，下面详细介绍其操作方法。

第 1 步 选择 D6 单元格，在编辑栏中输入公式"=AREAS((B1:B5,C1:C5,D1:D5,E1:E5))"。

第 2 步 按 Enter 键，在 D6 单元格中，系统会自动计算出组别的数量，如图 9-11 所示。

D6		▼	:	×	✓	f_x	=AREAS((B1:B5,C1:C5,D1:D5,E1:E5))		
▲	A	B	C	D	E	F	G	
1		人事部	技术部	销售部	生产部			
2	第一棒	王怡	孙武	薛久	朱市叁			
3	第二棒	赵尔	吴琉	苏轼	何世思			
4	第三棒	刘伞	李琦	蒋诗意	田世武			
5	第四棒	钱思	那巴	胡世尔	董世柳			
6		组别数量		4				

图 9-11

9.4.3 使用 COLUMNS 函数统计公司的部门数量

COLUMNS 函数用于返回数据或引用的列数。下面将详细介绍 COLUMNS 函数的语法结构以及使用 COLUMNS 函数统计公司的部门数量的方法。

1. 语法结构

COLUMNS(array)

COLUMNS 函数具有以下参数。

array：需要得到其列数的数组、数组公式或对单元格区域的引用。

2. 应用举例

COLUMNS 函数用于返回单元格区域或者数组中包含的列数，使用 COLUMNS 函数可以快速统计出公司的部门数量，下面详细介绍其操作方法。

第1步 选择 F4 单元格，在编辑栏中输入公式 "=COLUMNS(B:H)"。

第2步 按 Enter 键，在 F4 单元格中，系统会自动统计出公司的部门数量，如图 9-12 所示。

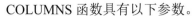

F4				fx	=COLUMNS(B:H)		
	A	B	C	D	E	F	G	H
1		财务部	人事部	技术部	生产部	信息部	运输部	公关部
2	人数	15	20	50	800	12	45	30
3	职能	财务相关	人事相关	技术相关	生产相关	企业文化	货物运送	拓展
4	公司的部门数量					7		

图 9-12

9.4.4 使用 HYPERLINK 函数添加客户的电子邮件地址

HYPERLINK 函数用于创建快捷方式或跳转，用以打开存储在网络服务器、Intranet 或 Internet 中的文档。当单击 HYPERLINK 函数所在的单元格时，Excel 将打开存储在 link_location 中的文件。下面将详细介绍 HYPERLINK 函数的语法结构以及使用 HYPERLINK 函数添加客户的电子邮件地址的方法。

1. 语法结构

HYPERLINK(link_location[, friendly_name])

HYPERLINK 函数具有以下参数。

link_location：要打开的文档的路径和文件名。link_location 可以指向文档中的某个位置，如 Excel 工作表或工作簿中特定的单元格或命名区域，也可以指向 Word 文档中的书签。路径可以是存储在硬盘驱动器上的文件的路径，也可以是服务器上的 UNC(通用命名规范)路径，或是 Internet 或 Intranet 上的 URL(统一资源定位符)路径。

friendly_name：单元格中显示的跳转文本或数字值。friendly_name 显示为蓝色并带有下划线。如果省略 friendly_name，单元格会将 link_location 显示为跳转文本。

2. 应用举例

HYPERLINK 函数用于为指定的内容创建超链接，使用 HYPERLINK 函数可以在工作表中为客户添加相应的邮件地址，下面详细介绍其操作方法。

第1步 选择 C4 单元格，在编辑栏中输入公式 "=HYPERLINK("mailto: xx@xx.xx"," 点击发送")"。

第 2 步 按 Enter 键，在 C4 单元格中，系统会自动创建一个超链接项，单击该超链接项即可发送电子邮件，如图 9-13 所示。

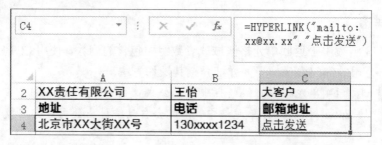

图 9-13

9.4.5 使用 ROW 函数快速输入 12 个月份

ROW 函数用于返回引用的行号，该函数与 COLUMN 函数分别返回引用的行号与列标。下面将详细介绍 ROW 函数的语法结构以及使用 ROW 函数快速输入 12 个月份的方法。

1. 语法结构

ROW([reference])
ROW 函数具有以下参数。
reference：要得到其行号的单元格或单元格区域。

2. 应用举例

ROW 函数可以用于返回单元格或者单元格区域首行的行号，使用 ROW 函数可以快速输入 12 个月份，下面详细介绍其操作方法。

第 1 步 选择 A1 单元格，在编辑栏中输入公式 "=ROW()&"月""。

第 2 步 按 Enter 键，在 A1 单元格中，系统会自动显示 "1 月"。

第 3 步 选中 A1 单元格，向下填充公式至其他单元格，即可完成快速输入 12 个月份的操作，如图 9-14 所示。

A1										fx		=ROW()&"月"																					
	A	B	C	D	E	F	G	H	I	J	K	L	M	N	O	P	Q	R	S	T	U	V	W	X	Y	Z	AA	AB	AC	AD	AE	AF
1	1月	1	2	3	4	5	6	7	8	9	10	11	12	13	14	15	16	17	18	19	20	21	22	23	24	25	26	27	28	29	30	31
2	2月	1	2	3	4	5	6	7	8	9	10	11	12	13	14	15	16	17	18	19	20	21	22	23	24	25	26	27	28			
3	3月	1	2	3	4	5	6	7	8	9	10	11	12	13	14	15	16	17	18	19	20	21	22	23	24	25	26			29	30	31
4	4月	1	2	3	4	5	6	7	8	9	10	11	12	13	14	15	16	17	18	19	20	21	22	23	24	25	26	27	28	29	30	
5	5月	1	2	3	4	5	6	7	8	9	10	11	12	13	14	15	16	17	18	19	20	21	22	23	24	25	26	27	28	29	30	31
6	6月	1	2	3	4	5	6	7	8	9	10	11	12	13	14	15	16	17	18	19	20	21	22	23	24	25	26	27	28	29	30	
7	7月	1	2	3	4	5	6	7	8	9	10	11	12	13	14	15	16	17	18	19	20	21	22	23	24	25	26	27	28	29	30	31
8	8月	1	2	3	4	5	6	7	8	9	10	11	12	13	14	15	16	17	18	19	20	21	22	23	24	25	26	27	28	29	30	31
9	9月	1	2	3	4	5	6	7	8	9	10	11	12	13	14	15	16	17	18	19	20	21	22	23	24	25	26	27	28	29	30	
10	10月	1	2	3	4	5	6	7	8	9	10	11	12	13	14	15	16	17	18	19	20	21	22	23	24	25	26	27	28	29	30	31
11	11月	1	2	3	4	5	6	7	8	9	10	11	12	13	14	15	16	17	18	19	20	21	22	23	24	25	26	27	28	29	30	
12	12月	1	2	3	4	5	6	7	8	9	10	11	12	13	14	15	16	17	18	19	20	21	22	23	24	25	26	27	28	29	30	31
13																																

图 9-14

9.5　实践案例与上机指导

通过本章的学习，读者基本可以掌握查找与引用函数的基本知识以及一些常见的操作方法。下面通过练习操作，以达到巩固学习、拓展提高的目的。

9.5.1　进、出库合计查询

本例中，工作表列出每月月尾统计的当月进、出库数量，需要根据 E2:G2 区域指定的起始月、终止月和查询项目来计算合计。其中，E2:G2 区域包含下拉列表，修改下拉列表可以汇总不同月份间的数据。下面详细介绍其操作方法。

素材文件　配套素材\第 8 章\素材文件\进、出库.xlsx
效果文件　配套素材\第 8 章\效果文件\进、出库合计查询.xlsx

第 1 步　打开素材文件，选择 F4 单元格，在编辑栏中输入公式"=SUM(OFFSET(A1,E2,MATCH(G2&"总计",B1:C1,0),F2-E2+1))"。

第 2 步　按 Enter 键，在 F4 单元格中，系统将返回满足 E2:G2 指定条件的区域的合计值，如图 9-15 所示。

图 9-15

知识精讲

本例公式中使用 OFFSET 函数产生目标区域引用，再使用 SUM 函数汇总。OFFSET 函数以单元格 A1 为参照，偏移行数等于起始月数，偏移列数等于查询项目在 B1:C1 的排位，高度等于终止月减去起始月加 1，从而形成一个区域。

9.5.2 根据产量计算员工产量得分

本例中，"产量与得分"工作表中列出得分与产量的关系，如图 9-16 所示。现需将"产量表"中的产量转换为得分，以便用于计算奖金。下面详细介绍其操作方法。

	A	B	C	D	E	F	G
1	得分	产量标准					
2	5	30万元(含)以上					
3	4.5	27万元(含)-30万元					
4	4	24万元(含)-27万元					
5	3.5	21万元(含)-24万元					
6	3	18万元(含)-21万元					
7	2.5	15万元(含)-18万元					
8	2	12万元(含)-15万元					
9	1.5	9万元(含)-12万元					
10	1	6万元(含)-9万元					
11	0.5	3万元(含)-6万元					
12	0	3万元以下					

产量表　产量与得分

图 9-16

　素材文件　配套素材\第 8 章\素材文件\员工产量.xlsx
　　　　　　效果文件　配套素材\第 8 章\效果文件\计算员工产量得分.xlsx

第 1 步　打开素材文件，选择 C2 单元格，在编辑栏中输入公式 "=LOOKUP (B2,{3,0.5}*(ROW($1:$9)-1))"。

第 2 步　按 Ctrl+Shift+Enter 组合键，在 C2 单元格中将计算出第一个员工的产量得分。

第 3 步　选中 C2 单元格，将公式向下填充，即可完成根据产量计算员工产量得分的操作，如图 9-17 所示。

C2			f_x	{=LOOKUP(B2,{3,0.5}*(ROW($1:$9)-1))}			

	A	B	C	D	E	F	G	H
1	姓名	产量	得分					
2	秦水支	25	4					
3	李念儿	26	4					
4	文彩侬	18	3					
5	柳婵诗	28	4					
6	顾莫言	29	4					
7	任水寒	19.9	3					
8	金磨针	3	0.5					
9	丁玲珑	32	4					

产量表　产量与得分

图 9-17

知识精讲

　　从本例的得分与产量标准的关系中可以看出一个特点：得分以 0.5 递增，而产量以 3 万递增。根据这个特点，公式首先建立 0 到 10 的正数序列，将此数组乘以产量和得分的递增数量，即可得到一个包含产量与得分关系的二维数组。LOOKUP 函数从数组第一列查找产量，返回其对应的得分。

　　因建立的数组是横向二维数组，也可以改用 VLOOKUP 函数完成，公式如下：VLOOKUP(B2,{3,0.5}*(ROW($1:$9)-1),2)。

9.5.3　通过差旅费报销明细统计出差人数

　　使用 ROWS 函数配合 COLUMNS 函数，可以快速统计出公司出差的人数，下面将详细介绍其操作方法。

> **素材文件**　配套素材\第 8 章\素材文件\差旅费报销明细.xlsx
> **效果文件**　配套素材\第 8 章\效果文件\统计出差人数.xlsx

　第 1 步　打开素材文件，选择 C8 单元格，在编辑栏中输入公式 "=ROWS(2:7)*COLUMNS(A:C)/2"。

　第 2 步　按 Enter 键，在 C8 单元格中，系统会自动统计出出差人数，如图 9-18 所示。

C8		：	✕ ✓ _fx_	=ROWS(2:7)*COLUMNS(A:C)/2	
▲	A	B	C	D	
1	差旅费报销明细				
2	王怡	赵尔	刘伞		
3	1500	300	700		
4	钱思	孙武	吴琉		
5	600	900	840		
6	李琦	那巴	薛久		
7	450	720	650		
8	出差人数		9		

图 9-18

9.6　思考与练习

一、填空题

　　1. 当需要在数据清单或表格中查找特定数值，或者需要查找某一单元格的引用时，可以使用＿＿＿＿＿＿＿＿函数。例如，如果需要在表格中查找与第一列中的值相匹配的数值，可以使用＿＿＿＿＿＿＿＿函数。

2. LOOKUP 函数用于从单行、单列区域或从一个数组中返回值。LOOKUP 函数有两种语法格式：_____ 和 _____。

3. _____ 函数用于在单元格区域中搜索指定项，然后返回该项在单元格区域中的相对位置。

二、判断题

1. INDEX 函数用于返回指定的行与列交叉处的单元格引用。如果引用由不连续的选定区域组成，可以选择某一选定区域。 （　　）

2. OFFSET 函数用于以指定的引用为参照系，通过给定偏移量得到新的引用。返回的引用不可以为一个单元格或单元格区域，但可以指定返回的行数或列数。 （　　）

3. HYPERLINK 函数用于创建快捷方式或跳转，用以打开存储在网络服务器、Intranet 或 Internet 中的文档。当单击 HYPERLINK 函数所在的单元格时，Excel 将打开存储在 link_location 中的文件。 （　　）

新起点
电脑教程

第 10 章

数据库函数

本章主要内容

本章主要介绍数据库函数方面的基本知识，同时还讲解计算数据库中的数据、数据库常规统计和数据库散布度统计方面一些常用函数的应用。通过本章的学习，读者可以掌握数据库函数方面的知识，为深入学习 Excel 2013 公式、函数、图表与数据分析知识奠定基础。

10.1 数据库函数概述

在处理一些数据时，经常会用到数据库函数，数据库函数用于根据特定条件从数据库中筛选出所要的信息。对于每一个数据库函数，都有一个基础数据与之相对应，每一个数据库函数基本都包括数据库、字段和条件区域三部分，其中条件区域又包括列名和条件两部分。

数据库函数可用于对表中的数据进行计算和统计，其作用包括计算数据库数据、对数据库数据进行常规统计、对数据库数据进行散布度统计等。常见的数据库函数如表 10-1 所示。

表 10-1 常见的数据库函数

函 数	说 明
DAVERAGE	返回所选数据库条目的平均值
DCOUNT	计算数据库中包含数字的单元格的数量
DCOUNTA	计算数据库中非空单元格的数量
DGET	从数据库提取符合指定条件的单个记录
DMAX	返回所选数据库条目的最大值
DMIN	返回所选数据库条目的最小值
DPRODUCT	将数据库中符合条件的记录的特定字段中的值相乘
DSTDEV	基于所选数据库条目的样本估算标准偏差
DSTDEVP	基于所选数据库条目的样本总体计算标准偏差
DSUM	对数据库中符合条件的记录的字段列中的数字求和
DVAR	基于所选数据库条目的样本估算方差
DVARP	基于所选数据库条目的样本总体计算方差

10.2 计算数据库中的数据

用户可以使用 DPRODUCT 函数和 DSUM 函数计算数据库中的数据。本节将列举这两个数据库函数的应用案例，并对其进行详细的讲解。

10.2.1 使用 DPRODUCT 函数统计手机的返修记录

DPRODUCT 函数用于返回列表或数据库中满足指定条件的记录字段(列)中的数值的乘积。下面将详细介绍 DPRODUCT 函数的语法结构以及使用 DPRODUCT 函数统计手机的返修记录的方法。

1. 语法结构

DPRODUCT(database, field, criteria)
DPRODUCT 函数具有以下参数。

database：构成列表或数据库的单元格区域。数据库是包含一组相关数据的列表，其中包含相关信息的行为记录，而包含数据的列为字段。列表的第一行包含每一列的标签。

field：指定函数所使用的列。输入两端带双引号的列标签，如"使用年数"或"产量"；或是代表列在列表中的位置的数字(不带引号)，1 表示第一列，2 表示第二列，以此类推。

criteria：包含所指定条件的单元格区域。用户可以为 criteria 参数指定任意区域，只要此区域包含至少一个列标签，并且列标签下方包含至少一个指定列条件的单元格。

2. 应用举例

DPRODUCT 函数用于返回满足条件的数值的乘积，通过使用 DPRODUCT 函数可以方便地统计出手机的返修情况，下面详细介绍其操作方法。

第 1 步　选择 C9 单元格，在编辑栏中输入公式"=DPRODUCT(A1:C7,3,D1:F3)"。

第 2 步　按 Enter 键，在 C9 单元格中，系统会自动统计出该手机是否有过返修记录，如图 10-1 所示。

图 10-1

10.2.2　使用 DSUM 函数统计符合条件的销售额总和

DSUM 函数用于返回列表或数据库中满足指定条件的记录字段(列)中的数字之和。下面将详细介绍 DSUM 函数的语法结构以及使用 DSUM 函数统计符合条件的销售额总和的方法。

1. 语法结构

DSUM(database, field, criteria)
DSUM 函数具有以下参数。

database：构成列表或数据库的单元格区域。数据库是包含一组相关数据的列表，其中包含相关信息的行为记录，而包含数据的列为字段。列表的第一行包含每一列的标签。

field：指定函数所使用的列。输入两端带双引号的列标签，如"使用年数"或"产量"；或是代表列在列表中的位置的数字(不带引号)，1 表示第一列，2 表示第二列，以此类推。

criteria：包含所指定条件的单元格区域。用户可以为 criteria 参数指定任意区域，只要此区域包含至少一个列标签，并且列标签下方包含至少一个指定列条件的单元格。

2. 应用举例

DSUM 函数可以用于计算数据库中满足指定条件的指定列中数字的总和，通过使用 DSUM 函数可以方便地统计出符合条件的销售额总和，下面详细介绍其操作方法。

第 1 步 选择 C11 单元格，在编辑栏中输入公式 "=DSUM(A1:D9,4,E2:G3)"。

第 2 步 按 Enter 键，在 C11 单元格中，系统会自动统计出符合条件的销售额总和，如图 10-2 所示。

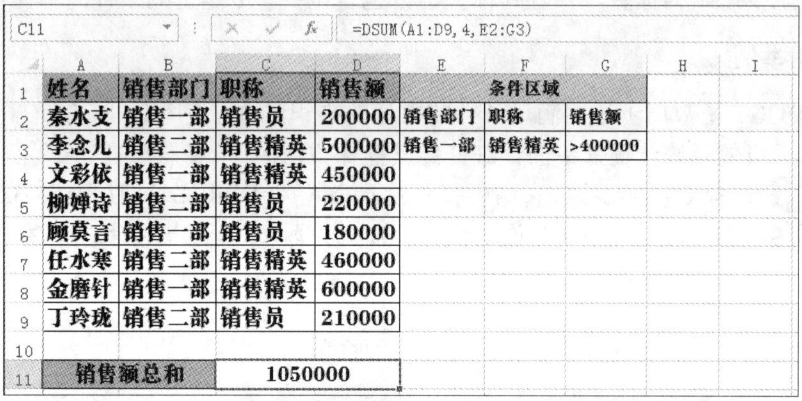

图 10-2

10.3 数据库常规统计

用户可以使用 DAVERAGE 函数、DCOUNT 函数、DCOUNTA 函数、DGET 函数、DMAX 函数和 DMIN 函数来进行数据库常规统计。本节将列举其中一些数据库函数的应用案例，并对其进行详细的讲解。

10.3.1 使用 DAVERAGE 函数统计符合条件的销售额平均值

DAVERAGE 函数用于对列表或数据库中满足指定条件的记录字段(列)中的数值求平均值。下面将详细介绍 DAVERAGE 函数的语法结构以及使用 DAVERAGE 函数统计符合条件的销售额平均值的方法。

1. 语法结构

DAVERAGE(database, field, criteria)
DAVERAGE 函数具有以下参数。
database：构成列表或数据库的单元格区域。数据库是包含一组相关数据的列表，其中包含相关信息的行为记录，而包含数据的列为字段。列表的第一行包含每一列的标签。
field：指定函数所使用的列。输入两端带双引号的列标签，如"使用年数"或"产量"；或是代表列在列表中的位置的数字(没有引号)，1 表示第一列，2 表示第二列，以此类推。

criteria：包含所指定条件的单元格区域。用户可以为 criteria 参数指定任意区域，只要此区域包含至少一个列标签，并且列标签下方包含至少一个指定列条件的单元格。

2. 应用举例

DAVERAGE 函数可以用于计算数据库中满足指定条件的指定列中数字的平均值，通过使用 DAVERAGE 函数可以方便地统计出符合条件的销售额平均值，下面详细介绍其操作方法。

第1步 选择 C11 单元格，在编辑栏中输入公式"=DAVERAGE(A1:D9,4,E2:G3)"。

第2步 按 Enter 键，在 C11 单元格中，系统会自动统计出符合条件的销售额平均值，如图 10-3 所示。

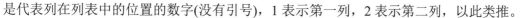

C11		▼	⁝	×	✓	fx	=DAVERAGE(A1:D9,4,E2:G3)	
	A	B	C	D	E	F	G	H
1	姓名	销售部门	职称	销售额	条件区域			
2	秦水支	销售一部	销售员	200000	销售部门	职称	销售额	
3	李念儿	销售二部	销售精英	500000	销售二部	销售精英		
4	文彩依	销售一部	销售精英	450000				
5	柳婵诗	销售二部	销售员	220000				
6	顾莫言	销售一部	销售员	180000				
7	任水寒	销售二部	销售精英	460000				
8	金磨针	销售一部	销售精英	600000				
9	丁玲珑	销售二部	销售员	210000				
10								
11	销售额平均值		480000					

图 10-3

10.3.2　使用 DCOUNT 函数统计销售精英人数

DCOUNT 函数用于返回列表或数据库中满足指定条件的记录字段(列)中包含数字的单元格的个数。下面将详细介绍 DCOUNT 函数的语法结构以及使用 DCOUNT 函数统计销售精英人数的方法。

1. 语法结构

DCOUNT(database, field, criteria)

DCOUNT 函数具有以下参数。

database：构成列表或数据库的单元格区域。数据库是包含一组相关数据的列表，其中包含相关信息的行为记录，而包含数据的列为字段。列表的第一行包含每一列的标签。

field：指定函数所使用的列。输入两端带双引号的列标签，如"使用年数"或"产量"；或是代表列在列表中的位置的数字(不带引号)，1 表示第一列，2 表示第二列，以此类推。

criteria：包含所指定条件的单元格区域。用户可以为 criteria 参数指定任意区域，只要此区域包含至少一个列标签，并且列标签下方包含至少一个指定列条件的单元格。

2. 应用举例

DCOUNT 函数用于计算满足条件的包含数字的单元格个数，通过使用 DCOUNT 函数可以方便地统计出销售精英人数，下面详细介绍其操作方法。

第1步 选择 C10 单元格，在编辑栏中输入公式 "=DCOUNT(A1:D9,4,E2:G3)"。

第2步 按 Enter 键，在 C10 单元格中，系统会自动统计出销售精英人数，如图 10-4 所示。

C10			fx	=DCOUNT(A1:D9,4,E2:G3)			
	A	B	C	D	E	F	G	H
1	姓名	销售部门	职称	销售额		条件区域		
2	秦水支	销售一部	销售员	200000	销售部门	职称	销售额	
3	李念儿	销售二部	销售精英	500000		销售精英		
4	文彩依	销售一部	销售精英	450000				
5	柳婵诗	销售二部	销售员	220000				
6	顾莫言	销售一部	销售员	180000				
7	任水寒	销售二部	销售精英	460000				
8	金磨针	销售一部	销售精英	60000				
9	丁玲珑	销售二部	销售员	210000				
10	销售精英人数		4					

图 10-4

10.3.3 使用 DCOUNTA 函数计算公司使用手机的人数

DCOUNTA 函数用于返回列表或数据库中满足指定条件的记录字段(列)中的非空单元格的个数。下面将详细介绍 DCOUNTA 函数的语法结构以及使用 DCOUNTA 函数计算公司使用手机的人数的方法。

1. 语法结构

DCOUNTA(database, field, criteria)
DCOUNTA 函数具有以下参数。

database：构成列表或数据库的单元格区域。数据库是包含一组相关数据的列表，其中包含相关信息的行为记录，而包含数据的列为字段。列表的第一行包含每一列的标签。

field：指定函数所使用的列。输入两端带双引号的列标签，如"使用年数"或"产量"；或是代表列在列表中的位置的数字(不带引号)，1 表示第一列，2 表示第二列，以此类推。

criteria：包含所指定条件的单元格区域。用户可以为 criteria 参数指定任意区域，只要此区域包含至少一个列标签，并且列标签下方包含至少一个指定列条件的单元格。

2. 应用举例

本例中的工作表是某公司销售部门人员表，现在要求统计该部门使用手机的员工的人数。下面详细介绍其操作方法。

第1步 选择 D13 单元格，在编辑栏中输入公式 "=DCOUNTA(A1:G9,7,A11:G12)"。

第2步 按 Enter 键，在 D13 单元格中，系统会计算出该部门使用手机的员工人数，如图 10-5 所示。

图 10-5

10.3.4 使用 DGET 函数提取指定条件的销售额

DGET 函数用于从列表或数据库的列中提取符合指定条件的单个值。下面将详细介绍 DGET 函数的语法结构以及使用 DGET 函数提取指定条件的销售额的方法。

1. 语法结构

DGET(database, field, criteria)

DGET 函数具有以下参数。

database：构成列表或数据库的单元格区域。数据库是包含一组相关数据的列表，其中包含相关信息的行为记录，而包含数据的列为字段。列表的第一行包含每一列的标签。

field：指定函数所使用的列。输入两端带双引号的列标签，如"使用年数"或"产量"；或是代表列在列表中的位置的数字(不带引号)，1 表示第一列，2 表示第二列，以此类推。

criteria：包含所指定条件的单元格区域。用户可以为 criteria 参数指定任意区域，只要此区域包含至少一个列标签，并且列标签下方包含至少一个指定列条件的单元格。

2. 应用举例

通过使用 DGET 函数可以方便地提取出指定条件的销售额，下面详细介绍其操作方法。

第 1 步 选择 C10 单元格，在编辑栏中输入公式 "=DGET(A1:D9,4,E2:G3)"。

第 2 步 按 Enter 键，在 C10 单元格中，系统会自动提取出指定条件的销售额，如图 10-6 所示。

	姓名	销售部门	职称	销售额		条件区域	
1	姓名	销售部门	职称	销售额		条件区域	
2	统月	销售一部	销售员	200000	姓名	销售部门	职称
3	苏普	销售二部	销售精英	500000	袁冠南	销售二部	销售精英
4	江城子	销售一部	销售精英	650000			
5	柳长街	销售二部	销售员	220000			
6	韦好客	销售一部	销售员	320000			
7	袁冠南	销售二部	销售精英	460000			
8	燕七	销售一部	销售精英	640000			
9	金不换	销售二部	销售员	210000			
10	提取的销售额		460000				

C10 ＝DGET(A1:D9,4,E2:G3)

图 10-6

10.3.5 使用 DMAX 函数提取销售员的最高销售额

DMAX 函数用于返回列表或数据库中满足指定条件的记录字段(列)中的最大数字。下面将详细介绍 DMAX 函数的语法结构以及使用 DMAX 函数提取销售员的最高销售额的方法。

1. 语法结构

DMAX(database, field, criteria)

DMAX 函数具有以下参数。

database：构成列表或数据库的单元格区域。数据库是包含一组相关数据的列表，其中包含相关信息的行为记录，而包含数据的列为字段。列表的第一行包含每一列的标签。

field：指定函数所使用的列。输入两端带双引号的列标签，如"使用年数"或"产量"；或是代表列在列表中的位置的数字(不带引号)，1 表示第一列，2 表示第二列，以此类推。

criteria：包含所指定条件的单元格区域。用户可以为 criteria 参数指定任意区域，只要此区域包含至少一个列标签，并且列标签下方包含至少一个指定列条件的单元格。

2. 应用举例

DMAX 函数用于返回满足条件的最大值，通过使用 DMAX 函数可以方便地提取出销售员的最高销售额，下面详细介绍其操作方法。

第1步 选择 C10 单元格，在编辑栏中输入公式 "=DMAX(A1:D9,4,E2:G3)"。

第2步 按 Enter 键，在 C10 单元格中，系统会自动提取出销售员的最高销售额，如图 10-7 所示。

	A	B	C	D	E	F	G
				fx	=DMAX(A1:D9,4,E2:G3)		
1	姓名	销售部门	职称	销售额		条件区域	
2	统月	销售一部	销售员	200000	姓名	销售部门	职称
3	苏普	销售二部	销售精英	500000			销售员
4	江城子	销售一部	销售精英	650000			
5	柳长街	销售二部	销售员	220000			
6	韦好客	销售一部	销售员	320000			
7	袁冠南	销售二部	销售精英	460000			
8	燕七	销售一部	销售精英	640000			
9	金不换	销售二部	销售员	210000			
10	提取的销售额		320000				

图 10-7

10.4 数据库散布度统计

用户可以使用 DSTDEV 函数、DSTDEVP 函数、DVAR 函数和 DVARP 函数进行数据库散布度统计。本节将列举这些函数的应用案例，并对其进行详细的讲解。

10.4.1　使用 DSTDEV 函数计算员工的年龄标准差

DSTDEV 函数用于返回利用列表或数据库中满足指定条件的记录字段(列)中的数字作为一个样本估算出的总体标准偏差。下面将详细介绍 DSTDEV 函数的语法结构以及使用 DSTDEV 函数计算员工的年龄标准差的方法。

1. 语法结构

DSTDEV(database, field, criteria)

DSTDEV 函数具有以下参数。

database：构成列表或数据库的单元格区域。数据库是包含一组相关数据的列表，其中包含相关信息的行为记录，而包含数据的列为字段。列表的第一行包含每一列的标签。

field：指定函数所使用的列。输入两端带双引号的列标签，如"使用年数"或"产量"；或是代表列在列表中的位置的数字(不带引号)，1 表示第一列，2 表示第二列，以此类推。

criteria：包含所指定条件的单元格区域。用户可以为 criteria 参数指定任意区域，只要此区域包含至少一个列标签，并且列标签下方包含至少一个指定列条件的单元格。

2. 应用举例

本例中工作表为某公司销售部门人员表，要求计算该部门员工的年龄标准差。下面详细介绍其操作方法。

第 1 步　选择 D13 单元格，在编辑栏中输入公式"=DSTDEV(A1:G9,4,A11:G12)"。

第 2 步　按 Enter 键，在 D13 单元格中，系统会计算该部门员工的年龄标准差，如图 10-8 所示。

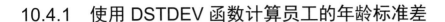

图 10-8

10.4.2　使用 DSTDEVP 函数计算员工的总体年龄标准差

DSTDEVP 函数用于返回利用列表或数据库中满足指定条件的记录字段(列)中的数字作为样本总体计算出的总体标准偏差。下面将详细介绍 DSTDEVP 函数的语法结构以及使用

DSTDEVP 函数计算员工的总体年龄标准差的方法。

1. 语法结构

DSTDEVP(database, field, criteria)
DSTDEVP 函数具有以下参数。

database：构成列表或数据库的单元格区域。数据库是包含一组相关数据的列表，其中包含相关信息的行为记录，而包含数据的列为字段。列表的第一行包含每一列的标签。

field：指定函数所使用的列。输入两端带双引号的列标签，如"使用年数"或"产量"；或是代表列在列表中的位置的数字(不带引号)，1 表示第一列，2 表示第二列，以此类推。

criteria：包含所指定条件的单元格区域。用户可以为 criteria 参数指定任意区域，只要此区域包含至少一个列标签，并且列标签下方包含至少一个指定列条件的单元格。

2. 应用举例

本例中工作表为某公司销售部门人员表，要求计算该部门员工的总体年龄标准差。下面详细介绍其操作方法。

第1步 选择 D13 单元格，在编辑栏中输入公式 "=DSTDEVP(A1:G9, 4, A11:G12)"。

第2步 按 Enter 键，在 D13 单元格中，系统会计算出员工的总体年龄标准差，如图 10-9 所示。

	A	B	C	D	E	F	G	H	I	J
	姓名	性别	职务	年龄	销售量	单价	手机			
1										
2	绕月	女	员工	22	124	90	13754754547			
3	苏普	女	员工	21	135	90	13648732565			
4	江城子	男	员工	35	126	90				
5	柳长街	男	员工	24	156	90	15936688601			
6	韦好客	女	经理	24	203	90	15930666619			
7	袁冠南	女	经理	37	224	90				
8	燕七	男	经理	36	204	90				
9	金不换	男	员工	26	143	90	13512600673			
10										
11	姓名	性别	职务	年龄	销售量	单价	手机			
12										
13	公司所有员工总体年龄标准差			6.27						

D13 区域编辑栏：=DSTDEVP(A1:G9, 4, A11:G12)

图 10-9

10.4.3　使用 DVAR 函数计算男员工销售量的方差

DVAR 函数用于返回利用列表或数据库中满足指定条件的记录字段(列)中的数字作为一个样本估算出的总体方差。下面将详细介绍 DVAR 函数的语法结构以及使用 DVAR 函数计算男员工销售量的方差的方法。

1. 语法结构

DVAR(database, field, criteria)
DVAR 函数具有以下参数。

database：构成列表或数据库的单元格区域。数据库是包含一组相关数据的列表，其中包含相关信息的行为记录，而包含数据的列为字段。列表的第一行包含每一列的标签。

field：指定函数所使用的列。输入两端带双引号的列标签，如"使用年数"或"产量"；或是代表列在列表中的位置的数字(不带引号)，1 表示第一列，2 表示第二列，以此类推。

criteria：包含所指定条件的单元格区域。用户可以为 criteria 参数指定任意区域，只要此区域包含至少一个列标签，并且列标签下方包含至少一个指定列条件的单元格。

2. 应用举例

DVAR 函数可以用于返回满足条件的样本总体方差，通过使用 DVAR 函数可以方便地计算男员工销售量的方差，下面详细介绍其操作方法。

第1步 选择 D13 单元格，在编辑栏中输入公式 "=DVAR(A1:G9,4,A11:G12)"。

第2步 按 Enter 键，在 D13 单元格中，系统会自动计算出男员工销售量的方差，如图 10-10 所示。

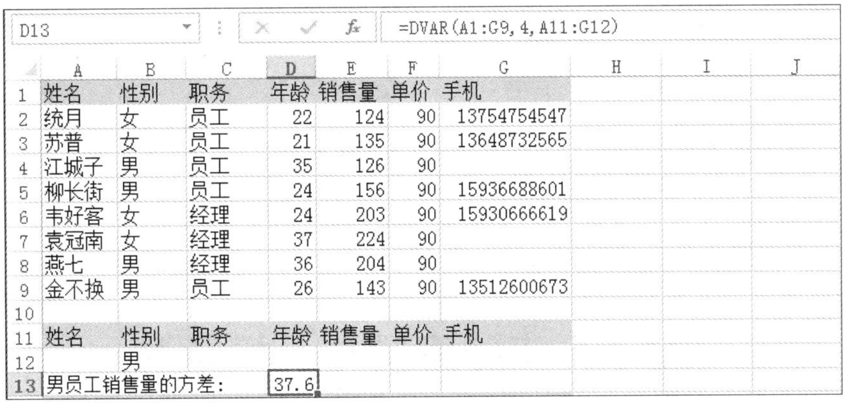

图 10-10

10.4.4 使用 DVARP 函数计算男员工销售量的总体方差

DVARP 函数用于返回使用列表或数据库中满足指定条件的记录字段(列)中的数字作为样本总体计算出的样本总体方差。下面将详细介绍 DVARP 函数的语法结构以及使用 DVARP 函数计算男员工销售量的总体方差的方法。

1. 语法结构

DVARP(database, field, criteria)
DVARP 函数具有以下参数。

database：构成列表或数据库的单元格区域。数据库是包含一组相关数据的列表，其中包含相关信息的行为记录，而包含数据的列为字段。列表的第一行包含每一列的标签。

field：指定函数所使用的列。输入两端带双引号的列标签，如"使用年数"或"产量"；或是代表列在列表中的位置的数字(不带引号)，1 表示第一列，2 表示第二列，以此类推。

criteria：包含所指定条件的单元格区域。用户可以为 criteria 参数指定任意区域，只要此区域包含至少一个列标签，并且列标签下方包含至少一个指定列条件的单元格。

2. 应用举例

DVARP 函数可以用于返回满足条件的总体方差，通过使用 DVARP 函数可以方便地计算男员工销售量的总体方差，下面详细介绍其操作方法。

第 1 步 选择 D13 单元格，在编辑栏中输入公式 "=DVARP(A1:G9,4,A11:G12)"。

第 2 步 按 Enter 键，在 D13 单元格中，系统会自动计算出男员工销售量的总体方差，如图 10-11 所示。

	A	B	C	D	E	F	G	H
							D13	=DVARP(A1:G9,4,A11:G12)
1	姓名	性别	职务	年龄	销售量	单价	手机	
2	统月	女	员工	22	124	90	13754754547	
3	苏昔	女	员工	21	135	90	13648732565	
4	江城子	男	员工	35	126	90		
5	柳长街	男	员工	24	156	90	15936688601	
6	韦好客	女	经理	24	203	90	15930666619	
7	袁冠南	女	经理	37	224	90		
8	燕七	男	经理	36	204	90		
9	金不换	男	员工	26	143	90	13512600673	
10								
11	姓名	性别	职务	年龄	销售量	单价	手机	
12		男						
13	男员工销售量的总体方差:			28.2				

图 10-11

10.5 实践案例与上机指导

通过本章的学习，读者基本可以掌握数据库函数的基本知识以及一些常见的操作方法。下面通过练习操作，以达到巩固学习、拓展提高的目的。

10.5.1 统计文具类和厨具类产品的最低单价

DMIN 函数用于返回满足条件的最小值，通过使用 DMIN 函数可以很方便地统计出文具类和厨具类产品的最低单价，下面详细介绍其操作方法。

 素材文件 配套素材\第 10 章\素材文件\产品单价.xlsx
效果文件 配套素材\第 10 章\效果文件\最低单价.xlsx

第 1 步 打开素材文件，选择 D4 单元格，在编辑栏中输入公式 "=DMIN(A1:B11,2,D1:D2)"。

第 2 步 按 Enter 键，在 D4 单元格中，系统会自动统计出文具类和厨具类产品的最低单价，如图 10-12 所示。

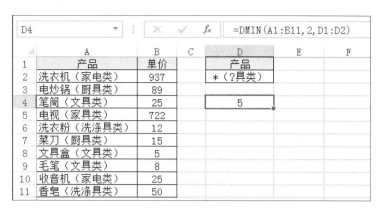

图 10-12

知识精讲

本例通过 DMIN 函数计算厨具类和文具类产品的最低单价，为了缩短公式长度，利用通配符同时表达出两种产品都符合的条件。

使用 DMIN 函数时，如果需要填充公式，以计算不同项目的值，第二参数通常使用数字会更灵活，如 "COLUMN(A1)" 或者 "ROW(A1)"，当公式向右或者向下填充时，公式计算的列(字符)会产生动态的变化。

10.5.2 计算公司员工销售额

本例中的工作表为某公司销售部门的人员表，需要计算该部门每个员工的总销售额。下面将详细介绍使用 DPRODUCT 函数配合 COLUMN 函数计算公司员工销售额的操作方法。

素材文件 配套素材\第 10 章\素材文件\销售部门人员.xlsx
效果文件 配套素材\第 10 章\效果文件\员工销售额.xlsx

第 1 步 打开素材文件，选择 B8 单元格，在编辑栏中输入公式 "=DPRODUCT($A$1:$I$3,COLUMN(B1),$A$5:$I$7)"。

第 2 步 按 Enter 键，在 B8 单元格中，系统会自动计算出部门第一个员工的总销售额。

第 3 步 选中 B8 单元格，向右拖动填充公式，即可完成计算公司员工销售额的操作，如图 10-13 所示。

知识精讲

本例公式中，COLUMN 函数用于指定 DPRODUCT 函数使用的数据列。当公式向右填充时，函数使用的数据列也相应地发生变化。

	A	B	C	D	E	F	G	H	I	J
						fx	=DPRODUCT($A$1:$I$3,COLUMN(B1),$A$5:$I$7)			
1	姓名	统月	苏普	江城子	柳长街	韦好客	袁冠南	金不换	燕七	
2	销售量	124	135	126	156	203	224	204	143	
3	单价	90	90	90	90	90	90	90	90	
4										
5	姓名									
6	销售量									
7	单价									
8	总销售额	11160	12150	11340	14040	18270	20160	18360	12870	

图 10-13

10.5.3 计算语文成绩大于 90 分者的最高总成绩

本例将计算数据表中第五列数据的最高分，但前提是对应的语文成绩大于 90 分。下面详细介绍其操作方法。

 素材文件 配套素材\第 10 章\素材文件\学生成绩.xlsx
效果文件 配套素材\第 10 章\效果文件\最高总成绩.xlsx

第1步 打开素材文件，选择 G4 单元格，在编辑栏中输入公式"=DMAX (A1:E11,5,G1:G2)"。

第2步 按 Enter 键，在 G4 单元格中，系统会计算出语文成绩大于 90 分者对应的最高总分，如图 10-14 所示。

	A	B	C	D	E	F	G	H
					fx	=DMAX(A1:E11,5,G1:G2)		
1	姓名	性别	语文	数学	总分		语文	
2	柳兰歌	男	94	94	188		>90	
3	秦水支	女	77	76	153			
4	李念儿	女	58	51	109		188	
5	文彩依	男	89	100	189			
6	柳婵诗	女	95	64	159			
7	顾莫言	女	87	73	160			
8	任水寒	男	72	80	152			
9	金磨针	女	53	81	134			
10	丁玲珑	女	80	70	150			
11	李灵黛	女	67	77	144			

图 10-14

10.6 思考与练习

一、填空题

1. _____用于根据特定条件从数据库中筛选出所要的信息。

2. 数据库函数可用于对表中的数据进行_____和_____，其作用包括计算数据库数据、对数据库数据进行常规统计、对数据库数据进行散布度统计等。

3. _____函数用于返回列表或数据库中满足指定条件的记录字段(列)中的数值的乘积。

4. _____函数用于对列表或数据库中满足指定条件的记录字段(列)中的数值求平均值。

5. _____函数用于返回列表或数据库中满足指定条件的记录字段(列)中的最大数字。

二、判断题

1. 对于每一个数据库函数，都有一个基础数据与之相对应，每一个数据库函数基本都包括数据库、字段和条件区域三部分，其中条件区域又包括列名和条件两部分。　　(　)

2. DSUM 函数用于返回列表或数据库中满足指定条件的记录字段(列)中的数字之差。

(　)

3. DCOUNTA 函数用于返回列表或数据库中满足指定条件的记录字段(列)中的非空单元格的个数。　　(　)

4. DSTDEV 函数用于返回利用列表或数据库中满足指定条件的记录字段(列)中的数字作为样本总体计算出的总体标准偏差。　　(　)

新起点
电脑教程

第11章

图表入门与应用

本章要点

- 认识图表
- 创建图表的方法
- 设置图表
- 创建各种类型的图表
- 美化图表

本章主要内容

本章主要介绍图表的基本知识，同时还讲解创建图表、设置图表、美化图表的相关操作方法。通过本章的学习，读者可以掌握图表及其应用方面的知识，为深入学习 Excel 2013 公式、函数、图表与数据分析知识奠定基础。

11.1 认识图表

图表是可以直观地展示数据和信息的图形结构。应用图表可以更清晰地显示各个数据之间的关系和数据的变化情况，从而方便用户快速而准确地获得信息。本节将详细介绍图表的类型以及图表的组成等相关知识。

11.1.1 图表的类型

在 Excel 2013 中，图表可分为柱形图、折线图、饼图、条形图、面积图、散点图、股价图、曲面图、雷达图和组合图表 10 种。不同类型的图表具有不同的构成要素，下面分别予以介绍。

1. 柱形图

柱形图用于显示一段时间内数据变化或各项数据之间的比较情况。通常绘制柱形图时，水平轴表示组织类型，垂直轴则表示数值。柱形图包括簇状柱形图、堆积柱形图、百分比堆积柱形图、三维簇状柱形图、三维堆积柱形图、三维百分比堆积柱形图和三维柱形图 7 个子类型。图 11-1 所示为簇状柱形图。

2. 折线图

折线图可以显示随时间(根据常用比例设置)而变化的连续数据。通常绘制折线图时，类别数据沿水平轴均匀分布，所有值数据沿垂直轴均匀分布。折线图包括折线图、堆积折线图、百分比堆积折线图、带数据标记的折线图、带标记的堆积折线图、带数据标记的百分比堆积折线图和三维折线图 7 个子类型。图 11-2 所示为三维折线图。

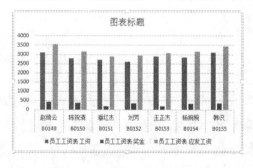

图 11-1   图 11-2

3. 饼图

饼图可以清晰、直观地反映数据中各项所占的百分比或某个单项占总体的比例，使用饼图能够很方便地查看整体与个体之间的关系。饼图的特点是只能将工作表中的一列或一行绘制到饼图中。饼图包括饼图、三维饼图、复合饼图、复合条饼图和圆环图 5 个子类型。图 11-3 所示为三维饼图。

4. 条形图

条形图是用来描绘各个项目之间数据差别情况的一种图表，重点强调在特定时间点上分类轴和数值之间的比较。条形图主要包括簇状条形图、堆积条形图、百分比堆积条形图、三维簇状条形图、三维堆积条形图和三维百分比堆积条形图 6 个子类型。图 11-4 所示为簇状条形图。

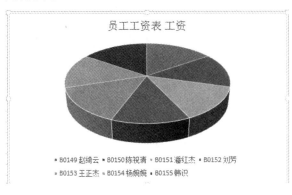
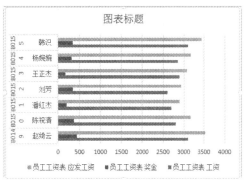

图 11-3　　　　　　　　　　　　　图 11-4

5. 面积图

面积图用于显示某个时间阶段总数与数据系列的关系。面积图强调数量随时间而变化的程度，还可以使观看图表的人更加注意总值趋势的变化。面积图包括面积图、堆积面积图、百分比堆积面积图、三维面积图、三维堆积面积图和三维百分比堆积面积图 6 种子类型。图 11-5 所示为三维面积图。

6. 散点图

散点图又称为 XY 散点图，用于显示若干数据系列中各数值之间的关系。利用散点图可以绘制函数曲线。散点图通常用于显示和比较数值，如科学数据、统计数据或工程数据等。XY 散点图包括 7 种子类型，包括散点图、带平滑线和数据标记的散点图、带平滑线的散点图、带直线和数据标记的散点图、带直线的散点图、气泡图和三维气泡图。图 11-6 所示为带平滑线的散点图。

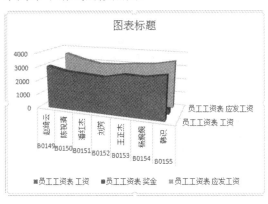
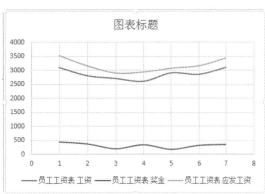

图 11-5　　　　　　　　　　　　　图 11-6

7. 股价图

顾名思义，股价图是用来分析股价的波动和走势的图表，在实际工作中，股价图也可用于计算和分析科学数据。需注意的是，用户必须按正确的顺序组织数据才能创建股价图。股价图分为盘高-盘底-收盘图、开盘-盘高-盘底-收盘图、成交量-盘高-盘底-收盘图和成交量-开盘-盘高-盘底-收盘图4个子类型。图11-7所示为开盘-盘高-盘底-收盘图。

8. 曲面图

曲面图主要用于显示两组数据之间的最佳组合。如果 Excel 工作表中数据较多，而用户又准备找到两组数据之间的最佳组合时，可以使用曲面图。曲面图包含 4 种子类型，分别为曲面图、曲面图(俯视框架)、三维曲面图和三维曲面图(框架图)。图 11-8 所示为三维曲面图。

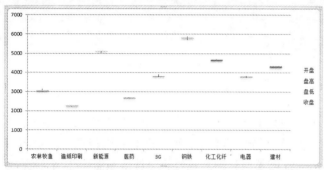

图 11-7

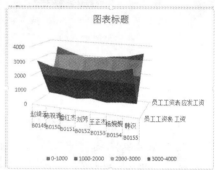

图 11-8

9. 雷达图

雷达图可以比较若干数据系列的聚合值，用于显示数据中心点以及数据类别之间的变化趋势，也可以将覆盖的数据系列用不同的演示显示出来。雷达图主要包括雷达图、带数据标记的雷达图和填充雷达图 3 种子类型。图 11-9 所示为填充雷达图。

图 11-9

10. 组合图表

组合图表是 Excel 2013 中的新功能，用户可以非常便捷地自由组合图表类型。组合图表包括簇状柱形图-折线图、簇状柱形图-次坐标轴上的折线图、堆积面积图-簇状柱形图和自定义组合 4 个子类型。用户可以自由选择哪个数据需要更换图表类型，自由度很高。图 11-10 所示为簇状柱形图-折线图。

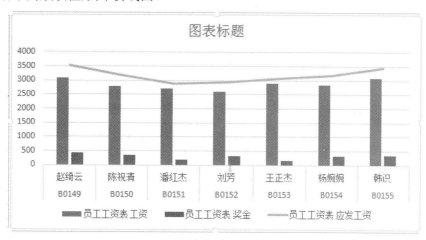

图 11-10

11.1.2　图表的组成

在 Excel 2013 中，创建完成的图表由图表区、绘图区、图表标题、数据系列、图例项和坐标轴等多个部分组成，如图 11-11 所示。

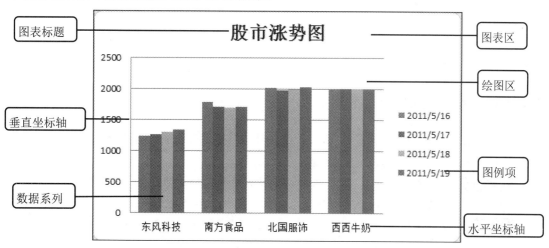

图 11-11

不同图表的构成元素是不同的，表 11-1 所示为 Excel 图表各组成元素的功能及说明。

表 11-1 Excel 图表各组成元素的功能及说明

名　称	功能以及说明
图表标题	显示图表的名称，可以自动与坐标轴对齐或在图表顶部居中
图表区	显示图表的背景颜色，当插入的图表被激活后，就可以对该区域进行颜色填充或添加边框线了
绘图区	在二维图表中，以坐标轴为界并包含所有数据系列的区域。在三维图表中，此区域以坐标轴为界并包含数据系列、分类名称、刻度线标签和坐标轴标题
垂直坐标轴	显示图表数据刻度
数据系列	显示各类别数据的值
图例项	图例是集中于图表一角或一侧，用各种符号和颜色代表内容与指标的说明，有助于用户更好地认识图表
水平坐标轴	显示各类别的名称，可对其进行修改、删除或添加

 知识精讲

　　图表不是自己画出来的，而是依托于数据自动生成的，生成图表的数据称为图表的数据源，数据源改变了，图表也会随之改变。简而言之，图表和数据其实是同一种事物的不同存在形式。

11.2　创建图表的方法

　　在 Excel 2013 中，创建图表的方法有 3 种，包括通过对话框创建图表、使用功能区创建图表和使用快捷键创建图表。本节将详细介绍创建图表的相关知识及操作方法。

11.2.1　通过对话框创建图表

　　通过对话框创建图表是指在【插入图表】对话框中选择准备创建图表的类型。下面将详细介绍在 Excel 2013 中通过对话框创建图表的操作方法。

　　第1步 打开工作表，**1.** 选中准备创建图表的单元格区域，**2.** 切换到【插入】选项卡，**3.** 在【图表】组中，单击【创建图表】对话框的启动器按钮，如图 11-12 所示。

　　第2步 弹出【插入图表】对话框，**1.** 切换到【所有图表】选项卡，**2.** 在图表类型列表框中，选择准备应用的图表类型，**3.** 选择准备应用的图表样式，**4.** 单击【确定】按钮，如图 11-13 所示。

　　第3步 返回到工作表界面，可以看到已经创建好的图表，如图 11-14 所示，这样即可完成使用【插入图表】对话框创建图表的操作。

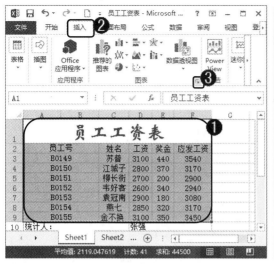

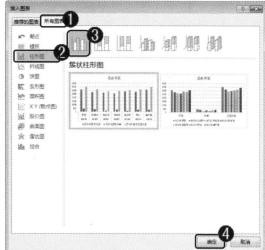

图 11-12　　　　　　　　　　　　　　　　图 11-13

图 11-14

11.2.2　使用功能区创建图表

使用功能区创建图表是指在【插入】选项卡的【图表】组中选择准备创建的图表类型。下面以创建柱形图为例，详细介绍使用功能区创建图表的操作方法。

第1步　打开 Excel 2013 工作表，**1.** 切换到【插入】选项卡，**2.** 单击【图表】组中的【柱形图】按钮，**3.** 在弹出的下拉列表中，选择准备应用的图表类型，如图 11-15 所示。

第2步　可以看到在工作表界面中，系统会自动添加一个柱形图表，并以柱形图表的形式显示表格中的数据，如图 11-16 所示，这样即可完成使用功能区创建图表的操作。

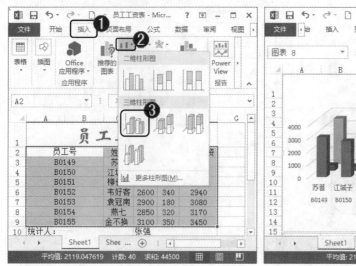

图 11-15

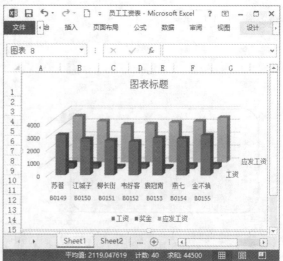

图 11-16

智慧锦囊

在创建图表时，要注意选择适当的图表类型。如果用户在创建图表之后发现需要对图表进行更改，也可以在后期的设置过程中更改图表的类型或数据源。

11.2.3　使用快捷键创建图表

在 Excel 2013 工作表中，可以使用快捷键来创建图表，其中包括在原工作表中创建图表和在新建的工作表中创建图表，下面分别予以介绍。

1. 在原工作表中创建图表

在原工作表中创建图表，顾名思义是指在原数据所在工作表中创建一个图表，下面将详细介绍其操作方法。

第 1 步 单击工作表中的任意单元格，按 Alt+F1 组合键，如图 11-17 所示。

第 2 步 可以看到，在工作表中已经创建好了一个图表，如图 11-18 所示，这样即可完成在原工作表中创建图表的操作。

2. 在新建的工作表中创建图表

除了在原工作表中创建图表之外，用户还可以使用快捷键在新建的工作表中创建图表，下面将详细介绍其操作方法。

第 1 步 单击工作表中的任意单元格，按 F11 键，如图 11-19 所示。

第 2 步 可以看到，系统会在工作簿中新建一个工作表，并在其中显示创建好的图表，如图 11-20 所示，这样即可完成在新建的工作表中创建图表的操作。

图 11-17

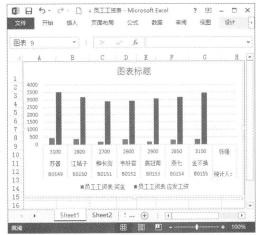

图 11-18

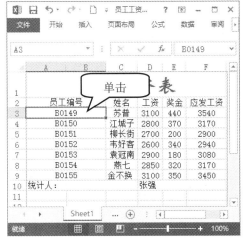

图 11-19

图 11-20

知识精讲

　　在 Excel 2013 工作表中，把鼠标指针移动至已创建图表的右边框上，待鼠标指针变为"⟷"形状时，向右拖动鼠标指针，可以完成在水平方向上调整图表宽度的操作；把鼠标指针移动至已创建图表的下边框上，待鼠标指针变为"↕"形状时，向下拖动鼠标指针，可以完成在垂直方向上调整图表高度的操作。

11.3　设置图表

　　创建完图表后，如果图表不能明确地把数据表现出来，那么可以重新选择适当的图表类型、重新选择数据源；还可以对图表布局、图表样式进行设计，使其更加美观。本节将介绍设置图表方面的知识及操作方法。

11.3.1 更改图表类型

在 Excel 2013 工作表中，如果对已经创建的图表类型不满意，那么可以对图表类型进行更改。下面将详细介绍更改图表类型的操作方法。

第1步 打开 Excel 2013 工作表，**1.** 选择已创建的图表，**2.** 切换到【设计】选项卡，**3.** 在【类型】组中，单击【更改图表类型】按钮 ，如图 11-21 所示。

第2步 弹出【更改图表类型】对话框，**1.** 在图表类型列表框中，选择更改的图表类型，**2.** 选择更改的图表样式，**3.** 单击【确定】按钮，如图 11-22 所示。

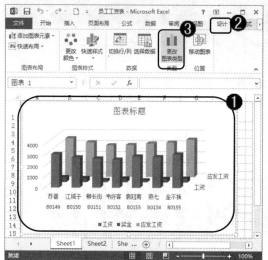

图 11-21

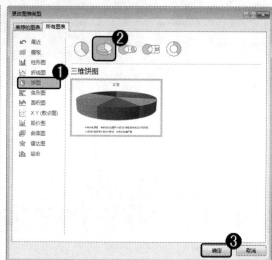

图 11-22

第3步 返回到工作表界面，可以看到图表类型已经发生改变，如图 11-23 所示，这样即可完成更改图表类型的操作。

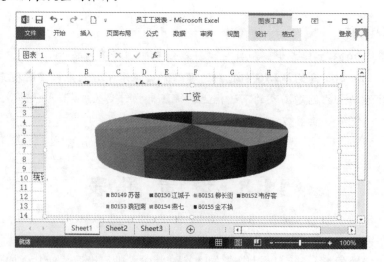

图 11-23

11.3.2　更改数据源

在 Excel 中，用户可以对图表中的数据源进行选择，从而在图表中展示准备显示的数据信息。下面以显示工作表中的"一组""二组"数据为例，来详细介绍更改图表数据源的操作方法。

第1步　在 Excel 2013 工作表中，*1.* 选择已创建的图表，*2.* 切换到【设计】选项卡，*3.* 在【数据】组中，单击【选择数据】按钮，如图 11-24 所示。

第2步　弹出【选择数据源】对话框，单击【图表数据区域】文本框右侧的【折叠】按钮，如图 11-25 所示。

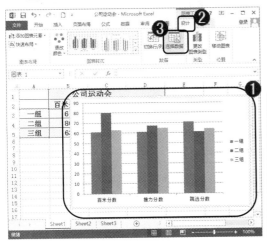

图 11-24   图 11-25

第3步　返回到 Excel 2013 工作表中，*1.* 选择准备重新设置图表的数据源，如选择准备显示的"一组""二组"数据，*2.* 单击【展开】按钮，如图 11-26 所示。

第4步　返回到【选择数据源】对话框，单击对话框右下方的【确定】按钮，如图 11-27所示。

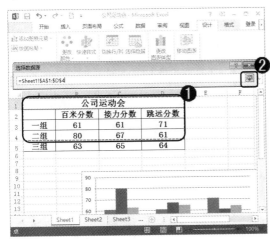

图 11-26   图 11-27

第5步 返回到工作表界面，可以看到图表中的数据显示已经发生改变，只显示"一组"和"二组"的数据，如图 11-28 所示，这样即可完成更改图表数据源的操作。

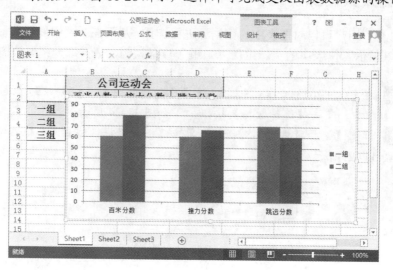

图 11-28

11.3.3 设计图表布局

在选择完数据之后，用户可以对图表的布局进行设计，以达到美化图表的目的。图表类型不同，其布局的方式也不同。下面将详细介绍设计图表布局的操作方法。

第1步 打开 Excel 2013 工作表，**1.** 选择准备更改布局的图表，**2.** 切换到【设计】选项卡，**3.** 在【图表布局】组中，单击【快速布局】下拉按钮，**4.** 在弹出的下拉列表中，选择准备应用的图表布局，如图 11-29 所示。

第2步 返回到工作表界面，可以看到工作表中图表的布局样式已经发生改变，如图 11-30 所示，这样即可完成设计图表布局的操作。

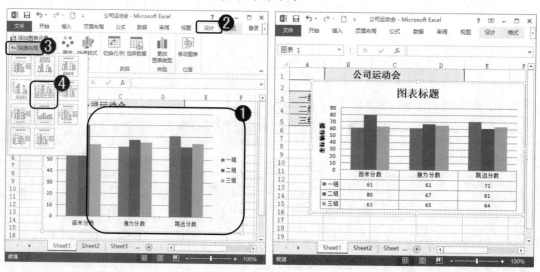

图 11-29   图 11-30

11.3.4　设计图表样式

在 Excel 2013 工作表中，不同类型的图表有不同的样式。图表样式包括图表中的绘图区、背景、数据系列、标题等一系列元素的样式。下面将详细介绍设计图表样式的操作方法。

第1步　打开工作表，**1.** 选择准备更改样式的图表，**2.** 切换到【设计】选项卡，**3.** 在【图表样式】组中，单击【快速样式】下拉按钮，**4.** 在弹出的下拉列表中，选择准备应用的图表样式，如图 11-31 所示。

第2步　返回到工作表界面，可以看到工作表中图表的样式已经发生改变，如图 11-32 所示，这样即可完成设计图表样式的操作。

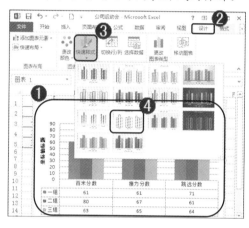

图 11-31

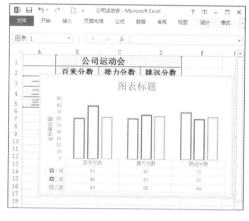

图 11-32

11.4　创建各种类型的图表

图表是一种形象直观的表达形式，使用图表显示数据，可以使结果一目了然，让用户快速抓到报表所要表达的核心信息。本节将通过一些案例，详细讲解创建各种类型的图表的相关知识以及操作方法。

11.4.1　使用折线图显示产品销量

折线图非常适用于显示在相同时间间隔内数据的变化趋势。下面将详细介绍使用折线图显示产品销量的操作方法。

第1步　打开 Excel 表格，**1.** 单击工作表中的任意单元格，**2.** 切换到【插入】选项卡，**3.** 单击【图表】组中的【折线图】下拉按钮 ，**4.** 在弹出的下拉列表中，选择准备应用的折线图样式，如图 11-33 所示。

第2步　返回到工作表中，可以看到已经插入了一个以折线图显示产品销量的图表，如图 11-34 所示，这样即可完成使用折线图显示产品销量的操作。

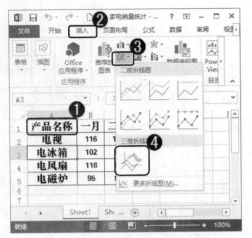

图 11-33

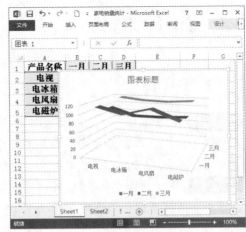

图 11-34

11.4.2 使用饼图显示人口比例

饼图可以非常清晰、直观地反映统计数据中各项所占的百分比或是某个单项占总体的比例。下面将详细介绍使用饼图显示人口比例的操作方法。

第1步 打开 Excel 表格，*1.* 单击工作表中的任意单元格，*2.* 切换到【插入】选项卡，*3.* 单击【图表】组中的【饼图】下拉按钮，*4.* 在弹出的下拉列表中，选择准备应用的饼图样式，如图 11-35 所示。

第2步 返回到工作表中，可以看到已经插入了一个饼图，以显示人口比例，如图 11-36 所示，这样即可完成使用饼图显示人口比例的操作。

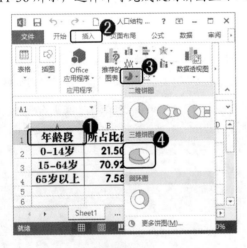

图 11-35

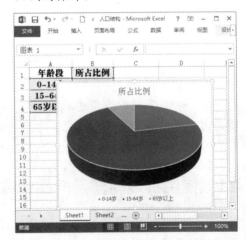

图 11-36

11.4.3 使用柱形图显示学生成绩差距

使用柱形图可以显示工作表中列或行中的数据，其主要功能是显示一段时间内的数据变化或显示各项之间的比较情况。下面将介绍使用柱形图显示学生成绩差距的操作方法。

第1步　打开 Excel 表格，*1.* 单击工作表中的任意单元格，*2.* 切换到【插入】选项卡，*3.* 单击【图表】组中的【柱形图】下拉按钮，*4.* 在弹出的下拉列表中，选择准备应用的柱形图样式，如图 11-37 所示。

第2步　返回到工作表中，可以看到已经插入了一个柱形图，以显示学生成绩差距，如图 11-38 所示，这样即可完成使用柱形图显示学生成绩差距的操作。

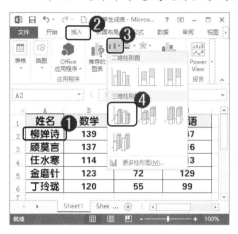

图 11-37

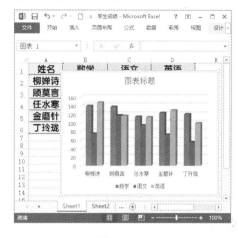

图 11-38

11.4.4　使用 XY 散点图显示人口分布

散点图常用于显示和比较数值。下面将详细介绍使用 XY 散点图显示人口分布的操作方法。

第1步　打开 Excel 表格，*1.* 单击工作表中的任意单元格，*2.* 切换到【插入】选项卡，*3.* 单击【图表】组中的【散点图】下拉按钮，*4.* 在弹出的下拉列表中，选择准备应用的散点图样式，如图 11-39 所示。

第2步　返回到工作表中，可以看到已经插入了一个 XY 散点图，以显示人口分布，如图 11-40 所示，这样即可完成使用 XY 散点图显示人口分布的操作。

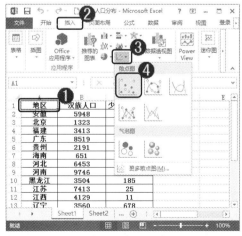

图 11-39

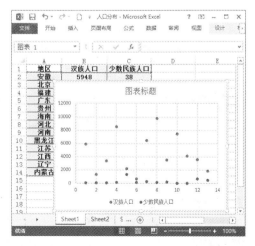

图 11-40

11.5　美　化　图　表

在 Excel 2013 工作表中，用户可以对已创建的图表进行美化，如设置图表标题、设置图表背景、设置图例、设置数据标签、设置坐标轴标题和设置网格线等。本节将详细介绍美化图表的相关知识。

11.5.1　设置图表标题

图表标题一般放置在图表上方，用来概括图表中的数据内容。下面将详细介绍设置图表标题的操作方法。

第 1 步　打开 Excel 表格，*1.* 选择需要设置标题的图表，*2.* 切换到【设计】选项卡，*3.* 单击【图表布局】组中的【添加图表元素】下拉按钮，*4.* 在弹出的下拉列表中，选择【图表标题】选项，*5.* 再选择【图表上方】子选项，如图 11-41 所示。

第 2 步　在选择的图表上方，会弹出【图表标题】文本框，将文本框中的文字选中，如图 11-42 所示。

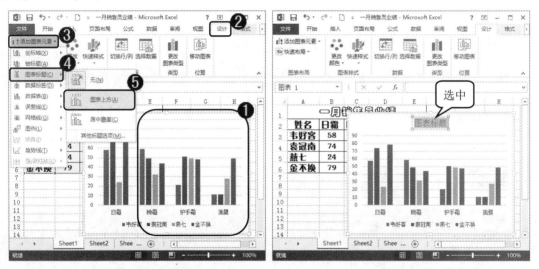

图 11-41　　　　　　　　　　　　　　　图 11-42

第 3 步　按 Backspace 键将文本删除，并输入标题名称，如图 11-43 所示，这样即可完成设置图表标题的操作，效果如图 11-44 所示。

11.5.2　设置图表背景

完成图表的创建后，用户可以通过【设置图表区格式】对话框来设置图表背景，从而达到美化图表的效果。下面将详细介绍设置图表背景的操作方法。

第 1 步　打开 Excel 表格，*1.* 右击准备设置背景的图表，*2.* 在弹出的快捷菜单中，选择【设置图表区域格式】菜单项，如图 11-45 所示。

第2步 弹出【设置图表区格式】对话框，**1.** 单击【填充线条】按钮 ◇，**2.** 展开【填充】选项，**3.** 选中【图案填充】单选按钮，如图 11-46 所示。

图 11-43

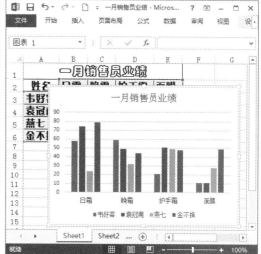

图 11-44

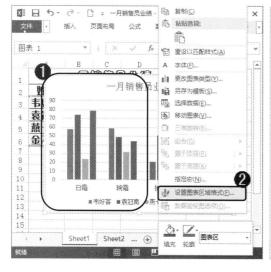

图 11-45

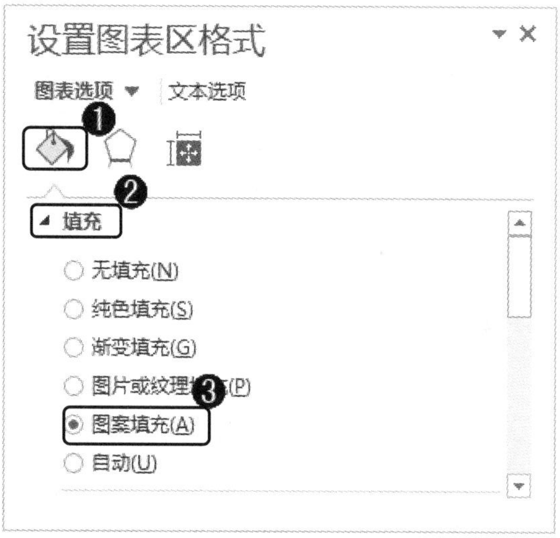

图 11-46

第3步 向下拖动右侧的滚动条，**1.** 在【图案】选项组中选择准备应用的背景样式，**2.** 在【背景】选项右侧，单击【背景】下拉按钮 ◇▼，**3.** 在弹出的面板中，选择准备应用的背景颜色，如图 11-47 所示。

第4步 返回到工作表界面，可以看到已经为图表设置了背景，如图 11-48 所示，这样即可完成设置图表背景的操作。

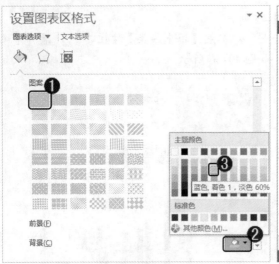

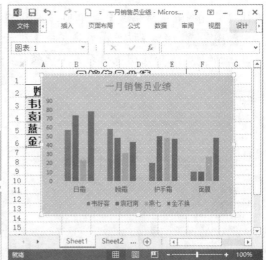

图 11-47 图 11-48

11.5.3 设置图例

图例包含对图表中每个类别的说明，即图例项。下面以顶部显示图例为例，详细介绍设置图例的操作。

第1步 打开 Excel 表格，*1.* 选择准备设置图例的图表，*2.* 切换到【设计】选项卡，*3.* 单击【图表布局】组中的【添加图表元素】下拉按钮，*4.* 在弹出的下拉列表中，选择【图例】选项，*5.* 再选择【顶部】子选项，如图 11-49 所示。

第2步 可以看到图例已显示在图表的上方，如图 11-50 所示，这样即可完成设置顶部显示图例的操作。

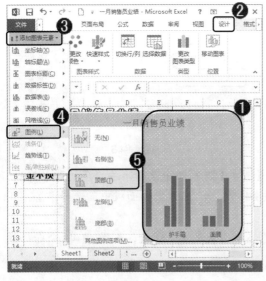

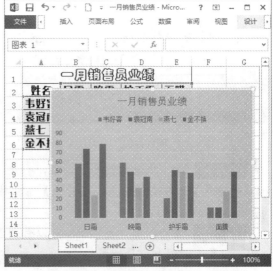

图 11-49 图 11-50

知识精讲

　　在使用图表的过程中，当需要隐藏图表中相应的元素时，如标题、图例等，用户可以切换到【图表工具】下的【设计】选项卡，在【图表布局】组中，单击【添加图表元素】下拉按钮，在弹出的下拉列表中，选择相应的选项，再在展开的子列表中选择【无】选项即可。

11.5.4　设置数据标签

　　使用数据标签，可将图标元素的实际值放置在数据点上，以方便查看图表中的数据。下面将详细介绍设置数据标签的操作方法。

　　第1步　打开 Excel 表格，**1.** 选择准备设置数据标签的图表，**2.** 切换到【设计】选项卡，**3.** 单击【图表布局】组中的【添加图表元素】下拉按钮，**4.** 在弹出的下拉列表中，选择【数据标签】选项，**5.** 再选择【居中】子选项，如图 11-51 所示。

　　第2步　可以看到在图表中的各个数据点上分别显示出了相应的数据值，如图 11-52 所示，这样即可完成设置数据标签的操作。

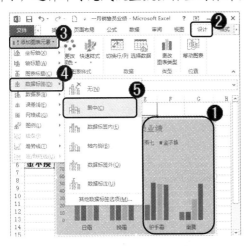
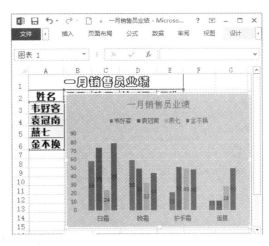

图 11-51　　　　　　　　　　　　　　　　图 11-52

11.5.5　设置坐标轴标题

　　坐标轴分为横坐标轴和纵坐标轴两种，用户可以设置坐标轴的放置方向。下面以横排显示纵坐标轴标题为例，详细介绍设置坐标轴标题的操作方法。

　　第1步　打开 Excel 表格，**1.** 选择准备设置坐标轴标题的图表，**2.** 切换到【设计】选项卡，**3.** 单击【图表布局】组中的【添加图表元素】下拉按钮，**4.** 在弹出的下拉列表中，选择【坐标轴】选项，**5.** 再选择【主要纵坐标轴】子选项，如图 11-53 所示。

　　第2步　可以看到纵坐标轴标题以纵排的方式显示，同时变为可编辑的文本框状态，将文本框中的文本选中，如图 11-54 所示。

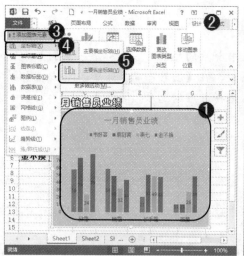

图 11-53

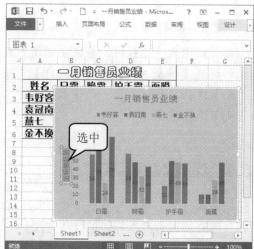

图 11-54

第3步 按 Backspace 键将选中的文本删除，并重新输入准备想要的标题，如图 11-55 所示。

第4步 可以看到纵坐标轴的标题已经设置完成，如图 11-56 所示，这样即可完成设置坐标轴标题的操作。

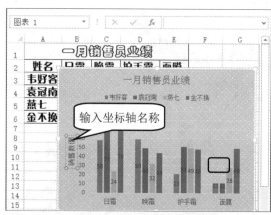

图 11-55

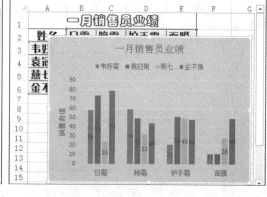

图 11-56

11.5.6 设置网格线

网格线在图表中的作用是显示刻度单位，以方便用户查看图表。下面以显示主要横网格线为例，详细介绍设置网格线的操作方法。

第1步 打开 Excel 表格，**1.** 选择准备设置网格线的图表，**2.** 切换到【设计】选项卡，**3.** 单击【图表布局】组中的【添加图表元素】下拉按钮，**4.** 在弹出的下拉列表中，选择【网格线】选项，**5.** 再选择【主轴主要垂直网格线】子选项，如图 11-57 所示。

第2步 可以看到图表中已经显示了所设置的主轴主要垂直网格线，如图 11-58 所示，这样即可完成设置网格线的操作。

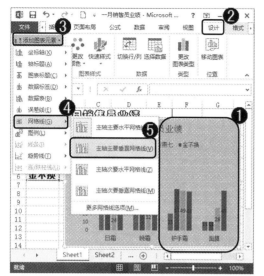

图 11-57

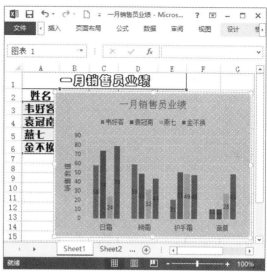

图 11-58

11.6　实践案例与上机指导

通过本章的学习，读者基本可以掌握图表及其应用的知识以及一些常见的操作方法。下面通过练习操作，以达到巩固学习、拓展提高的目的。

11.6.1　为图表添加趋势线

为图表添加趋势线，便可以直观地在图表中展示出具有同一属性数据的发展趋势。下面以添加线性预测趋势线为例，详细介绍添加趋势线的操作方法。

　　素材文件　配套素材\第 11 章\素材文件\第一季度销售量.xlsx
　　效果文件　配套素材\第 11 章\效果文件\添加趋势线.xlsx

第 1 步　打开素材文件，**1.** 选择准备设置网格线的图表，**2.** 切换到【设计】选项卡，**3.** 单击【图表布局】组中的【添加图表元素】下拉按钮，**4.** 在弹出的下拉列表中，选择【趋势线】选项，**5.** 再选择【线性预测】子选项，如图 11-59 所示。

第 2 步　弹出【添加趋势线】对话框，**1.** 在【添加基于系列的趋势线】列表框中，选择准备添加趋势线的数据系列，**2.** 单击【确定】按钮，如图 11-60 所示。

第 3 步　可以看到图表中已经添加了趋势线，如图 11-61 所示，这样即可完成添加趋势线的操作。

新起点电脑教程 **Excel 2013 公式·函数·图表与数据分析**

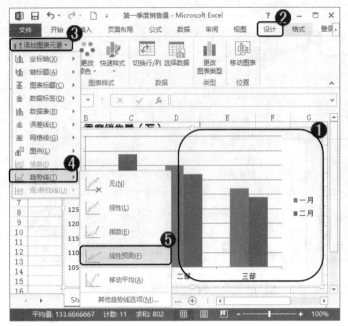

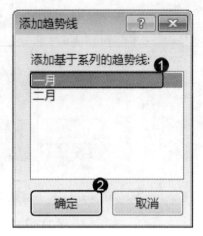

图 11-59　　　　　　　　　　　　　　　图 11-60

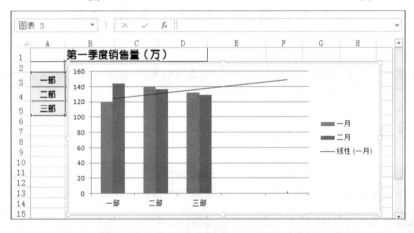

图 11-61

11.6.2　添加数据系列

在使用图表的过程中，如果有新增的数据系列，用户可以选择将其添加至图表中，以丰富图表中的数据信息。下面将详细介绍添加数据系列的操作方法。

　素材文件　配套素材\第 11 章\素材文件\第一季度销售量.xlsx
　　　　　　效果文件　配套素材\第 11 章\效果文件\添加数据系列.xlsx

第 1 步　打开素材文件，**1.** 右击图表中的任意位置，**2.** 在弹出的快捷菜单中，选择【选择数据】菜单项，如图 11-62 所示。

第2步 弹出【选择数据源】对话框，单击【图例项】选项组中的【添加】按钮，如图 11-63 所示。

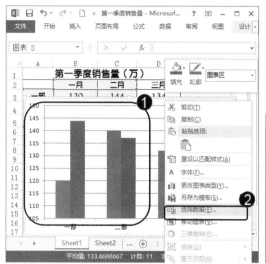

图 11-62

图 11-63

第3步 弹出【编辑数据系列】对话框，单击【系列名称】选项组中的【折叠】按钮，如图 11-64 所示。

第4步 【编辑数据系列】对话框变为折叠状态，*1.* 选择 D2 单元格，*2.* 单击【编辑数据系列】对话框右侧的【展开】按钮，如图 11-65 所示。

图 11-64

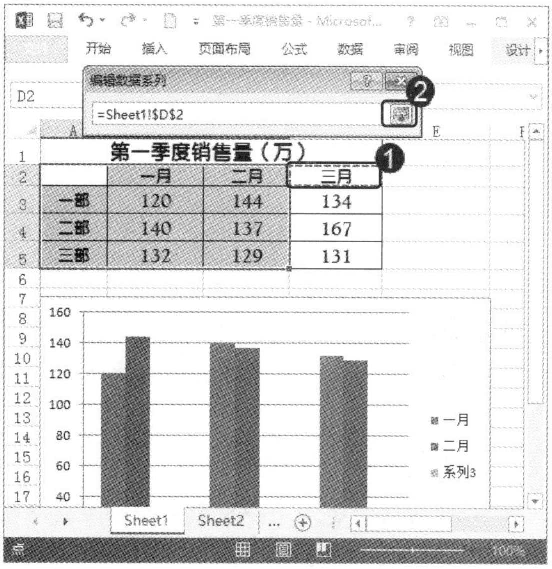

图 11-65

第5步 返回到【编辑数据系列】对话框，单击【系列值】选项组中的【折叠】按钮，如图 11-66 所示。

第6步 【编辑数据系列】对话框再次变为折叠状态，*1.* 选择准备添加的数据系列值

区域，**2.** 单击【编辑数据系列】对话框右侧的【展开】按钮，如图 11-67 所示。

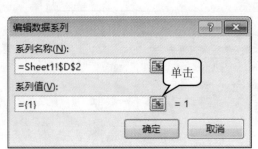

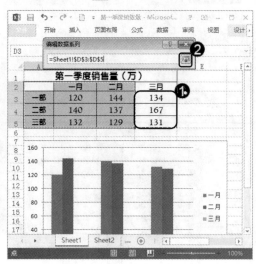

图 11-66　　　　　　　　　　　图 11-67

第7步 返回到【编辑数据系列】对话框，单击【确定】按钮，如图 11-68 所示。

第8步 返回到【选择数据源】对话框，可以看到选择的数据系列已经在【图例项】选项组下方显示，单击【确定】按钮，如图 11-69 所示。

图 11-68　　　　　　　　　　　图 11-69

第9步 返回到工作表界面，可以看到在图表中已经添加了新的数据系列，如图 11-70 所示，这样即可完成添加数据系列的操作。

 智慧锦囊

　　以上方法只适用于一次性添加一个数据系列，如果要更新多个数据系列，用户可以在【选择数据源】对话框中，单击【图表数据区域】文本框右侧的【折叠】按钮，将整张工作表中的数据系列全部选中，然后返回【选择数据源】对话框，单击【确定】按钮，即可完成添加多个数据系列的操作。

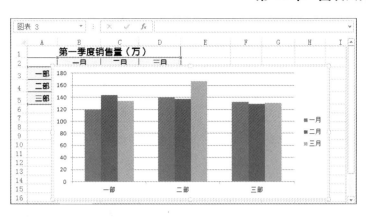

图 11-70

11.6.3　插入迷你图

迷你图是工作表单元格中的一个微型图表，可提供数据的直观表示。迷你图共分为折线图、柱形图和盈亏 3 种表达形式，用户可以根据实际的工作情况，选择相应的迷你图形式。下面以插入折线图为例，详细介绍插入迷你图的操作方法。

素材文件　配套素材\第 11 章\素材文件\家电销量统计.xlsx
效果文件　配套素材\第 11 章\效果文件\插入迷你图.xlsx

第 1 步　打开素材文件，*1.* 切换到【插入】选项卡，*2.* 在【迷你图】组中，选择准备插入的迷你图类型，如单击【折线图】按钮 ⧚，如图 11-71 所示。

第 2 步　弹出【创建迷你图】对话框，单击【数据范围】文本框右侧的【折叠】按钮 ⊞，如图 11-72 所示。

图 11-71

图 11-72

第 3 步　【创建迷你图】对话框变为折叠状态，*1.* 在工作表中选择准备应用数据范围

的单元格区域，**2.** 单击【创建迷你图】对话框中的【展开】按钮，如图 11-73 所示。

第4步 返回到【创建迷你图】对话框，单击【位置范围】文本框右侧的【折叠】按钮，如图 11-74 所示。

图 11-73　　　　　　　　　　　　　　图 11-74

第5步 【创建迷你图】对话框变为折叠状态，**1.** 在工作表中选择准备插入迷你图的单元格，**2.** 单击【创建迷你图】对话框中的【展开】按钮，如图 11-75 所示。

第6步 返回到【创建迷你图】对话框，可以看到【数据范围】和【位置范围】都已设置完毕，单击【确定】按钮，如图 11-76 所示。

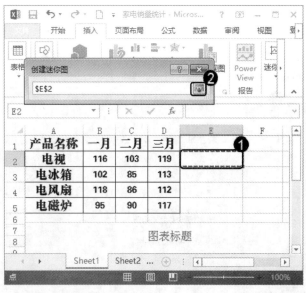

图 11-75　　　　　　　　　　　　　　图 11-76

第7步 返回到工作表中，可以看到在选择的单元格中已经插入了一个迷你图，如

图 11-77 所示，这样即可完成插入迷你图的操作。

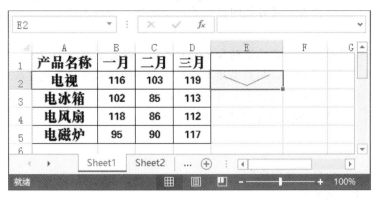

图 11-77

知识精讲

迷你图可以通过清晰简明的图形表示方法显示相邻数据的趋势，且只需要占用少量的空间。通过在数据旁边插入迷你图，即可为这些数字提供上下文。

11.7　思考与练习

一、填空题

1. _____是可以直观地展示数据和信息的图形结构。

2. 在 Excel 2013 中，图表可分为柱形图、折线图、饼图、条形图、_____、散点图、股价图、曲面图、雷达图和_____10 种。

3. _____可以显示随时间(根据常用比例设置)而变化的连续数据。绘制时，类别数据沿水平轴均匀分布，所有值数据沿垂直轴均匀分布。

4. _____用于显示某个时间阶段总数与数据系列的关系。它强调数量随时间而变化的程度，还可以使观看图表的人更加注意总值趋势的变化。

5. _____又称为 XY 散点图，用于显示若干数据系列中各数值之间的关系。利用它可以绘制_____。

6. 曲面图主要用于显示_____之间的最佳组合。如果 Excel 工作表中数据较多，而用户又准备找到两组数据之间的最佳组合时，可以使用这种图。

二、判断题

1. 柱形图用于显示一段时间内数据变化或各项数据之间的比较情况。通常绘制柱形图时，水平轴表示组织类型，垂直轴则表示数值。　　　　　　　　　　　　　　(　　)

2. 条形图可以清晰直观地反映数据中各项所占的百分比或某个单项占总体的比例，使用它能够很方便地查看整体与个体之间的关系。其特点是只能将工作表中的一列或一行绘

制到图中。 （　）

3. 饼图是用来描绘各个项目之间数据差别情况的一种图表，重点强调在特定时间点上分类轴和数值之间的比较。 （　）

4. 股价图是用来分析股价的波动和走势的图表，在实际工作中，股价图也可用于计算和分析科学数据。需注意的是，用户必须按正确的顺序组织数据才能创建股价图。 （　）

5. 雷达图可以比较若干数据系列的聚合值，用于显示数据中心点以及数据类别之间的变化趋势，也可以将覆盖的数据系列用相同的演示显示出来。 （　）

三、思考题

1. 如何通过对话框创建图表？
2. 如何更改图表类型？

新起点
电脑教程

第12章

数据处理与分析

本章主要内容

本章主要介绍数据处理与分析方面的知识与技巧，包括数据的筛选、数据的排序、数据的分类汇总、合并计算和分级显示数据等的相关操作方法。通过本章的学习，读者可以掌握数据处理与分析基础操作方面的知识，为深入学习Excel 2013公式、函数、图表与数据分析知识奠定基础。

12.1　数据的筛选

筛选数据是一个隐藏所有除了符合用户指定条件之外的数据的过程。例如，对于一个员工数据表，用户可以通过筛选只显示指定部门员工的数据。对于筛选得到的数据，不需要重新排列或者移动即可执行复制、查找、编辑和打印等相关操作。本节将详细介绍数据筛选的相关知识及操作方法。

12.1.1　自动筛选

通过自动筛选，可以在当前工作表中快速地保留筛选项，而隐藏其他数据。下面将详细介绍自动筛选的操作方法。

第1步 打开准备进行自动筛选的工作表，**1.** 将准备进行自动筛选的单元格区域选中，**2.** 切换到【数据】选项卡，**3.** 单击【排序和筛选】组中的【筛选】按钮，如图 12-1 所示。

第2步 在每个标题处，系统会分别自动添加一个下拉按钮，单击准备进行筛选的项目下拉按钮，如图 12-2 所示。

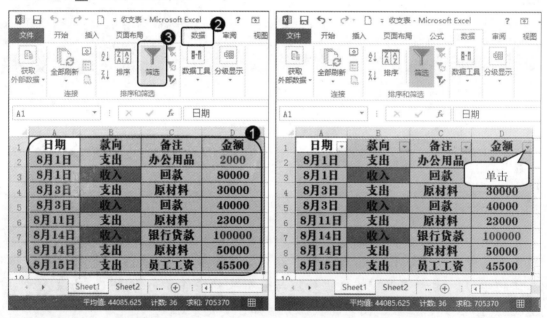

图 12-1　　　　　　　　　　　　图 12-2

第3步 在弹出的下拉列表中，**1.** 选中准备进行筛选的名称复选框，**2.** 单击【确定】按钮，如图 12-3 所示。

第4步 系统会自动筛选出选择的数据，如图 12-4 所示，这样即可完成自动筛选的操作。

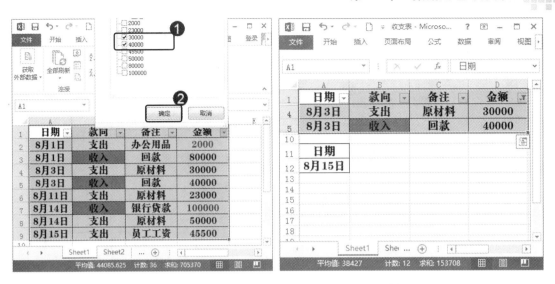

图 12-3   图 12-4

12.1.2 高级筛选

如果用户准备通过详细的筛选条件来筛选数据列表，那么可以使用 Excel 中的高级筛选功能。下面将详细介绍使用高级筛选的操作方法。

第 1 步 打开 Excel 表格，**1.** 在空白区域中，输入高级筛选的详细条件，**2.** 切换到【数据】选项卡，**3.** 在【排序和筛选】组中，单击【高级】按钮，如图 12-5 所示。

第 2 步 系统会弹出【高级筛选】对话框，**1.** 选中【将筛选结果复制到其他位置】单选按钮，**2.** 单击【列表区域】文本框右侧的【折叠】按钮，如图 12-6 所示。

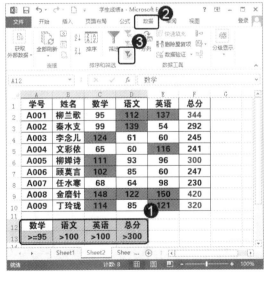 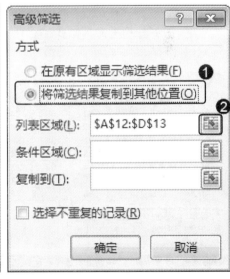

图 12-5   图 12-6

第 3 步 返回到工作表中，并弹出【高级筛选-列表区域】对话框，**1.** 拖动鼠标选择列表区域，**2.** 单击【高级筛选-列表区域】对话框右侧的【展开】按钮，如图 12-7 所示。

第4步 返回到【高级筛选】对话框中，单击【条件区域】文本框右侧的【折叠】按钮 ，如图 12-8 所示。

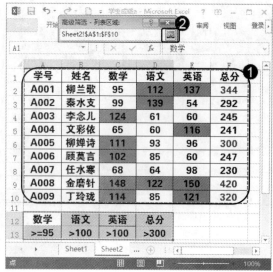
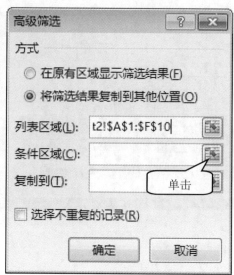

图 12-7 图 12-8

第5步 弹出【高级筛选-条件区域】对话框，*1.* 拖动鼠标选择刚刚在空白区域输入的高级筛选条件的单元格区域，*2.* 单击【高级筛选-条件区域】对话框右侧的【展开】按钮 ，如图 12-9 所示。

第6步 返回到【高级筛选】对话框中，单击【复制到】文本框右侧的【折叠】按钮 ，如图 12-10 所示。

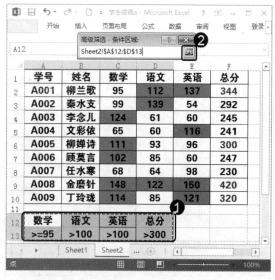
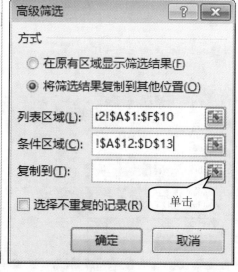

图 12-9 图 12-10

第7步 弹出【高级筛选-复制到】对话框，*1.* 在表格空白位置处选中任意单元格，如 F12 单元格，*2.* 单击【高级筛选-复制到】对话框右侧的【展开】按钮 ，如图 12-11

所示。

第8步　返回到【高级筛选】对话框，单击【确定】按钮，如图 12-12 所示。

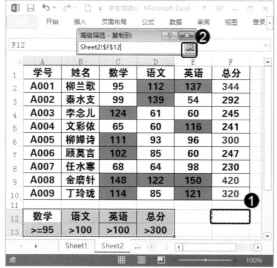

图 12-11

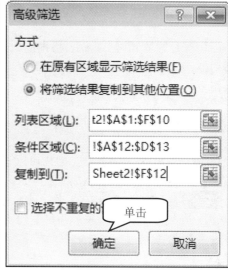

图 12-12

第9步　返回到工作表中，可以看到在 F12 单元格起始处已显示出所筛选的结果，如图 12-13 所示，这样即可完成高级筛选的操作。

图 12-13

　知识精讲

高级筛选中的多组条件是指在筛选的过程中，为表格设立多种条件，让筛选功能有更多的选择。在筛选时，如果数据不能满足一组条件，却可以满足另一组条件，同样可以将结果筛选出来。设立多组条件的筛选是高级筛选的一种。

12.2 数据的排序

用户有时候需要对 Excel 表格中的数据进行不同的排列，这时就可以使用 Excel 的数据排序功能。Excel 2013 提供的数据排序方法多种多样，本节将详细介绍数据排序的相关知识及操作方法。

12.2.1 单条件排序

在 Excel 2013 工作表中，用户可以设定某个条件，对当前工作表内容进行排序。下面将详细介绍单条件排序的操作方法。

第1步 在 Excel 2013 工作表中，**1.** 将准备进行排序的工作表选中，**2.** 切换到【数据】选项卡，**3.** 单击【排序和筛选】组中的【排序】按钮 ，如图 12-14 所示。

第2步 弹出【排序】对话框，**1.** 在【主要关键字】下拉列表框中选择【数学】选项，**2.** 在【排序依据】下拉列表框中选择【数值】选项，**3.** 在【次序】下拉列表框中选择【升序】选项，**4.** 单击【确定】按钮，如图 12-15 所示。

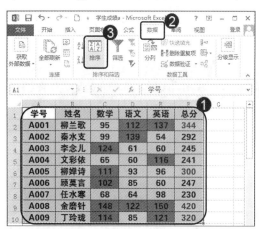

图 12-14

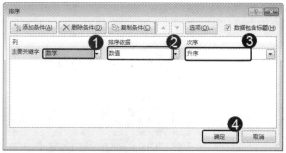

图 12-15

第3步 返回到工作表中，可以看到数据已按照"数学"列中的数值升序排序，如图 12-16 所示，这样即可完成单条件排序的操作。

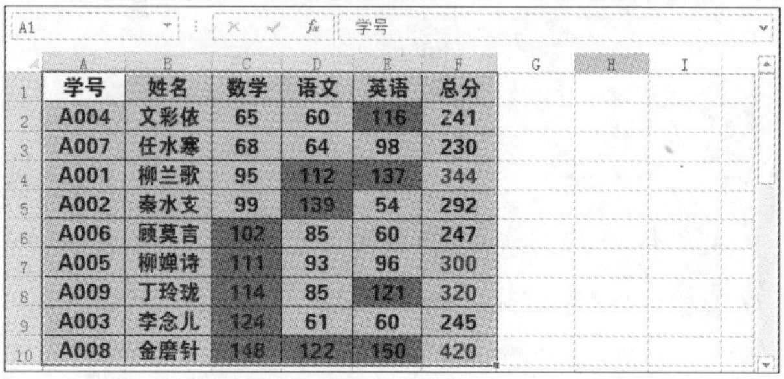

图 12-16

12.2.2　多条件排序

如果准备精确地排序工作表中的数据，那么可以使用 Excel 2013 的多条件排序功能。下面将详细介绍多条件排序的操作方法。

第1步　在 Excel 2013 工作表中，**1.** 将准备进行多条件排序的工作表选中，**2.** 切换到【数据】选项卡，**3.** 单击【排序和筛选】组中的【排序】按钮，如图 12-17 所示。

第2步　弹出【排序】对话框，单击【添加条件】按钮，如图 12-18 所示。

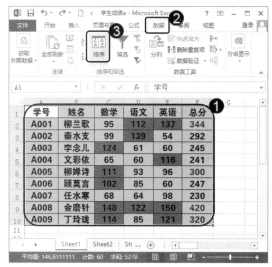

图 12-17

图 12-18

第3步　系统会自动添加新的条件选项，**1.** 在【主要关键字】和【次要关键字】选项组中，分别设置排序所需的条件，**2.** 单击【确定】按钮，如图 12-19 所示。

第4步　返回到工作表中，可以看到工作表中的数据已按照多条件排序，如图 12-20 所示，这样即可完成多条件排序的操作。

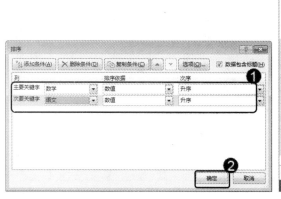

图 12-19

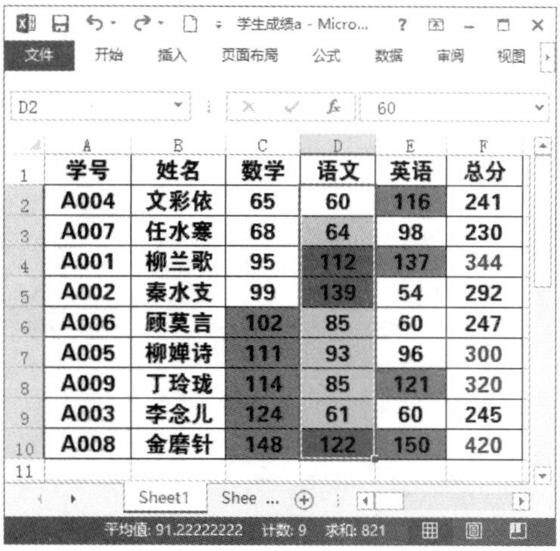

图 12-20

12.2.3 按行排序

在默认情况下，排序一般都是按列进行排序，但是如果表格中的数值是按行分布的，那么在进行数据的排序时，可以将排序的选项更改为按行排序。下面将详细介绍按行排序的操作方法。

第 1 步 在 Excel 2013 工作表中，*1.* 选中准备进行按行排序的单元格区域，*2.* 切换到【数据】选项卡，*3.* 单击【排序和筛选】组中的【排序】按钮，如图 12-21 所示。

第 2 步 系统会弹出【排序】对话框，单击【选项】按钮，如图 12-22 所示。

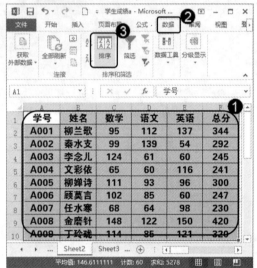

图 12-21

图 12-22

第 3 步 弹出【排序选项】对话框，*1.* 在【方向】选项组中，选中【按行排序】单选按钮，*2.* 单击【确定】按钮，如图 12-23 所示。

第 4 步 返回到【排序】对话框，*1.* 单击【主要关键字】下拉按钮，*2.* 在弹出的下拉列表中选择【行 4】选项，*3.* 单击【确定】按钮，如图 12-24 所示。

图 12-23

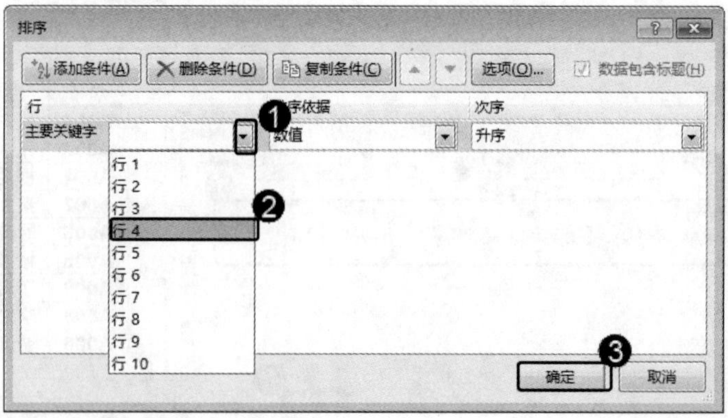

图 12-24

第5步 返回到工作表界面，可以看到在选中的单元格区域中，第 4 行已经按行进行了升序排序，如图 12-25 所示，这样即可完成按行排序的操作。

图 12-25

12.2.4　按笔画排序

在 Excel 2013 工作表中，用户可以按照文字的笔画对工作表内容进行排序。下面将详细介绍按笔画排序的操作方法。

第1步 在 Excel 2013 工作表中，*1.* 选中准备进行按笔画排序的单元格区域，*2.* 切换到【数据】选项卡，*3.* 单击【排序和筛选】组中的【排序】按钮，如图 12-26 所示。

第2步 弹出【排序提醒】对话框，*1.* 选中【扩展选定区域】单选按钮，*2.* 单击【排序】按钮，如图 12-27 所示。

图 12-26 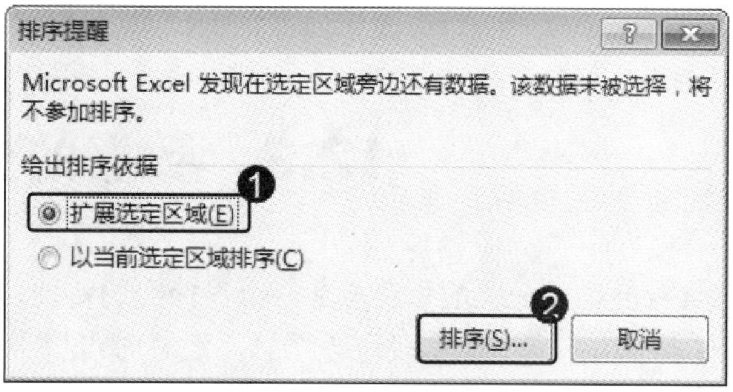　　　　　　　　　　　　　　　图 12-27

第3步 弹出【排序】对话框，单击【选项】按钮，如图 12-28 所示。

第4步 弹出【排序选项】对话框，*1.* 在【方法】选项组中，选中【笔画排序】单选按钮，*2.* 单击【确定】按钮，如图 12-29 所示。

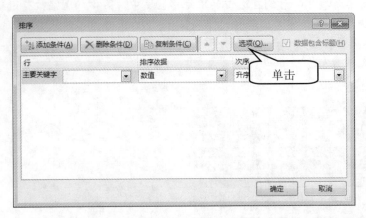

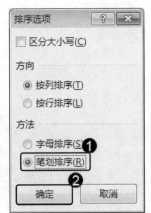

图 12-28   图 12-29

第5步 返回到【排序】对话框，**1.** 在【主要关键字】下拉列表框中，选择【姓名】选项，并设置【排序依据】和【次序】，**2.** 单击【确定】按钮，如图 12-30 所示。

第6步 返回到工作表界面，可以看到工作表中的内容已按照"姓名"列的笔画重新排序，如图 12-31 所示，这样即可完成按笔画排序的操作。

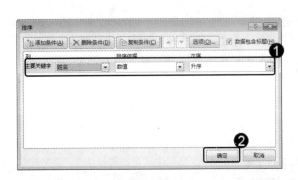

图 12-30   图 12-31

12.3　数据的分类汇总

Excel 中的分类汇总功能是一个很便捷的特性，能为用户节省大量的时间。分类汇总是指对表格中的同一类字段进行汇总，汇总时可以根据需要选择汇总的方式，对数据进行汇总后，会将该类字段组合为一组，并可以进行隐藏。本节将介绍分类汇总的相关知识。

12.3.1　简单分类汇总

在 Excel 2013 工作表中，使用 Excel 的分类汇总功能，可以不必手工创建公式来进行分级显示。下面将详细介绍简单分类汇总的操作方法。

第1步 在 Excel 2013 工作表中，*1.* 选择准备进行简单分类汇总的单元格区域，*2.* 切换到【数据】选项卡，*3.* 在【分级显示】组中，单击【分类汇总】按钮，如图 12-32 所示。

第2步 弹出【分类汇总】对话框，*1.* 在【分类字段】下拉列表框中，选择【日期】选项，*2.* 在【选定汇总项】列表框中，选中【金额】复选框，*3.* 单击【确定】按钮，如图 12-33 所示。

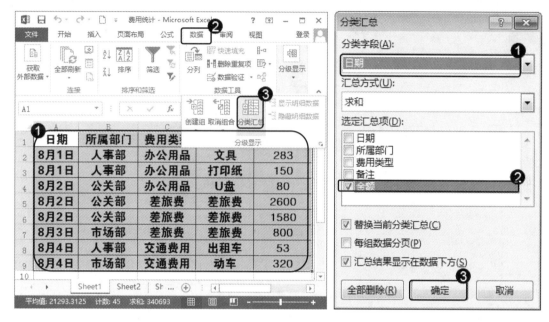

图 12-32   图 12-33

第3步 返回到工作表界面，可以看到工作表中的内容已按日期进行了简单的分类汇总，如图 12-34 所示，这样即可完成简单分类汇总的操作。

	日期	所属部门	费用类型	备注	金额
1	日期	所属部门	费用类型	备注	金额
2	8月1日	人事部	办公用品	文具	283
3	8月1日	人事部	办公用品	打印纸	150
4	8月1日 汇总				433
5	8月2日	公关部	办公用品	U盘	80
6	8月2日	公关部	差旅费	差旅费	2600
7	8月2日	公关部	差旅费	差旅费	1580
8	8月2日 汇总				4260
9	8月3日	市场部	差旅费	差旅费	800
10	8月3日 汇总				800
11	8月4日	人事部	交通费用	出租车	53
12	8月4日	市场部	交通费用	动车	320
13	8月4日 汇总				373
14	总计				5866

图 12-34

12.3.2 删除分类汇总

将数据进行分类汇总后，如果不再需要汇总，用户可以直接将其删除。下面将详细介绍删除分类汇总的操作方法。

第 1 步 在 Excel 2013 工作表中，**1.** 选中准备删除分类汇总的单元格区域，**2.** 切换到【数据】选项卡，**3.** 在【分级显示】组中，单击【分类汇总】按钮，如图 12-35 所示。

第 2 步 弹出【分类汇总】对话框，单击【全部删除】按钮，如图 12-36 所示。

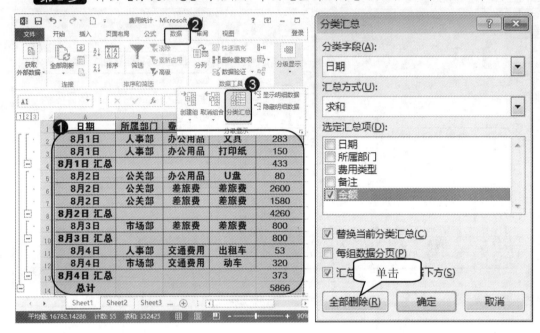

图 12-35   图 12-36

第 3 步 返回到工作表界面，可以看到所有的汇总方式都已被删除，如图 12-37 所示，这样即可完成删除分类汇总的操作。

日期	所属部门	费用类型	备注	金额
8月1日	人事部	办公用品	文具	283
8月1日	人事部	办公用品	打印纸	150
8月2日	公关部	办公用品	U盘	80
8月2日	公关部	差旅费	差旅费	2600
8月2日	公关部	差旅费	差旅费	1580
8月3日	市场部	差旅费	差旅费	800
8月4日	人事部	交通费用	出租车	53
8月4日	市场部	交通费用	动车	320

图 12-37

知识精讲

在【分类汇总】对话框的【汇总方式】下拉列表框中，有多种汇总方式供用户选择，如求和、计数、平均值、最大值、最小值、乘积、数值计算、标准偏差、总体标准偏差、方差和总体方差等。

12.4　合 并 计 算

在 Excel 2013 工作表中，合并计算是指把多个单独工作表中的数据合并计算到一个工作表中。合并计算分为按位置合并计算和按类别合并计算两种。本节将详细介绍合并计算的相关知识及操作方法。

12.4.1　按位置合并计算

按位置合并计算，是指在 Excel 中不会核对数据列表的行列标题是否相同，只是将数据列表中相同位置的数据合并。下面详细介绍按位置合并计算的操作方法。

第1步　在 Excel 2013 工作表中，*1.* 选中 J3:L3 单元格区域，*2.* 切换到【数据】选项卡，*3.* 单击【数据工具】组中的【合并计算】按钮，如图 12-38 所示。

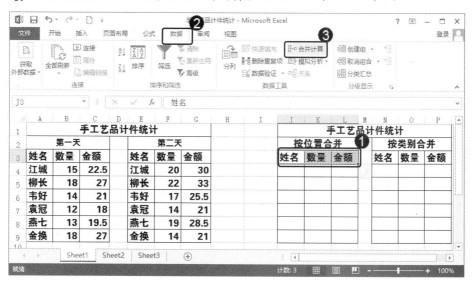

图 12-38

第2步　弹出【合并计算】对话框，单击【引用位置】选项组中的【折叠】按钮，如图 12-39 所示。

第3步　返回到工作表界面，并弹出【合并计算-引用位置】对话框，*1.* 选择第一个需要引用的位置，*2.* 单击【合并计算-引用位置】对话框右侧的【展开】按钮，如图 12-40

所示。

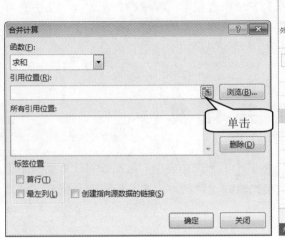

图 12-39

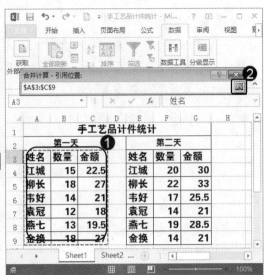

图 12-40

第4步 返回到【合并计算】对话框，*1.* 单击【添加】按钮，*2.* 单击【引用位置】选项组中的【折叠】按钮，如图 12-41 所示。

第5步 返回到工作表界面，并弹出【合并计算-引用位置】对话框，*1.* 选择第二个需要引用的位置，*2.* 单击【合并计算-引用位置】对话框右侧的【展开】按钮，如图 12-42 所示。

图 12-41

图 12-42

第6步 返回到【合并计算】对话框，*1.* 单击【添加】按钮，*2.* 单击【确定】按钮，如图 12-43 所示。

第7步 返回到工作表界面，可以看到已经将两次选中的数据进行了合并计算，如

图 12-44 所示，这样即可完成按位置合并计算的操作。

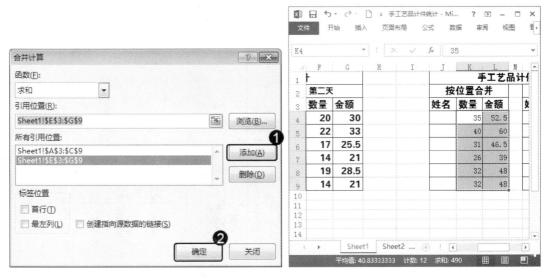

图 12-43　　　　　　　　　　　　　　　图 12-44

12.4.2　按类别合并计算

按类别合并计算，是指在 Excel 中系统会核对数据列表的行列标题是否相同，然后将数据列表中具有相同行或列标题的数据合并。下面详细介绍按类别合并计算的操作方法。

第 1 步 在 Excel 2013 工作表中，**1.** 选中 N3:P3 单元格区域，**2.** 切换到【数据】选项卡，**3.** 单击【数据工具】组中的【合并计算】按钮，如图 12-45 所示。

图 12-45

第 2 步 弹出【合并计算】对话框，单击【引用位置】选项组中的【折叠】按钮，如图 12-46 所示。

第3步 返回到工作表界面，并弹出【合并计算-引用位置】对话框，*1.* 选择第一个需要引用的位置，*2.* 单击【合并计算-引用位置】对话框右侧的【展开】按钮，如图 12-47 所示。

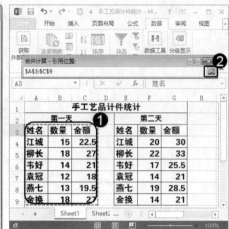

图 12-46　　　　　　　　　　　　　　　　　图 12-47

第4步 返回到【合并计算】对话框，*1.* 单击【添加】按钮，*2.* 单击【引用位置】选项组中的【折叠】按钮，如图 12-48 所示。

第5步 返回到工作表界面，并弹出【合并计算-引用位置】对话框，*1.* 选择第二个需要引用的位置，*2.* 单击【合并计算-引用位置】对话框右侧的【展开】按钮，如图 12-49 所示。

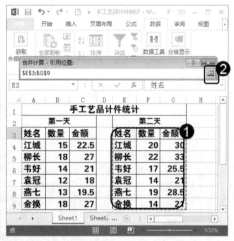

图 12-48　　　　　　　　　　　　　　　　　图 12-49

第6步 返回到【合并计算】对话框，*1.* 单击【添加】按钮，*2.* 在【标签位置】选项组中，分别选中【首行】、【最左列】复选框，*3.* 单击【确定】按钮，如图 12-50 所示。

第7步 返回到工作表界面，可以看到已经将两次选中的数据进行了合并计算，并引用了"姓名"列中的列标题，如图 12-51 所示，这样即可完成按类别合并计算的操作。

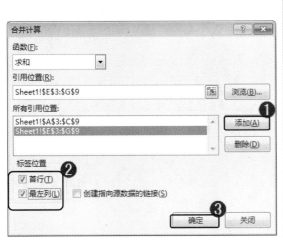

图 12-50

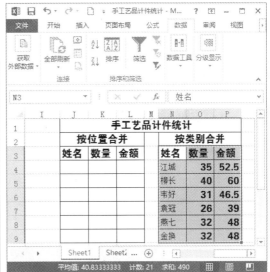

图 12-51

智慧锦囊

　　在【合并计算】对话框中添加了引用位置后，若需要将其删除，可先在【所有引用位置】列表框中选中要删除的引用位置，然后单击【删除】按钮。

12.5　分级显示数据

　　如果有一个要进行组合和汇总的数据列表，则可以创建分级显示。每个内部级别显示前一外部级别的明细数据。使用分级显示可以快速显示摘要行或摘要列，或者显示每组的明细数据。本节将详细介绍分级显示数据的相关知识及操作方法。

12.5.1　新建分级显示

　　在使用 Excel 工作表的过程中，为了方便查看数据信息，用户可以新建分级显示，使工作表按一定的要求进行分级显示。下面将详细介绍新建分级显示的操作方法。

　　第1步　在 Excel 工作表中，**1.** 单击数据列表中的任意单元格，**2.** 切换到【数据】选项卡，**3.** 单击【分级显示】组中的【创建组】下拉按钮，**4.** 在弹出的下拉列表中，选择【自动建立分级显示】选项，如图 12-52 所示。

　　第2步　可以看到系统会自动在数据列表中建立分组，如图 12-53 所示，这样即可完成新建分级显示的操作。

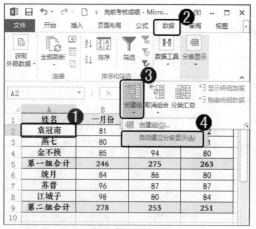

图 12-52 图 12-53

12.5.2 隐藏与显示明细数据

在 Excel 2013 工作表中，用户可以根据实际的工作需要，对分级显示的数据进行隐藏与显示，下面将分别予以详细介绍。

1. 隐藏明细数据

在日常工作中，可以根据实际情况对暂时不需要查看的分级显示数据进行隐藏。下面详细介绍隐藏明细数据的操作方法。

第1步 在已经创建分级显示的工作表中，单击左侧窗格中的【折叠】按钮 ，如图 12-54 所示。

第2步 单击工作表中的所有【折叠】按钮 后，可以看到数据已经隐藏，如图 12-55 所示，这样即可完成隐藏明细数据的操作。

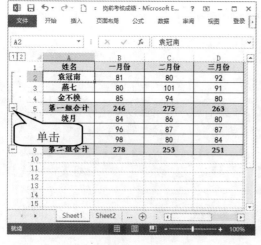

图 12-54 图 12-55

2. 显示隐藏的明细数据

如果用户准备查看隐藏的明细数据，可以选择将隐藏的数据显示出来。下面详细介绍显示隐藏的明细数据的操作方法。

第1步 在隐藏了明细数据的工作表中，单击左侧窗格中的【展开】按钮，如图 12-56 所示。

第2步 单击工作表中的所有【展开】按钮后，可以看到隐藏的数据会显示出来，如图 12-57 所示，这样即可完成显示隐藏的明细数据的操作。

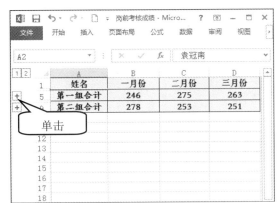

图 12-56　　　　　　　　　　　　　图 12-57

12.6　实践案例与上机指导

12.6.1　使用通配符进行模糊筛选

通配符是一种特殊字符，主要用星号"*"代表任意多个字符，或用问号"?"代表单个字符。下面详细介绍使用通配符进行模糊筛选的操作方法。

> **素材文件**　配套素材\第 12 章\素材文件\成绩表.xlsx
> **效果文件**　配套素材\第 12 章\效果文件\通配符模糊筛选.xlsx

第1步 打开素材文件，*1.* 在工作表中选中准备进行模糊筛选的单元格区域，*2.* 切换到【数据】选项卡，*3.* 单击【排序和筛选】组中的【筛选】按钮，如图 12-58 所示。

第2步 系统会自动在单元格区域的第一行添加下拉按钮，*1.* 单击【性别】下拉按钮，*2.* 弹出下拉列表，选择【文本筛选】选项，*3.* 在弹出的子列表中，选择【自定义筛选】选项，如图 12-59 所示。

第3步 弹出【自定义自动筛选方式】对话框，*1.* 在【性别】下拉列表框中，选择【包含】列表项，*2.* 在【包含】文本框中，输入"*男"，*3.* 单击【确定】按钮，如图 12-60 所示。

第4步 返回到工作表界面，可以看到工作表中只显示出"性别"为"男"的内容，如图 12-61 所示，这样即可完成使用通配符进行模糊筛选的操作。

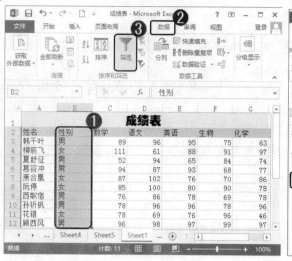

图 12-58

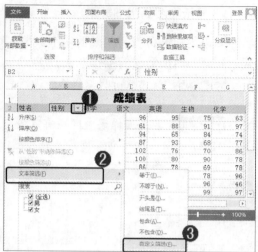

图 12-59

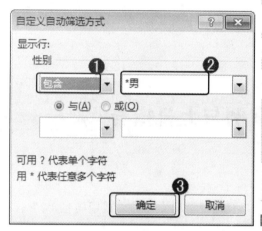

图 12-60

图 12-61

12.6.2 按颜色排序

当表格中的内容多为文本内容，并且不同的内容被用不同的颜色表示后，在排序时就可以使用颜色进行排序。下面将详细介绍按颜色排序的操作方法。

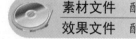

素材文件　配套素材\第 12 章\素材文件\学生成绩.xlsx

效果文件　配套素材\第 12 章\效果文件\按颜色排序.xlsx

第1步 打开素材文件，**1.** 选中准备按颜色排序的单元格区域，**2.** 切换到【数据】选项卡，**3.** 单击【排序和筛选】组中的【排序】按钮 AZ↓，如图 12-62 所示。

第2步 弹出【排序】对话框，**1.** 在【主要关键字】下拉列表框中，选择【学号】列表项，**2.** 在【排序依据】下拉列表框中，选择【单元格颜色】选项，**3.** 在【次序】下拉列表框中，选择准备进行排序的颜色列表项，**4.** 单击【确定】按钮，如图 12-63 所示。

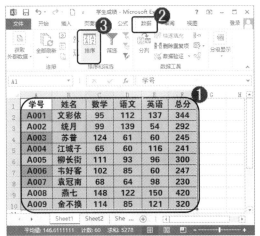

图 12-62

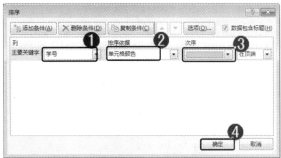

图 12-63

第3步　返回到工作表界面，可以看到工作表中的内容已按照所选的颜色排序，如图 12-64 所示，这样即可完成按颜色排序的操作。

图 12-64

12.6.3　取消和替换当前的分类汇总

如果当前工作表中存在分类汇总，而又想取消并替换为其他分类汇总，用户可以使用替换当前分类汇总功能。下面详细介绍取消和替换当前分类汇总的操作方法。

素材文件　配套素材\第 12 章\素材文件\费用统计.xlsx
效果文件　配套素材\第 12 章\效果文件\取消和替换分类汇总.xlsx

第1步　打开素材文件，**1.** 选中准备取消和替换分类汇总的单元格区域，**2.** 切换到【数据】选项卡，**3.** 在【分级显示】组中，单击【分类汇总】按钮，如图 12-65 所示。

第2步　弹出【分类汇总】对话框，**1.** 选择【计数】为汇总方式，**2.** 取消选中当前的汇总方式复选框，**3.** 选中准备使用的汇总方式复选框，**4.** 选中【替换当前分类汇总】复选框，**5.** 单击【确定】按钮，如图 12-66 所示。

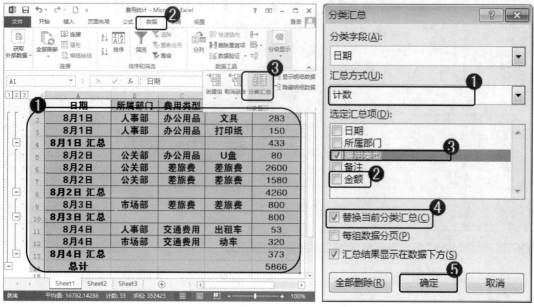

图 12-65   图 12-66

第3步 返回到工作表界面，可以看到已经取消并替换了分类汇总，如图 12-67 所示，这样即可完成取消和替换当前的分类汇总的操作。

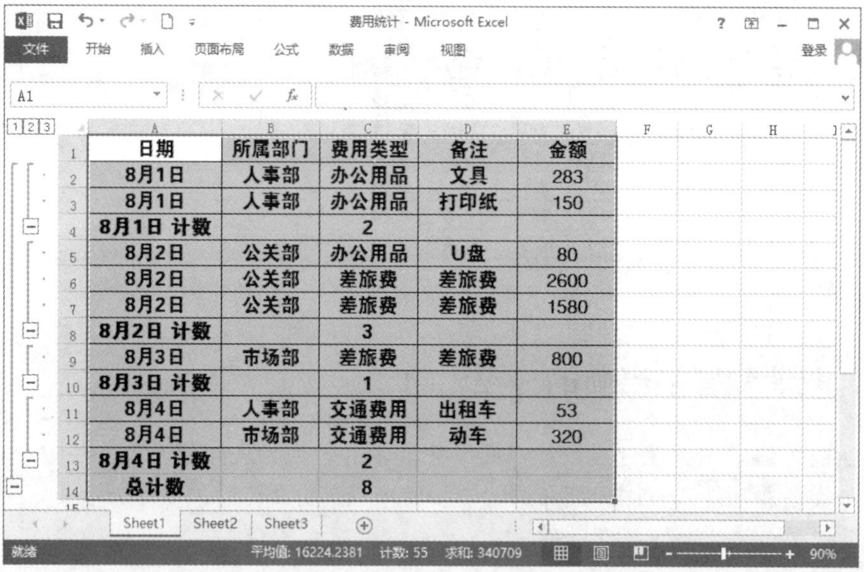

图 12-67

12.6.4 删除重复数据

删除重复数据功能可以自动搜索表格中的重复项，然后将后面的重复数据删除，使用该功能可以帮助用户清理表格的重复数据。下面将详细介绍删除重复数据的操作方法。

素材文件　配套素材\第 12 章\素材文件\公司日常费用表.xlsx

效果文件　配套素材\第 12 章\效果文件\删除重复数据.xlsx

第1步　打开素材文件，**1.** 单击工作表中的任意单元格，**2.** 切换到【数据】选项卡，**3.** 单击【数据工具】组中的【删除重复项】按钮，如图 12-68 所示。

第2步　弹出【删除重复项】对话框，**1.** 单击【全选】按钮，**2.** 单击【确定】按钮，如图 12-69 所示。

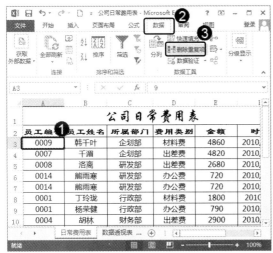

图 12-68

图 12-69

第3步　系统会弹出对话框，提示用户发现了重复值并已将其删除，单击【确定】按钮即可完成操作，如图 12-70 所示。

图 12-70

12.7　思考与练习

一、填空题

1. 用户有时候需要对 Excel 表格中的数据进行不同的排列，这时就可以使用 Excel 的数据_____功能。

2. 分类汇总是指对表格中的_____进行汇总，汇总时可以根据需要选择汇总的方式，对数据进行汇总后，会将该类字段_____为一组，并可以进行隐藏。

3. _____是指把多个单独工作表中的数据合并计算到一个工作表中。

4. 合并计算分为_____和_____两种方法。

5. 如果有一个要进行组合和汇总的数据列表，则可以_____。每个内部级别显示前一外部级别的明细数据。使用分级显示可以快速显示摘要行或摘要列，或者显示每组的_____。

二、判断题

1. 在默认情况下，排序一般都是按列进行排序，但是如果表格中的数值是按行分布的，那么在进行数据的排序时，可以将排序的选项更改为按行排序。　　　　（　　）

2. 按类别合并计算，是指在 Excel 中不会核对数据列表的行列标题是否相同，只是将数据列表中相同位置的数据合并。　　　　（　　）

3. 按位置合并计算，是指系统会核对数据列表的行列标题是否相同，然后将数据列表中具有相同行或列标题的数据合并。　　　　（　　）

三、思考题

1. 如何进行自动筛选？
2. 如何进行简单分类汇总？
3. 如何新建分级显示？

第13章

使用数据透视表和数据透视图

本章主要内容

本章主要介绍使用数据透视表和数据透视图方面的知识与技巧，包括创建与编辑数据透视表、操作数据透视表中的数据、美化数据透视表和创建与操作数据透视图的相关操作方法。通过本章的学习，读者可以掌握使用数据透视表和数据透视图方面的知识，为深入学习 Excel 2013 公式、函数、图表与数据分析知识奠定基础。

13.1　认识数据透视表与数据透视图

在 Excel 2013 中，使用数据透视表可以汇总、分析、浏览和提供摘要数据。而数据透视图可以将数据透视表中的数据图形化，并且可以方便地查看、比较、分析数据的模式和趋势。本节将详细介绍数据透视表与数据透视图的相关知识。

13.1.1　认识数据透视表

数据透视表是一种交互式的表，可以进行计算，如求和与计数等。所进行的计算与数据和数据透视表中的排列有关。使用数据透视表可以深入分析数值数据，并且可以解决一些预计不到的数据问题。数据透视表有以下特点。

➢ 能以多种方式查询大量数据。

➢ 可以对数值数据进行分类汇总和聚合，按分类和子分类对数据进行汇总，创建自定义计算和公式。

➢ 展开或折叠要关注结果的数据级别，查看感兴趣区域的明细数据。

➢ 将行移动到列或将列移动到行(或"透视")，以查看源数据的不同汇总结果。

➢ 对最有用和最关注的数据子集进行筛选、排序、分组和有条件地设置格式。

➢ 提供简明、有吸引力并且带有批注的联机报表或打印表。

13.1.2　认识数据透视图

数据透视图是以图形形式表示的数据透视表，和图表与数据区域之间的关系相同。各数据透视表之间的字段相互对应，如果更改了某一报表的某个字段位置，则另一报表中的相应字段位置也会改变。

在数据透视图中，除具有标准图表的系列、分类、数据标记和坐标轴以外，还有一些特殊的元素，如报表筛选字段、值字段、系列字段、项、分类字段等。

➢ 报表筛选字段是用来根据特定项筛选数据的字段。使用报表筛选字段是在不修改系列和分类信息的情况下，汇总并快速集中处理数据子集的捷径。

➢ 值字段是来自基本源数据的字段，提供进行比较或计算的数据。

➢ 系列字段是数据透视图中为系列方向指定的字段。字段中的项提供单个数据系列。

➢ 项代表一个列或行字段中的唯一条目，且出现在报表筛选字段、分类字段和系列字段的下拉列表中。

➢ 分类字段是分配到数据透视图分类方向上的源数据中的字段。分类字段为那些用来绘图的数据点提供单一分类。

首次创建数据透视表时，可以自动创建数据透视图，也可以通过数据透视表中现有的数据创建数据透视图。

13.2　创建与编辑数据透视表

在 Excel 2013 中，数据透视表是一种对大量数据进行快速汇总和建立交叉列表的交互式表格，它不仅可以转换行和列以查看源数据的不同汇总结果，还可以根据需要显示区域中的细节数据。本节将详细介绍创建与编辑数据透视表的相关知识及操作方法。

13.2.1　创建数据透视表

创建数据透视表，首先要保证工作表中数据的正确性，其次要具有列标签，最后工作表中必须含有数字文本。下面详细介绍创建数据透视表的操作方法。

第 1 步　在 Excel 2013 工作表中，**1.** 单击数据表中的任意一个单元格，如 D4 单元格，**2.** 切换到【插入】选项卡，**3.** 单击【表格】组中的【数据透视表】按钮，如图 13-1所示。

第 2 步　弹出【创建数据透视表】对话框，**1.** 在【选择放置数据透视表的位置】选项组中，选中【新工作表】单选按钮，**2.** 单击【确定】按钮，如图 13-2 所示。

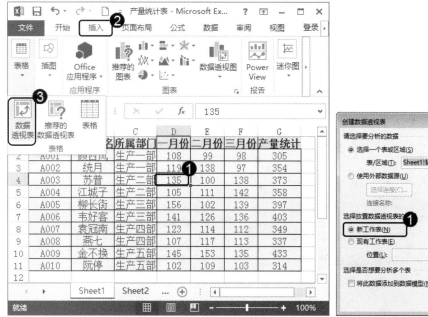

图 13-1　　　　　　　　　　　　　　　图 13-2

第 3 步　弹出【数据透视表字段】窗格，**1.** 在【选择要添加到报表的字段】选项组中，选中准备添加字段的复选框，**2.** 单击【关闭】按钮，如图 13-3 所示。

第 4 步　可以看到在工作簿中新建了一个工作表，并创建了一个数据透视表，如图 13-4 所示，这样即可完成创建数据透视表的操作。

| 图 13-3 | 图 13-4 |

13.2.2　设置数据透视表字段

在创建好数据透视表之后，系统默认对数字文本进行求和运算。下面以求三月份的平均值为例，详细介绍设置数据透视表字段的操作方法。

第1步　在 Excel 2013 工作表中，*1.* 选择准备求平均值的单元格，如 D3 单元格，*2.* 在【数据透视表工具】下，切换到【分析】选项卡，*3.* 在【活动字段】组中，单击【字段设置】按钮，如图 13-5 所示。

第2步　弹出【值字段设置】对话框，*1.* 切换到【值汇总方式】选项卡，*2.* 在【计算类型】列表框中，选择【平均值】选项，*3.* 单击【确定】按钮，如图 13-6 所示。

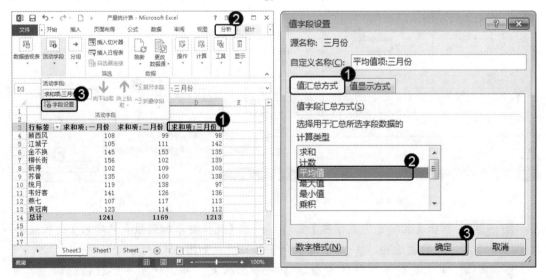

| 图 13-5 | 图 13-6 |

第3步　返回到工作表中，可以看到在选中的 D3 单元格中，系统会显示"平均值项"，

如图 13-7 所示，这样即可完成设置数据透视表字段的操作。

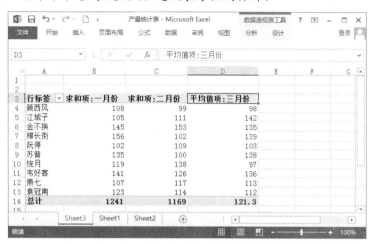

图 13-7

13.2.3　删除数据透视表

如果不再需要使用数据透视表，用户可以选择将其删除。数据透视表作为一个整体，是允许删除其中部分数据的。下面将详细介绍删除数据透视表的操作方法。

第 1 步　在 Excel 2013 工作表中，**1.** 在【数据透视表工具】下，切换到【分析】选项卡，**2.** 在【操作】组中，单击【选择】下拉按钮，**3.** 在弹出的下拉列表中，选择【整个数据透视表】选项，如图 13-8 所示。

第 2 步　系统会将整个数据透视表选中，按 Delete 键，即可完成删除数据透视表的操作，如图 13-9 所示。

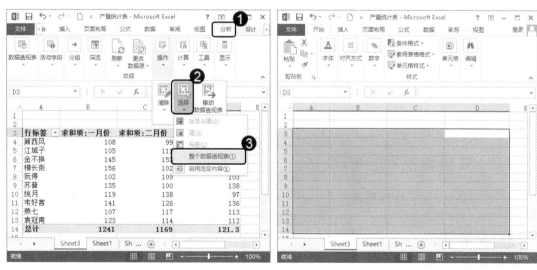

图 13-8　　　　　　　　　　　　　　　　图 13-9

13.3 操作数据透视表中的数据

掌握了数据透视表的创建和编辑方法后，用户可以对数据透视表中的数据进行一些基本操作，如刷新数据透视表、对数据透视表进行排序以及筛选数据透视表中的数据等。本节将详细介绍操作数据透视表中数据的相关知识及操作方法。

13.3.1 刷新数据透视表

创建数据透视表之后，如果对数据源进行了修改，用户可以对数据透视表进行刷新操作，以显示正确的数值。下面将详细介绍刷新数据透视表的操作方法。

第 1 步 在数据透视表中，**1.** 在【数据透视表工具】下，切换到【分析】选项卡，**2.** 在【数据】组中，单击【刷新】下拉按钮，**3.** 在弹出的下拉列表中，选择【全部刷新】选项，如图 13-10 所示。

第 2 步 可以看到数据透视表中显示出刷新后的数据，如图 13-11 所示，这样即可完成刷新数据透视表的操作。

图 13-10　　　　　　　　　　　　图 13-11

13.3.2 数据透视表的排序

对数据进行排序是数据分析过程中不可缺少的步骤，对数据进行排序可以快速直观地显示数据并更好地理解数据。下面详细介绍数据透视表排序的操作方法。

第 1 步 在数据透视表中，**1.** 单击【行标签】下拉按钮 ▼，**2.** 在弹出的下拉列表中，选择【降序】选项，如图 13-12 所示。

第 2 步 可以看到数据透视表中的数据已按照降序排列，如图 13-13 所示，这样即可完成数据透视表排序的操作。

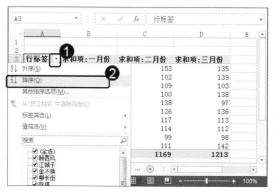

图 13-12

图 13-13

知识精讲

　　对值区域中的数据进行排序，可以选择数据透视表中的值字段，切换到【数据】选项卡，在【排序和筛选】组中，选择【升序】或者【降序】即可。

13.3.3　筛选数据透视表中的数据

在 Excel 2013 数据透视表中，用户可以根据实际工作需要，筛选符合要求的数据。下面将详细介绍筛选数据透视表中数据的操作方法。

第 1 步　在数据透视表中，*1.* 单击【行标签】下拉按钮，*2.* 在弹出的下拉列表中，选择【值筛选】选项，*3.* 在弹出的子列表中，选择【大于】选项，如图 13-14 所示。

第 2 步　弹出【值筛选(员工姓名)】对话框，*1.* 在最左侧的下拉列表框中，选择【求和项：三月份】选项，*2.* 在文本框中输入数值，如"120"，*3.* 单击【确定】按钮，如图 13-15 所示。

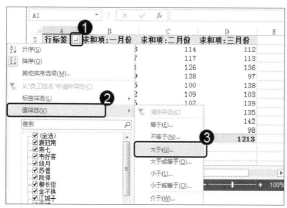

图 13-14

图 13-15

第 3 步　返回到工作表中，可以看到数据已按照所要求的条件进行了筛选，如图 13-16 所示，这样即可完成筛选数据透视表中数据的操作。

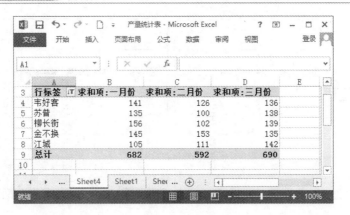

图 13-16

智慧锦囊

　　单击【行标签】下拉按钮，在弹出的下拉列表中，选择【值筛选】选项，在弹出的子列表中，共有 9 个值筛选条件，用户可以根据需要选择适合的条件进行筛选。

13.4　美化数据透视表

　　在创建数据透视表之后，用户可以通过更改数据透视表布局和应用数据透视表样式的操作，达到美化数据透视表的目的。本节将详细介绍美化数据透视表的相关知识及操作方法。

13.4.1　更改数据透视表布局

　　创建完数据透视表之后，用户可以通过在【数据透视表字段】窗格中拖动字段更改字段所在区域，也可以单击相应字段，在展开的下拉列表中，选择要查看的数据。下面将详细介绍更改数据透视表布局的操作方法。

第 1 步　创建完数据透视表后，**1.** 打开【数据透视表字段】窗格，按住鼠标左键，依次将【员工编号】、【员工姓名】和【所属部门】复选框拖曳至下方的【筛选器】列表框中，**2.** 单击【关闭】按钮 ✕，如图 13-17 所示。

第 2 步　可以看到数据透视表的布局已经发生改变，"员工编号""所属部门"和"员工姓名"字段已移动至工作表的顶部，如图 13-18 所示。

第 3 步　在数据透视表中，**1.** 单击【员工编号】右侧的下拉按钮 ▼，**2.** 在弹出的下拉列表中，选择准备查看的数据，例如选择 A001 选项，**3.** 单击【确定】按钮，如图 13-19 所示。

第 4 步　系统会自动显示编号为 A001 的员工的数据，如图 13-20 所示，这样即可完成更改数据透视表布局的操作。

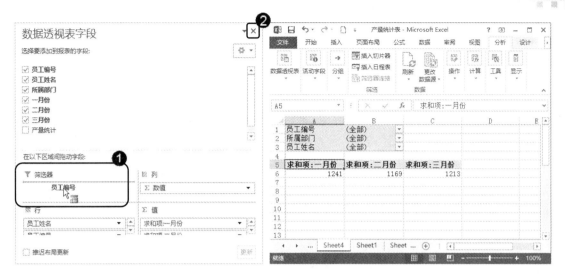

图 13-17　　　　　　　　　　　　　　图 13-18

图 13-19　　　　　　　　　　　　　　图 13-20

13.4.2　应用数据透视表样式

Excel 提供了多种自动套用格式，用户可以从中选择某种样式，将数据透视表的格式设置为需要的报表样式。下面将详细介绍应用数据透视表样式的操作方法。

第 1 步　在 Excel 2013 工作表中，**1.** 单击数据透视表中的任意单元格，**2.** 在【数据透视表工具】下，切换到【设计】选项卡，**3.** 在【数据透视表样式】组中，单击【其他】按钮 ，如图 13-21 所示。

第 2 步　系统会展开一个样式库，用户可以在其中选择准备应用的数据透视表样式，如选择【中等深浅】选项组中的一个样式，如图 13-22 所示。

第 3 步　可以看到数据透视表的样式已经发生改变，如图 13-23 所示，这样即可完成应用数据透视表样式的操作。

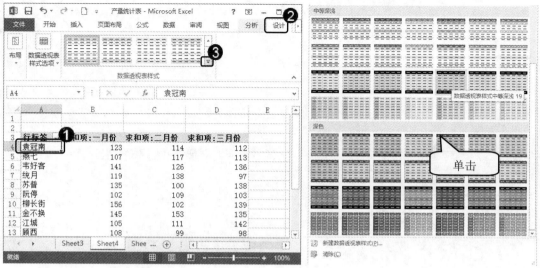

图 13-21 图 13-22

图 13-23

13.5 创建与操作数据透视图

虽然数据透视表具有较全面的分析汇总功能，但是对于一般的使用人员来说，它的布局显得太凌乱，很难一目了然，而采用数据透视图，则可以让用户非常直观地了解所需要的数据信息。本节将详细介绍创建与操作数据透视图的相关知识及操作方法。

13.5.1 使用数据区域创建数据透视图

在 Excel 2013 工作表中，用户可以使用数据区域来创建数据透视图。下面将详细介绍使用数据区域创建数据透视图的操作方法。

第1步 打开准备创建数据透视图的工作表，**1.** 选中准备创建数据透视图的单元格区域，即数据区域，**2.** 切换到【插入】选项卡，**3.** 在【图表】组中，单击【数据透视图】下拉按钮，**4.** 在弹出的下拉列表中，选择【数据透视图】选项，如图 13-24 所示。

第 2 步　弹出【创建数据透视图】对话框，**1.** 在【选择放置数据透视图的位置】选项组中，选中【新工作表】单选按钮，**2.** 单击【确定】按钮，如图 13-25 所示。

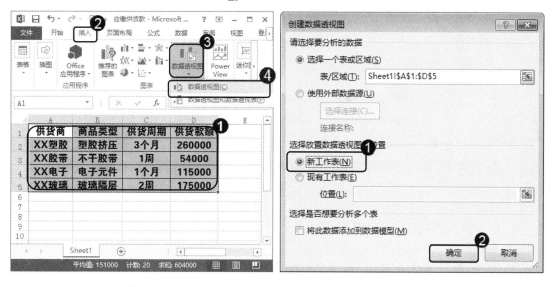

图 13-24　　　　　　　　　　　　　　　　　图 13-25

第 3 步　系统会自动新建一个工作表，在工作表内会有【数据透视表2】、【图表1】以及【数据透视图字段】窗格，如图 13-26 所示。

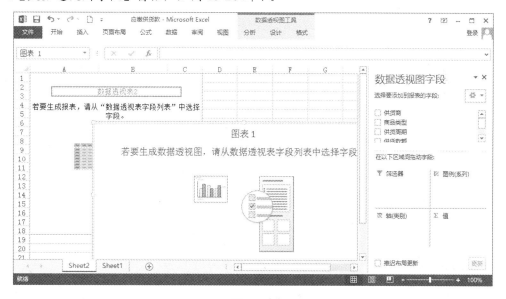

图 13-26

第 4 步　在【数据透视图字段】窗格中，选中准备使用的字段复选框，即可完成使用数据区域创建数据透视图的操作，如图 13-27 所示。

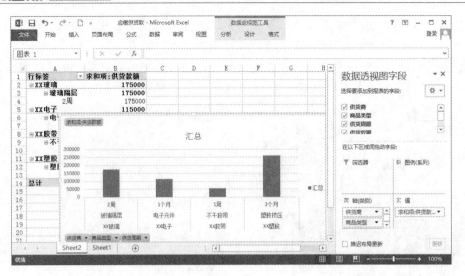

图 13-27

13.5.2 更改数据透视图类型

对于创建好的数据透视图，若用户对图表的类型不满意，可以更改图表的类型。下面将详细介绍更改数据透视图类型的操作方法。

第1步 在 Excel 2013 工作表中，**1.** 右击准备更改类型的数据透视图，**2.** 在弹出的快捷菜单中，选择【更改图表类型】菜单项，如图 13-28 所示。

第2步 弹出【更改图表类型】对话框，**1.** 在【模板】列表框中选择准备使用的图表类型，如选择【饼图】选项，**2.** 在右侧的图表样式库中选择准备使用的饼图样式，如选择【三维饼图】选项，**3.** 单击【确定】按钮，如图 13-29 所示。

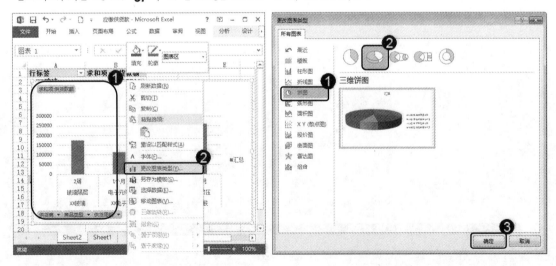

图 13-28   图 13-29

第3步 可以看到数据透视图中的柱形图已经被更改为三维饼图，如图 13-30 所示，这样即可完成更改数据透视图类型的操作。

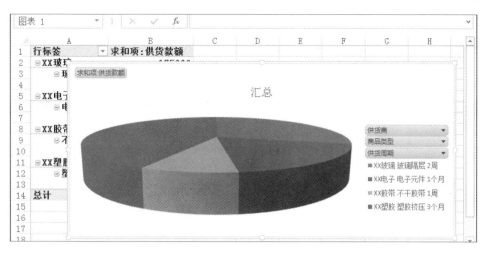

图 13-30

13.5.3 筛选数据

在创建完毕的数据透视图中包含了很多筛选器，利用这些筛选器可以筛选不同的字段，从而在数据透视图中显示不同的数据效果。下面将详细介绍筛选数据的操作方法。

第1步 在创建好的数据透视图中，*1.* 单击准备筛选数据的下拉按钮 ▼，*2.* 在弹出的下拉列表中，选中准备进行筛选的数据复选框，*3.* 单击【确定】按钮，如图 13-31 所示。

第2步 可以看到系统已经将所选择的数据筛选出来，如图 13-32 所示，这样即可完成筛选数据的操作。

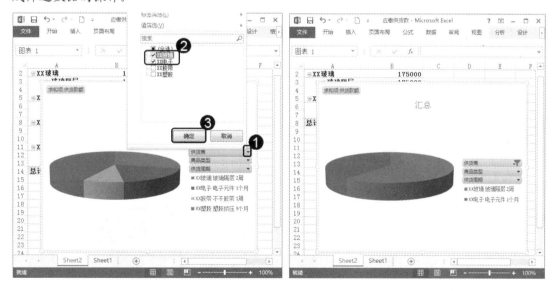

图 13-31 图 13-32

13.5.4 分析数据透视图

在 Excel 2013 工作表中，可以使用切片器对透视图中的数据进行分析。下面将详细介绍分析数据透视图的操作方法。

第1步 在创建好数据透视图的工作表中，*1.* 选择准备分析数据的透视图，*2.* 在【数据透视表工具】下，切换到【分析】选项卡，*3.* 单击【筛选】组中的【插入切片器】按钮，如图 13-33 所示。

第2步 弹出【插入切片器】对话框，*1.* 选中【供货商】复选框，*2.* 单击【确定】按钮，如图 13-34 所示。

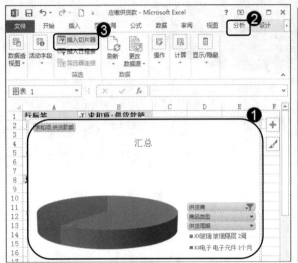

图 13-33

图 13-34

第3步 弹出【供货商】窗格，选择任意选项，即可查看相应的数据，如选择【XX玻璃】选项，如图 13-35 所示。

第4步 此时在工作表中就可以看到图表中显示了"XX 玻璃"的数据，如图 13-36 所示，这样即可完成分析数据透视图的操作。

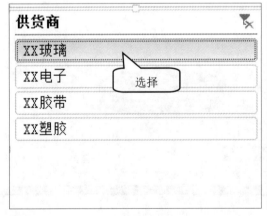

图 13-35

图 13-36

知识精讲

　　在【数据透视表工具】下，切换到【设计】选项卡，在【数据透视表样式】组中，单击【其他】下拉按钮，在展开的下拉列表中选择【新建数据透视表样式】选项，会弹出【新建数据透视表快速样式】对话框，即可自定义数据透视表的样式。

13.6　实践案例与上机指导

　　通过本章的学习，读者基本可以掌握使用数据透视表和数据透视图的基本知识以及一些常见的操作方法。下面通过练习操作，以达到巩固学习、拓展提高的目的。

13.6.1　使用数据透视表创建数据透视图

　　在 Excel 2013 工作表中，用户可以使用已经创建好的数据透视表来创建数据透视图。下面将详细介绍使用数据透视表创建透视图的操作方法。

　素材文件　配套素材\第 13 章\素材文件\产量统计.xlsx
　　　　　　效果文件　配套素材\第 13 章\效果文件\创建数据透视图.xlsx

　　第 1 步　打开素材文件，**1.** 选中准备创建数据透视图的单元格区域，**2.** 在【数据透视表工具】下，切换到【分析】选项卡，**3.** 在【工具】组中，单击【数据透视图】按钮，如图 13-37 所示。

　　第 2 步　弹出【插入图表】对话框，**1.** 选择【柱形图】选项，**2.** 选择准备应用的图表类型，如【簇状柱形图】，**3.** 单击【确定】按钮，如图 13-38 所示。

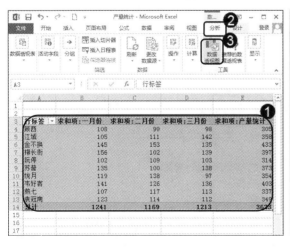

图 13-37

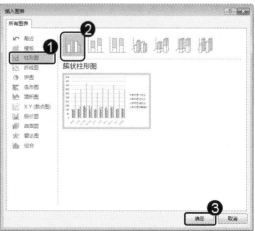

图 13-38

　　第 3 步　系统会自动弹出刚刚选择样式的图表，并显示选中单元格区域中的数据信

息，如图 13-39 所示，这样即可完成使用数据透视表创建数据透视图的操作。

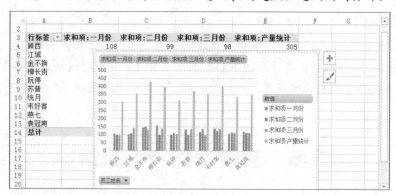

图 13-39

13.6.2　设置数据透视表的显示方式

默认情况下，数据透视表中的汇总结果都是以"无计算"的方式显示的，根据用户的不同需求，可以更改这些汇总结果的显示方式，例如以百分比的形式显示汇总结果。下面将详细介绍设置数据透视表显示方式的操作方法。

素材文件　配套素材\第 13 章\素材文件\考生资料.xlsx

效果文件　配套素材\第 13 章\效果文件\设置显示方式.xlsx

第 1 步　打开素材文件，**1.** 选择准备更改显示方式的单元格区域，**2.** 在【数据透视表工具】下，切换到【分析】选项卡，**3.** 在【活动字段】组中，单击【字段设置】按钮，如图 13-40 所示。

第 2 步　弹出【值字段设置】对话框，**1.** 切换到【值显示方式】选项卡，**2.** 在【值显示方式】选项组中，选择【总计的百分比】选项，**3.** 单击【确定】按钮，如图 13-41 所示。

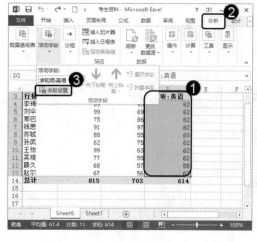

图 13-40　　　　　　　　　　　　图 13-41

第3步　返回到工作表中，可以看到在选中的单元格区域中，数据都已经按照百分比的形式显示，如图 13-42 所示，这样即可完成设置数据透视表显示方式的操作。

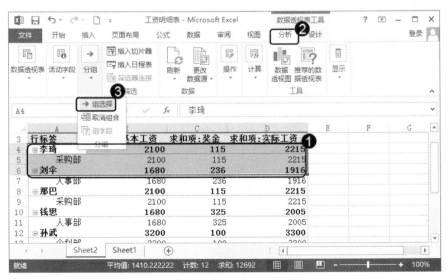

图 13-42

13.6.3　对数据透视表中的项目进行组合

用户可以通过自定义的方式对字段中的项进行组合，以帮助隔离满足用户个人需要却无法采用其他方式(如排序和筛选)轻松组合的数据子集。下面将详细介绍对数据透视表中的项目进行组合的操作方法。

> **素材文件**　配套素材\第 13 章\素材文件\工资明细表.xlsx
> **效果文件**　配套素材\第 13 章\效果文件\项目组合.xlsx

第1步　打开素材文件，*1.* 选择数据透视表中要分为一组的区域，*2.* 在【数据透视表工具】下，切换到【分析】选项卡，*3.* 在【分组】组中，单击【组选择】按钮，如图 13-43 所示。

图 13-43

第2步 可以看到选择区域上方出现了"数据组1"，即表示所选择的区域自动分为了一组，该组名称为"数据组1"，如图 13-44 所示。

第3步 利用同样的方法将其他的项目进行组合，即可完成对数据透视表中的项目进行组合的操作，如图 13-45 所示。

图 13-44　　　　　　　　　图 13-45

13.6.4　清除数据透视图

如果准备不再查看数据透视图中的数据信息，可以选择将其删除，以达到节省计算机资源的目的。下面将详细介绍清除数据透视图的操作方法。

素材文件　配套素材\第 13 章\素材文件\生产部一季度统计.xlsx
效果文件　配套素材\第 13 章\效果文件\清除数据透视图.xlsx

第1步 打开素材文件，选择准备清除的数据透视图，按 Delete 键，如图 13-46 所示。

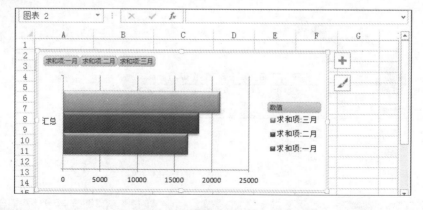

图 13-46

第2步 可以看到数据透视图已经被删除，如图 13-47 所示，这样即可完成清除数据透视图的操作。

图 13-47

13.7　思考与练习

一、填空题

1. 使用_____可以汇总、分析、浏览和提供摘要数据。而_____可以将数据透视表中的数据图形化，并且可以方便地查看、比较、分析数据的模式和趋势。

2. 创建数据透视表，首先要保证工作表中数据的正确性，其次要具有_____，最后工作表中必须含有_____。

二、判断题

1. 数据透视表是一种交互式的表，可以进行计算，如求和与计数等。所进行的计算与数据和数据透视表中的排列有关。使用数据透视表可以深入分析数值数据，并且可以解决一些预计不到的数据问题。　　　　　　　　　　　　　　　　　　　（　　）

2. 数据透视图是以图形形式表示的数据透视表，和图表与数据区域之间的关系不同。各数据透视表之间的字段相互对应，如果更改了某一报表的某个字段位置，则另一报表中的相应字段位置也会改变。　　　　　　　　　　　　　　　（　　）

3. 在创建完毕的数据透视图中包含了很多筛选器，利用这些筛选器可以筛选不同的字段，从而在数据透视图中显示不同的数据效果。　　　　　　　　　（　　）

三、思考题

1. 如何刷新数据透视表？

2. 如何更改数据透视图类型？

思考与练习答案

第1章

一、填空题

1. 【空白工作簿】
2. Sheet+数字
3. 复制工作表
4. 单元格　最小
5. 右对齐　底端对齐

二、判断题

1. √
2. √
3. √
4. ×
5. √
6. √

三、思考题

1. 在 Backstage 视图中，选择【打开】菜单项，选择【计算机】选项，单击【浏览】按钮。

弹出【打开】对话框，选择准备打开工作簿的目标文件夹，选择准备打开的工作簿，单击【打开】按钮。这样即可完成打开保存的工作簿的操作。

2. 打开工作簿，选择准备保护的工作表，切换到【审阅】选项卡，在【更改】组中单击【保护工作表】按钮。

弹出【保护工作表】对话框，选中【保护工作表及锁定的单元格内容】复选框，在【取消工作表保护时使用的密码】文本框中输入密码，在【允许此工作表的所有用户进行】列表框中选中【选定锁定单元格】和【选

定未锁定的单元格】复选框，单击【确定】按钮。

弹出【确认密码】对话框，在【重新输入密码】文本框中再次输入密码，单击【确定】按钮。这样即可完成保护工作表的操作。

3. 在 Excel 2013 工作表中，选择准备设置对齐方式的单元格区域，切换到【开始】选项卡，在【对齐方式】组中，单击【左对齐】按钮。

可以看到选择的单元格中的数据已经按照文本左对齐方式进行排列，这样即可完成设置对齐方式的操作。

第2章

一、填空题

1. 函数　运算符
2. 坐标位置　相对引用
3. 单元格位置　绝对地址
4. 混合引用　绝对行　相对列
5. F4
6. 比较运算符
7. "&"　文本字符串

二、判断题

1. √
2. ×
3. √
4. ×
5. √
6. ×
7. √
8. √

三、思考题

1. 打开要隐藏公式的工作表，选择要隐藏公式的单元格或单元格区域，右击选择的区域，在弹出的快捷菜单中，选择【设置单元格格式】菜单项。

弹出【设置单元格格式】对话框，切换到【保护】选项卡，选中【隐藏】复选框，单击【确定】按钮。

返回到工作表中，切换到【审阅】选项卡，单击【更改】组中的【保护工作表】按钮。

弹出【保护工作表】对话框，在【取消工作表保护时使用的密码】文本框中输入密码，单击【确定】按钮。

弹出【确认密码】对话框，在【重新输入密码】文本框中再次输入刚才的密码，单击【确定】按钮。

返回到 Excel 工作表中，选择刚才设置的已隐藏公式的单元格，此时在编辑栏中将不显示其相应的公式。这样即可完成隐藏公式的操作。

2. 在工作表中，选中准备输入函数的单元格，切换到【公式】选项卡，单击【函数库】组中的【插入函数】按钮。

弹出【插入函数】对话框，在【或选择类别】下拉列表框中选择【常用函数】选项，在【选择函数】列表框中选择准备应用的函数，如 SUM，单击【确定】按钮。

弹出【函数参数】对话框，在 SUM 选项组中，单击 Number1 文本框右侧的【压缩】按钮。

返回到工作表界面，在工作表中选中准备求和的单元格区域，单击【函数参数】对话框中的【展开】按钮。

返回到【函数参数】对话框，可以看到在 Number1 文本框中已经选择好了公式计算区域，单击【确定】按钮。

返回到工作表中，可以看到选中的单元格中已经显示出了计算结果，并且在编辑栏中已经输入了函数。这样即可完成通过【插入函数】对话框输入函数的操作。

3. 在工作表中，选中准备创建名称的单元格区域，切换到【公式】选项卡，在【定义的名称】组中，单击【根据所选内容创建】按钮。

弹出【以选定区域创建名称】对话框，在【以下列选定区域的值创建名称】选项组中，选中相应的复选框，单击【确定】按钮。

完成设置后，在名称框的下拉列表中，可以看到一次性创建的多个名称。这样即可完成根据所选内容一次性创建多个名称的操作。

第 3 章

一、填空题

1. 错误检查
2. 引用单元格　从属单元格
3. 公式求值　先后顺序
4. 错误的函数
5. 区域运算符
6. 数值运算　数据类型
7. 列宽　完全显示

二、判断题

1. ×
2. ×
3. √
4. √
5. √
6. ×
7. ×

三、思考题

1. 在 Excel 工作表中，单击任意一个包含公式的单元格，切换到【公式】选项卡，在【公式审核】组中，单击【追踪引用单元格】按钮。这样即可完成追踪引用单元格的操作。

2. 在 Excel 工作表中，单击任意单元格，切换到【公式】选项卡，在【公式审核】组中，单击【追踪从属单元格】按钮，系统会自动以箭头的形式指出当前单元格被哪些单元格中的公式所引用。这样即可完成追踪从属单元格的操作。

第4章

一、填空题

1. 文本转换函数　文本处理函数
2. 半角的双引号
3. 右对齐　居中
4. 真假值　比较运算符
5. LOWER
6. REPLACE

二、判断题

1. √
2. √
3. ×
4. √
5. ×
6. √

三、思考题

1. 选择 B2 单元格，在编辑栏中输入公式"=LOWER(A2)"，按 Enter 键，即可将 A2 单元格中的英文字母全部转换成小写。

2. 选择 C2 单元格，在编辑栏中输入公式"=A2=B2"，按 Enter 键，即可判断 A2 单元格中的数据是否与 B2 单元格中的数据相同，如果相同则返回 TRUE，不相同则会返回 FALSE。

第5章

一、填空题

1. 1900　起始日期
2. 时间序列号　时间
3. 数值　公式

二、判断题

1. √
2. ×
3. √

三、思考题

1. 打开 Excel 2013，切换到【文件】选项卡，选择【选项】菜单项，弹出【Excel 选项】对话框。切换到【高级】选项卡，在【计算此工作簿时】选项组中，选中【使用 1904 日期系统】复选框，单击【确定】按钮。这样即可完成使用 1904 日期系统的操作。

2. 在单元格中输入公式"=TEXT(NOW(),"m 月 d 日 h:m:s")"，按 Enter 键，即可得到当前的日期和时间。

第6章

一、填空题

舍入计算

二、判断题

√

三、思考题

1. 选择 D2 单元格，在编辑栏中输入公式"=ABS(C2-B2)"，按 Enter 键，即可计算出两地的温差。

2. 选择 E2 单元格，在编辑栏中输入

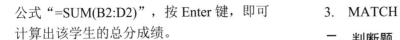

公式 "=SUM(B2:D2)"，按 Enter 键，即可计算出该学生的总分成绩。

第 7 章

一、填空题

1. 净现值法　回收期法
2. 折旧值计算

二、判断题

1. √
2. ×

第 8 章

一、填空题

1. 随机性　回归
2. 条目统计
3. AVERAGE
4. 中值　居于中间
5. LARGE

二、判断题

1. √
2. √
3. ×
4. √
5. ×
6. √

第 9 章

一、填空题

1. 查找与引用　VLOOKUP
2. 向量型　数组型

3. MATCH

二、判断题

1. √
2. ×
3. √

第 10 章

一、填空题

1. 数据库函数
2. 计算　统计
3. DPRODUCT
4. DAVERAGE
5. DMAX

二、判断题

1. √
2. ×
3. √
4. ×

第 11 章

一、填空题

1. 图表
2. 面积图　组合图表
3. 折线图
4. 面积图
5. 散点图　函数曲线
6. 两组数据

二、判断题

1. √
2. ×
3. ×
4. √

5. ×

三、思考题

1. 打开工作表，选中准备创建图表的单元格区域，切换到【插入】选项卡，在【图表】组中，单击【创建图表】对话框启动器按钮。

弹出【插入图表】对话框，切换到【所有图表】选项卡，在图表类型列表框中，选择准备应用的图表类型，选择准备应用的图表样式，单击【确定】按钮。

返回到工作表界面，可以看到已经创建好的图表。这样即可完成使用【插入图表】对话框创建图表的操作。

2. 打开 Excel 2013 工作表，选择已创建的图表，切换到【设计】选项卡，在【类型】组中，单击【更改图表类型】按钮。

弹出【更改图表类型】对话框，在图表类型列表框中，选择更改的图表类型，选择更改的图表样式，单击【确定】按钮。

返回到工作表界面，可以看到图表类型已经发生改变。这样即可完成更改图表类型的操作。

第 12 章

一、填空题

1. 排序
2. 同一类字段　组合
3. 合并计算
4. 按位置合并计算　按类别合并计算
5. 创建分级显示　明细数据

二、判断题

1. √
2. ×
3. ×

三、思考题

1. 打开准备进行自动筛选的工作表，将准备进行自动筛选的单元格区域选中，切换到【数据】选项卡，单击【排序和筛选】组中的【筛选】按钮。

在每个标题处，系统会分别自动添加一个下拉按钮，单击准备进行筛选的项目下拉按钮。

在弹出的下拉列表中，选中准备进行筛选的名称复选框，单击【确定】按钮。

系统会自动筛选出选择的数据，这样即可完成自动筛选的操作。

2. 在 Excel 2013 工作表中，选择准备进行简单分类汇总的单元格区域，切换到【数据】选项卡，在【分级显示】组中，单击【分类汇总】按钮。

弹出【分类汇总】对话框，在【分类字段】下拉列表框中，选择【日期】选项，在【选定汇总项】列表框中，选中【金额】复选框，单击【确定】按钮。

返回到工作表界面，即可完成简单分类汇总的操作。

3. 在 Excel 工作表中，单击数据列表中的任意单元格，切换到【数据】选项卡，单击【分级显示】组中的【创建组】下拉按钮，在弹出的下拉列表中，选择【自动建立分级显示】选项。

系统会自动在数据列表中建立分组，这样即可完成新建分级显示的操作。

第 13 章

一、填空题

1. 数据透视表　数据透视图
2. 列标签　数字文本

二、判断题

1. √
2. ×
3. √

三、思考题

1. 在数据透视表中，在【数据透视表工具】下，切换到【分析】选项卡，在【数据】组中，单击【刷新】下拉按钮，在弹出的下拉列表中，选择【全部刷新】选项，即可完成刷新数据透视表的操作。

2. 右击准备更改类型的数据透视图，在弹出的快捷菜单中，选择【更改图表类型】菜单项。

弹出【更改图表类型】对话框，在【模板】列表框中选择准备使用的图表类型，在右侧的图表样式库中选择准备使用的图表样式，单击【确定】按钮，即可完成更改数据透视图类型的操作。